BERNHARD GRZIMEK

Kein Platz für wilde Tiere

Von Prof. Dr. Dr. Bernhard Grzimek erschienen bisher folgende Bücher:

Wir Tiere sind ja gar nicht so
Wolf Dschingis
Unsere Brüder mit den Krallen
Das Tierhaus in den Bergen
Kein Platz für wilde Tiere
Wir lebten mit den Baule
Die Elefantenschule
Das Eierbuch
Krankes Geflügel (Handbuch der Geflügelkrankheiten)
Zwanzig Tiere und ein Mensch
Thulo aus Frankfurt, rund um die Giraffe
Serengeti darf nicht sterben
Auch Nashörner gehören allen Menschen
Wildes Tier, weißer Mann
Vierfüßige Australier
Grzimek unter Afrikas Tieren
Auf den Mensch gekommen
Vom Grizzlybär zur Brillenschlange
Und immer wieder Pferde
Tiere, mein Leben

Prof. Grzimek ist der Herausgeber der Enzyklopädie »Grzimeks Tierleben«

Bernhard Grzimek

KEIN PLATZ FÜR WILDE TIERE

Liebe zu Tieren und Menschen
im Kongo

Zwei Jahrzehnte Reisen nach Zaire

Stark erweiterte und völlig neu
bearbeitete Ausgabe

verlegt bei Kindler

Fremdsprachige Ausgaben dieses Buches sind bisher erschienen
in den USA, in England, Frankreich,
Schweden, Spanien, Japan, Holland, Italien und Polen

Sonderausgabe

Umschlaggestaltung: Graupner + Partner
Umschlagfoto: Paysan/Bavaria
Gesamtherstellung: Auer, Donauwörth
Printed in Germany
8-2-10-8-5
ISBN 3-463-00555-7

Ceterum censeo progenerationem hominum esse delimitandam

I

AFRIKAS TIERE MÜSSEN STERBEN

Afrika ist eine »Infektion«. Wer erst einmal dort war, möchte immer wieder hinfahren. Das gilt für heutige Vergnügungsreisende und Urlauber genauso wie für die berühmten Entdecker des vorigen Jahrhunderts, für Emin Pascha, Livingstone, Stanley oder Speke.

Ich selbst bin diesem Erdteil seit einem Vierteljahrhundert verfallen. Allerdings machte ich meine ersten Reisen nicht nach Ostafrika und der Serengeti, wo ich später heimisch wurde, sondern, zusammen mit meinem verstorbenen Sohn Michael, nach Westafrika, in die damaligen französischen Kolonien und den damals noch belgischen Kongo.

Dort wurde uns klar, in welcher Gefahr die Wildtiere Afrikas schweben. Damals hielt man sie noch für unerschöpflich. Als ich meinem Buch über unsere »Expedition« in den Kongo 1954 den Titel »Kein Platz für wilde Tiere« gab, erregte das viele Menschen in Europa, besonders einige »Großwildjäger«. Ein Journalist und Reiseschriftsteller bat interessierte britische und belgische Stellen in den Kolonien, Material gegen mich zu sammeln, »um die amtliche Stellung von Dr. Grzimek (er ist Beamter der Stadt Frankfurt) zu ruinieren«. Man schrieb ein Kampfbuch »Keine Angst um wilde Tiere« gegen uns. Viele Zeitungen, selbst der »Spiegel«, kritisierten uns scharf. Ich hatte die Meinung vertreten, daß die herrlichen Großwildtiere Afrikas durch das Anwachsen der schwarzen Menschen zwangsmäßig ausgerottet werden müssen, wenn es nicht gelingt, große Gebiete rechtzeitig als »Nationalpark« von der menschlichen Besiedlung und Industrialisierung freizuhalten. Diese Auffassung hat sich in den letzten zwei Jahrzehnten allgemein durchgesetzt. Das Buch »Kein Platz für wilde Tiere« wurde inzwischen in viele Sprachen übersetzt und vielmals neu aufgelegt. Der gleichnamige Farbfilm, den mein Sohn und ich danach drehten, erhielt zwei »Goldene Bären« und lief in sehr vielen Ländern.

Ich habe mich bemüht, den neugeschaffenen, unabhängigen afrikanischen Staaten, die sehr arm sind, bei dieser großen Aufgabe zu helfen. Einige dieser Staaten sind auf diesem neuen großen kulturellen Gebiete der Menschheit, dem Naturschutz, bereits führend.

So mancher Leser und Kritiker hat damals Anstoß genommen, daß ich — vor zwanzig Jahren! — darzulegen wagte, das Anwachsen der Kopfzahl von uns Menschen auf Erden sei durchaus nicht erfreulich und durch Kindergelder und Prämien zu fördern, sondern es sei die furchtbarste Gefahr für uns alle. Gerade jetzt wird es auch dem einfachen Staatsbürger klar, daß Umweltverseuchung, Landzerstörung, Anwachsen des Verbrechertums, Verschmutzung der Ozeane, das jährliche Verhungern vieler Millionen, das Verschwinden der Wälder auf Erden, die Zunahme von Krebs und chronischen Vergiftungen alle eine einzige Ursache haben: die Explosion der Menschheit in jüngster Zeit.

Wenn Sie darüber in einem Afrikabuch nichts lesen wollen, dann fangen Sie bitte mit Abschnitt II an. Sonst aber machen Sie sich klar:

Bis Sie dieses Kapitel fertiggelesen haben, in diesen wenigen Minuten, hat sich die Menschheit auf Erden um fünftausend Köpfe vermehrt. Morgen um dieselbe Zeit ist die Menschenzahl um 203 000 gestiegen, also um die Einwohner der Stadt Münster. Um die Menschen zu ernähren, die in einem Monat hinzukommen, braucht man neues Ackerland von der Fläche des Landes Bayern.

Als Kindern hat man uns ein hübsches Märchen von einem König erzählt, der seinem Lebensretter danken und ihm sein halbes Königreich schenken wollte. Der Mann war aber scheinbar sehr bescheiden: er ließ nur ein Schachbrett bringen und erbat sich auf das erste der Felder ein Weizenkorn, auf das zweite zwei, auf das dritte vier, auf das vierte sechzehn, dann 256 und so weiter. Dieser Wunsch war gar nicht zu erfüllen: es gibt auf dem Erdball nicht so viel Weizen, um auch nur die Felder in den ersten paar Reihen des Schachbrettes zu belegen. Die Zahlen wachsen ins Ungeheuerliche, wenn wir sie immer wieder multiplizieren. Gerade das aber geschieht seit zwei Jahrhunderten mit uns Menschen.

Wesen, die wir nach heutigen Begriffen als »Menschen« bezeichnen können, gibt es seit ein bis zwei Millionen Jahren auf unserer Erde. Die damals lebenden Stämme unserer Vorfahren waren auf Afrika beschränkt und zählten vielleicht 125 000 Köpfe. Afrika ist bekanntlich das Ursprungsland der Menschheit. Seitdem haben sie sich bis zum Jahre 8000 v. Chr. auf wohl fünf Millionen Köpfe vermehrt, die bereits auf dem ganzen Erdball lebten. Als um das Jahr 1650 der Dreißigjährige Krieg Deutschland halb entvölkert hatte, lebten auf dem Globus erst fünfhundert Millionen Menschen, davon über die Hälfte in Asien. Das heißt, in dieser langen Zeit hatte sich die Menschheit insgesamt siebenmal verdoppelt; sie hatte jedesmal etwa 1500 Jahre gebraucht, um auf das Doppelte anzuwachsen.

Die Gelben haben sich seitdem vervierfacht, die Europäer verneunfacht! Denn um die Mitte des vorigen Jahrhunderts begannen die Mediziner, dem Tod das Handwerk zu verderben. Pest, Cholera, Fleckfieber, die Pocken, die einst ganze Landstriche verödet hatten, wurden aus der zivilisierten Welt verbannt, die Kindersterblichkeit verschwand. Allein die Beulenpest hatte in den Jahren 1348 bis 1350 etwa 25 v. H. der Einwohner Europas getötet. Von den Jahren 10 n. Chr. bis 1848 gab es in England zweihundert Hungersnöte. Wer sich früher an Blinddarmentzündung in zwei Tagen zu Tode krümmte, lebt heute noch Jahrzehnte. So waren wir Menschen um 1900 bereits auf 1527 Millionen angewachsen. Während 1939 bis 1945 der größte Weltkrieg unserer Menschheitsgeschichte die Länder verwüstete, nahm die Erdbevölkerung gleichzeitig um 10 v. H. zu. Dabei waren in früheren Feldzügen 90 v. H. der umgekommenen Soldaten Opfer der Seuchen, die in den zusammengeballten Heeren nie auf sich warten ließen. Nur jeder zehnte Soldat wurde damals durch Waffen getötet.

Als die Pharaonen ihre Pyramiden bauten, brauchten die Menschen dreitausend Jahre, bis sie ihre Kopfzahl auf Erden um zehn Millionen vermehrt hatten. Heute sind dazu nur noch knapp zwei Monate notwendig. Schon haben wir (1973) über vier Milliarden erreicht und verdoppeln uns alle 35 Jahre; wenn es nur so weitergeht wie heute, wenn also nicht auch noch in China und Indien die moderne Hygiene und Medizin siegen, bringen wir es bis zum Jahre 2000 auf 6,1 bis 7,5 Milliarden Menschen, je nachdem ob die Geburtenzahlen absinken oder auf dem heutigen Stand bleiben. Gleichzeitig aber starben schon in den letzten Jahrzehnten jährlich zehn bis zwanzig Millionen Menschen an Hunger. So ein Hungertod ist schmerzhaft und dauert oft Monate. Pest und Cholera waren gnädiger.

Denn nur 2 v. H. der Erdoberfläche können als Äcker bebaut werden, das andere sind Meere, Gebirge, Wüsten, ewiges Eis. Wohl haben wir in den letzten 150 Jahren weite Landstrecken neu umgepflügt, aber die Fläche des *bebaubaren* Landes auf unserem Planeten haben wir gleichzeitig verkleinert. Denn wir Menschen schaffen, seitdem wir Ackerbauer sind, ständig neue und dann endgültige Wüsten. Wir holzen die Wälder ab, wir laugen die Böden aus und entblößen sie der Sonne und dem Winde. Die trostlose Sahara, eine Zeitlang die Kornkammer Roms, ist unser Werk. Wir haben das Gelobte Land zu einer traurigen Wüste gemacht, erbarmungslose Sonne dörrt die Sandflächen und Stadtruinen Mesopotamiens, das früher der »Garten Eden« war. Die kahlen Felsberge Italiens, Spaniens und Griechenlands trugen einst schattige Wälder, die von den Menschen zu hölzernen Flotten verbaut, in ungezählten Seeschlachten versenkt und in den öffentlichen Bädern der Antike verheizt worden sind. Nach nur zweihundertjähriger Besiedlung wirbeln Staubstürme über ausgebeutete Böden der Vereinigten Staaten, und ihre Ströme schwemmen in jeder Stunde den Mutterboden von zehn Rittergütern unwiederbringlich ins Meer ab. Über eine Million Quadratkilometer, die vierfache Fläche der Bundesrepublik Deutschland, sind in den USA in den letzten hundert Jahren endgültig vernichtet worden. Im europäischen Rußland sind 500 000 Quadratkilometer Land der Wassererosion anheimgefallen, die Fläche nimmt jährlich um ein Prozent zu. Das Aufbrechen einer schützenden Grasdecke, Entwaldung, moderne Landwirtschaft statt der herkömmlichen sind die Ursachen. Die Zwei-Millionen-Stadt Mexiko hat oft nur noch nachts ausreichend Wasser, weil die Bergwälder an nordamerikanische Holzhändler verkauft worden sind. Um das Papier für eine Tagesausgabe einer der großen New Yorker Zeitungen herzustellen, werden etwa 15 000 Bäume gefällt.

Um in Riesenanzeigen Rasierkrem, Bier, Whisky und Nylons anzupreisen, vernichten wir unsere Zukunft...

Das ist der Grund, warum Afrikas Wildtiere sterben müssen, warum *alle* Wildtiere auf Erden der »Heuschrecke Mensch« weichen müssen, wenn diese sich nicht vorher selbst vernichtet haben sollte.

So viele Tierarten sind bereits gestorben. 130 bekanntere Säugetier- und Vogelarten sind in den letzten vierhundert Jahren vom Erdball verschwunden, davon allein 76 nach dem ersten Weltkrieg. Augenblicklich sind schon weitere 550 Tierarten unmittelbar von der Ausrottung bedroht. Der Pflanzenwelt geht es nicht besser. Im Raum Berlin sind sechs v. H. der Pflanzenarten verschwunden, die dort noch vor hundert Jahren wuchsen, im Frankfurter Raum sogar 17 v. H. Als in Europa die krebsartige Wucherung der Menschheit begann, gönnten wir Europäer den größeren Tieren ihr Leben selbst in den Wäldern und Einöden unseres Erdteiles nicht mehr.

Als erste europäische Großtierart erlosch der Auerochse, der Ur. Aus Sümpfen hat man seine Knochen nach Jahrhunderten ausgegraben und in Museen gebracht. Ure waren Tiere mit über zwei Meter Rückenhöhe, und ihr Zeitgenosse Julius Cäsar beschreibt sie als »fast so groß wie die Elefanten« — die kleineren, nordafrikanischen Elefanten, die dann noch vor dem Ur vernichtet wurden. Wenn man in unwissenschaftlicher Spielerei in unseren Zeiten aus Hausrindern niedliche Ure »rückgezüchtet« haben will, so zeigt das nur, wie ohnmächtig wir Menschlein sind, auch nur ein bescheidenes Abbild von dem wiedererstehen zu lassen, was wir im Übermut vernichtet haben. Denn der letzte Ur starb 1627 zu Jaktorovka in Masuren, Ostpreußen.

Der letzte Tarpan, das mausgraue Waldwildpferd, von dem unsere Hauspferde abstammen, wurde 1879 in Südrußland erschossen. Von der anderen Wildpferdart, die auf Steppen hauste, dem Przewalski-Pferd, leben nur noch einige wenige reinblütige in Zoologischen Gärten Osteuropas. Auch der Wisent, das zweite große Wildrind Europas, war in Freiheit ausgerottet. Ein Mann namens Bartmoleus Szpakowicz hat den traurigen Ruhm, den letzten in einem polnischen Urwald getötet zu haben. Dem Vetter des Wisents, dem nordamerikanischen Bison, wäre es um ein Haar nicht besser gegangen. Noch voriges Jahrhundert lebten auf den Prärien Nordamerikas unübersehbare Scharen dieser Büffel, doppelt soviel wie Menschen. Die berühmteste Herde von ihnen war vierzig Kilometer breit und achtzig Kilometer lang. Die neue Eisenbahn, welche von Meer zu Meer quer über den Kontinent lief, teilte die Büffelschar in eine nördliche und eine südliche Hälfte. Wenn die Tiere durch die Flüsse schwammen oder die Gleise überquerten, mußten Raddampfer und Eisenbahn anhalten. Allein im Jahre 1877 wurden 100 000 Büffel der südlichen Herde geschossen, teils nur der Häute willen, teils aus purem Übermut. 1889 war die Südherde ausgerottet. Als man die Tiere jetzt schützen wollte, meinte General Sheridan, man sollte im Gegenteil den Büffeljägern einen Orden mit dem Bilde eines verhungernden Indianers anheften, besser als durch Vernichtung der Büffel könnte man mit den Indianern nicht fertig werden. So waren 1899 von den Millionenherden nur noch tausend Stück im Yellowstone-Park und in Kanada übrig. Die letzte Zählung im Jahr 1968 hat das Anwachsen dieser mühsam geschützten Tiere auf 14 000 Stück ergeben — um 1600 mehr als vor dreißig Jahren, obwohl man 1940 in Kanada unter dem Druck von Geschäftsleuten das Wainwright-Naturschutzgebiet auflöste und sechstausend Bisons darin abschlachtete.

Die große, flugunfähige Lauftaube Dronte auf Mauritius und den Nachbarinseln wurde schon um 1680 vom Erdboden ausgetilgt. Mitte des vorigen Jahrhunderts verschwand der Moa, ein neuseeländischer, massiger Laufvogel, der größer war als ein Mensch. Die nordamerikanische Wandertaube verdunkelte jedes Jahr in Reisescharen von über hundert Millionen Stück den Himmel. Die letzte wilde holte 1907 ein Schrotschuß vom Himmel, und im Zoo von Cincinnati starb am 1. September 1914 »Martha«, die allerletzte dieses einst so riesigen Volkes. 1933 tat das einzige Überlebende der früher weitverbreiteten amerikanischen Birkhühner seinen letzten Atemzug, obwohl sich seit 1910 eine besondere Gesellschaft darum bemühte, die spärlichen Reste wieder zu vermehren.

Im Dezember 1741 brachte der deutsche Schiffsarzt Georg Steller den sterbenden Dänen Vitus Bering — nach dem heute das Beringmeer heißt — auf eine einsame Eismeerinsel. Einen Winter lang lebte Steller auf dieser Beringinsel von riesigen, neun Meter langen und siebzig Zentner schweren Wassersäugetieren, den Stellers Seekühen. Steller starb auf der fünf Jahre währenden Rückreise der Expedition. Aber sein Bericht über die Riesentiere gelangte an die Zarin Elisabeth, die inzwischen statt der Zarin Anna, der Auftraggeberin der Expedition, auf dem russischen Thron saß. Das Tagebuch Stellers erschien fünf Jahre nach seinem Tode 1751 unter dem Titel »De bestiis marinis« und führte beutehungrige Fischer nach der Beringinsel. Zwanzig Jahre später gab es keine Stellers Seekühe mehr auf der Erde.

Tausende von Seevögeln werden täglich mit ölverklebten, wasserdurchlässig gewordenen Federn an die Küsten des Atlantik gespült, weil sie in die Riesenfladen von Ölrückständen der Dampfer geraten sind, die sich fast in einer zusammenhängenden Decke von Neufundland quer über das Meer bis zur Nordsee erstrecken. Noch immer schicken Russen und Japaner Walfängerflotten auf die Ozeane, um die letzten Wale zu Margarine zu verarbeiten. Vergeblich haben alle anderen Nationen gebeten, doch wenigstens für zehn Jahre ganz auf das Abschlachten zu verzichten. Blauwale sind die größten Lebewesen, die überhaupt jemals auf Erden gelebt haben.

Gewöhnliche Heringe werden wir wohl bald nur noch als kostbare Leckerbissen in Lebensmittelgeschäften kaufen können. Schon in den fünfziger Jahren verschwanden sie aus dem Ärmelkanal. In den sechziger Jahren konnte man mit den neuzeitlichen Fangmitteln die Ausbeute in der Nordsee immer mehr steigern. 1965 war der Höhepunkt mit fast 1,5 Millionen Tonnen erreicht. Obwohl man sich inzwischen einigte, dort keine großen Fangschiffe mehr zu benutzen, ging seitdem die Ausbeute ständig zurück, bis auf 5500 Tonnen im Jahre 1971. Die Fischerei-Flotte der Bundesrepublik kann heute statt jährlich 200 000 Tonnen nur noch dreitausend erbeuten. Als dritte kamen nun die Heringsschwärme des Nordatlantik zwischen Grönland und Norwegen an die Reihe. Jahrhundertelang waren sie Lebensgrundlage für zahlreiche Fischerorte an der norwegischen Küste gewesen. 1965 hatten diese Schwärme noch 1,7 Millionen Tonnen geliefert; 1971 nur noch 21 000! Jedes Fangschiff und jeder kleine Fischkutter ist nämlich heute mit Echolot-Ortungsgeräten ausgerüstet. Damit kann man mühelos Fischschwärme in jeder Tiefe aus Kilometern Entfernung ausmachen. Augenblicklich sind Flotten Kanadas, der USA, UdSSR, der Bundesrepublik, Polens und sogar Rumäniens dabei, die letzten größeren Heringsvorkommen vor den Küsten Kanadas und der Vereinigten Staaten zu vernichten. Bisher haben sich »überfischte« Heringsbestände nach ihrem Zusammenbruch nirgends wieder erholt.

Während zu Beginn des Jahrhunderts in der Schweiz noch jährlich 150 Storchenpaare klapperten, sind sie heute dort völlig verschwunden. Von den fünf Nashornarten, die auf Erden leben, gibt es von den großen indischen nur noch 680 Köpfe in sechs Naturschutzgebieten, von dem Java-Nashorn vielleicht noch dreißig bis vierzig, von dem kleinsten, dem Sumatra-Nashorn, rund hundert. In Natal, Südafrika, ist es gelungen, das südliche »weiße« Breitlippen-Nashorn von zwei Dutzend wieder auf über tausend zu bringen. Dafür ist die nördliche Unterart während des Bürgerkrieges im Kongo bis auf ein Zehntel des früheren Bestandes umgebracht worden; ebenso erging es den wenigen in Uganda. Heute dürften insgesamt noch ein- bis zweihundert leben. Vom »schwarzen« oder Breitlippen-Nashorn gibt es in ganz Afrika vielleicht noch zehn- bis dreizehntausend.

In der Nacht zum 4. Juni 1844 fuhren drei Fischer zu der Insel Eldey vor der Südspitze Islands. Ihre Namen verdienen festgehalten zu werden: Islefson, Kentilsson und Brandson, denn sie haben die letzten zwei Riesenalke getötet. Diese Vögel sahen ähnlich wie die Pinguine aus, die nur auf der südlichen Erdhälfte vorkommen; sie haben einst zu Hunderttausenden an den Küsten Nordeuropas, Nordasiens und Nordamerikas gebrütet. Würdig, neugierig und freundlich wie ihre antarktischen Vettern gingen die Riesenalke den ankommenden Schiffern entgegen — und wurden dann von diesen mit Knüppeln zu Tausenden totgeschlagen. So waren sie an der Küste der Vereinigten Staaten bald ausgerottet, aber sie hielten sich bis zum Anfang des vorigen Jahrhunderts auf der isländischen Insel Geirfuglasker, deren Brandung von den beutelüsternen Fischern regelmäßig Todesopfer forderte. Weil außerdem die beiden benachbarten Kirchspiele drei Viertel der Beute als Steuer beanspruchten, wurden die Vögel noch gnädig behandelt — bis 1830 auf einmal die ganze, vulkanische Insel verschwand. Die Fischer, welche die beiden letzten Riesenalke auf der Nachbarinsel Eldey erschlugen, haben dort eine nachhaltigere Schreckenstat vollbracht als der Grieche Herostratos, der den Tempel von Ephesus anzündete, damit sein Name nicht vergessen würde. Neue Tempel haben die Menschen vorher und nachher erbaut und verbrannt — eine Tierart aber, deren letztes Paar ohne Kinder stirbt, kann die ganze Menschheit nie wieder erschaffen. Wir vermögen wohl Wolkenkratzer zu bauen und ganze Erdteile mit Atombomben zu vernichten — einen toten Regenwurm wieder lebendig machen, das können wir nicht.

Nach dem Kriege mußten die japanischen Siedler aus Mandschukuo und von den Inseln des Stillen Ozeans wieder zurück ins übervölkerte Mutterland. Ein paar Jahre später begann die amerikanische Besatzungsarmee, mit Massenimpfungen und Reihenuntersuchungen den Besiegten zu helfen. Schon nach ein paar Jahren konnte die Besatzungsmacht stolz verkünden, daß sie es fertiggebracht hätte, auf den übervölkerten kleinen Inseln die höchsten Geburtenziffern und die niedrigste Sterblichkeit in der Geschichte des japanischen Volkes zu erzielen... Auch in jüngster Zeit nimmt das japanische Volk wieder zu.

»Raum für alle hat die Erde«, sagt Herr Schulze am Stammtisch bei solchen Überlegungen. Eine verhängnisvolle Schlagwortlüge. Wir sitzen unter grauen Dunsthauben, die das Sonnenlicht fahl machen, zu Millionen in unseren Riesenstädten; sie schwellen wie böse Furunkel an, saugen dem Lande das Grundwasser weg und verjauchen mit ihren widerlichen Abwässern die Flüsse. In Gesetze und Vorschriften verstrickt, in Bahnlinien, Grenzen und Autostraßen verhaspelt wie Fliegen zwischen Spinnenfäden, sahen die Menschen nach dem unberührten, dem wilden, dem unerforschten, straßenlosen Schwarzen Erdteil, wo man sich nicht vor Steuern und Politikern, sondern vor Löwen und Nashörnern fürchten muß. Wie sich die Kolonialmächte Afrika auch aufgeteilt hatten: in Wirklichkeit gehörte dieser Erdteil allen, die sich in Gedanken damit trösten, daß es noch wilde Tiere und unberührte Länder auf Erden gibt.

Dieses Afrika wird in Filmen, in Abenteuerbüchern und im Herzen der Menschen noch lange fortleben — in Wirklichkeit beginnt es schon zu verschwinden.

Südamerika, Afrika und Australien haben zwar noch riesige unbesiedelte Flächen, aber sie können wenig Menschen aufnehmen. In den Tropen wachsen wohl üppige Wälder, aber der Boden ist wenig fruchtbar. Die Böden des Urwalds im Kongo (Zaire) würde man im Mutterland kaum unter den Pflug nehmen. Die Tropengüsse waschen die Mineralien rasch hinweg, Sonne und Wind lassen den Mutterboden in wenigen Jahren verschwinden, wenn der Wald gerodet ist. Plantagen in den Tropen sind meistens Raubbau. Um Kaffee, Bananen, Tee, Kakao und andere Tropenfrüchte zu bauen, schlägt und brennt man kahle Flächen in den Tropenwald hinein. Diese Plantagen, auf denen meistens die großen Urwaldriesen ausgetrocknet stehen bleiben, können nur fünf bis sechs Jahre landwirtschaftlich genutzt werden, dann ist der nie gedüngte Boden ausgelaugt. Es wächst Buschwerk, aber erst nach achtzig bis hundert Jahren ist in Afrika wieder Hochwald und die alte Fruchtbarkeit des Bodens da (im riesigen Amazonasbecken Brasiliens aber kommt der einmal abgeholzte Urwald nie wieder; er ist einst in weit regenreicheren Erdzeiten auf diesen nährstoffarmen Böden entstanden). Weil die Plantagenflächen günstig an Straßen liegen, vernichten jedoch die afrikanischen Pflanzer meistens den Buschwald schon nach viel kürzerer Zeit. Die Eingeborenen brennen jedes Jahr das trockene, hohe Gras in den Savannengürteln um die Urwälder an, so daß nur einige wenige Bäume stehen bleiben und die Landschaft das bekannte Aussehen eines Obstgartens mit Gras dazwischen bekommt. Diese »typisch« afrikanische Savannenlandschaft wäre ohne die Steppenbrände der Menschen größtenteils auch Urwald. So werden die unendlichen Waldgebiete auf immer mehr schrumpfende Kerne zusammengedrängt, und auch sie sind nicht unerschöpflich. Der Steppe folgt später die Wüste. Seit dem 15. Jahrhundert rückt die Sahara jährlich auf einer dreitausend Kilometer breiten Front um einen Kilometer weiter nach Süden vor. Jedes Jahr verwandeln sich also dreitausend Quadratkilometer Steppe in Sandwüste.

Die schwarzen Afrikaner zünden ihr Land sicher schon seit Jahrzehntausenden an. Aber das machte nicht soviel aus, solange Malaria und Schlafkrankheit, Aussatz, Filarien, Gelbfieber, Cholera, Sklavenhandel und die Kriege jedes Schwarzenstammes gegen den anderen dafür sorgten, daß die Menschen nicht mehr wurden und daß in weiten Gebieten gar keine Menschen lebten. Afrika hatte bis 1850 vermutlich ziemlich gleichbleibend hundert Millionen Einwohner; bis 1950 verdoppelte sich die Kopfzahl auf zweihundert Millionen. 1969 waren es 344 Millionen geworden. Die UN schätzt, daß im Jahre 2000 schon 860 Millionen Menschen auf dem Schwarzen Erdteil leben müssen. Welches Ausmaß an Hunger, Kinderelend, Zerstörung der so empfindlichen tropischen Böden, ganz nach indischem Beispiel, steht diesen so freundlichen und ahnungslosen Menschen bevor! Sie sind bis heute um mehr als knapp zweihundert Millionen gestiegen, darunter 5,5 Millionen Weiße. Zwar herrschen diese Menschen über ein unendlich großes Land, aber davon ist allein ein Drittel Wüste.

Wir als Europäer haben es uns leisten können, neun Zehntel der Wälder, die einst fast ohne Lücken unseren Erdteil überzogen, hartnäckig zu vernichten, denn die Winde vom Atlantischen Ozean bringen uns trotzdem immer wieder Wolken und Regen. Wir konnten uns hemmungslos vermehren, weit stärker als Europa trotz mustergültiger Landwirtschaft jemals Brot für uns liefern kann. Wir haben andere Erdteile gezwungen, für den Parasiten Europa zu hungern und uns die Fruchtbarkeit ihrer Böden zu opfern.

Afrika aber bekommt bis zwei Drittel seiner Regenfälle von den Wasserdämpfen, welche die Sonne täglich aus den feuchtgrünen Schwämmen seiner riesigen Urwälder emporkocht. Die Seewinde von den Ozeanen werden nämlich in Afrika, ganz anders als in Europa, durch kalte Meeresströmungen abgelenkt oder schon an den Hochlandschwellen der Küsten zum Abregnen gebracht. Wenn man in Afrika Wälder tötet, vertrocknet der Kontinent.

Nach dem letzten Weltkrieg haben die Engländer planmäßig mit Schützenketten in weiten Teilen Tanganjikas alles Wild abgeschossen, um von Staats wegen mit 30 000 schwarzen Arbeitern und 750 britischen Technikern große Erdnußplantagen anzulegen. Tausende von toten Giraffen, Nashörnern, Antilopen stanken zum Himmel. Allein von 1945 bis 1950 wurden auf 1500 Quadratkilometern 8554 Großtiere erschossen. Vorher trug das Land Busch mit vielem Gestrüpp und Schlingpflanzen, dazwischen über dreihundert Bäume je Hektar. Die zierliche Erdnuß, welche die blanke Erde nicht deckt, konnte nicht verhindern, daß der Boden austrocknete, vom Winde verweht und von Wolkenbrüchen in tiefen Rissen und Tälern weggerissen wurde. Das mörderische Erdnußprojekt schlug fehl. Allein im Senegal werden jedoch jährlich 25 000 Hektar Land neu für Erdnüsse in Bearbeitung genommen, und ebensoviel bleiben verwüstet zurück — wie eine Walze schiebt sich der Erdnußbau über das unglückliche Land.

Das kleine zentralafrikanische Land Rwanda ist dichter bevölkert als Frankreich. Trotzdem nimmt seine Bevölkerung jährlich um 3,5 v. H. zu, sie verdoppelt sich im Laufe von 26 Jahren, die von Tansania von 24 Jahren, von Uganda von 28 Jahren, von Sambia und Kenia sogar im Verlauf von 23 Jahren. Die neuen Menschen verlangen schon heute neues Land. Wo Maniok, Süßkartoffeln, Bananen gebaut werden, muß man zwangsläufig Gorillas, Meerkatzen, Paviane, Antilopen totschießen, die davon auch leben wollen. Legt jemand eine neue Farm an, so liefert ihm das Wild der Umgebung kostenlos ein paar Monate und Jahre lang Fleisch. Neben Rinder- und Schafherden kann ein Farmer keine Leoparden, Löwen, keine Hyänenhunde und Krokodile leben lassen. Schon heute sind die wilden Tiere von zwei Dritteln der Landfläche Afrikas, die sie noch vor hundert Jahren bewohnten, ausgetilgt. Aber auch dort, wo es heute noch Elefanten, Antilopen, Gnus, Panther, Nashörner und Menschenaffen gibt, hat ihre Zahl um 20 bis 90 v. H. abgenommen.

Große Teile des feuchten, tropischen Afrikas am Äquator werden bisher noch von der Tsetsefliege beschützt. Deswegen sind sie heute noch reich an Wildtieren und Regenspender für den ganzen Schwarzen Erdteil. Denn die Tsetsefliege impft nicht nur dem Menschen die Schlafkrankheit ein, sie überträgt auch dem Nutzvieh eine ähnliche Krankheit, die Nagana. An ihr gehen alle zahmen Pferde, Rinder, Ziegen, Schafe und Schweine in den verseuchten Gegenden sehr rasch zugrunde, während die einheimischen wilden Tiere den Erreger wohl im Blut beherbergen, aber davon nicht krank werden. In einzelnen englischen Kolonien ist man auf einen schrecklichen Weg verfallen, die Tsetsefliege zu vernichten. Wovon leben die Tsetsefliegen, sagte man sich — von den Antilopen und den wilden Tieren! Wie vernichtet man die Tsetsefliege am besten? Indem man planmäßig jeden Kudu, jede Gazelle, jede Giraffe, jedes Nashorn, kurz jedes Lebewesen totschießt, das einen Tropfen Blut als Nahrung für die Tsetsefliege in seinen Adern hat. Wenn dann diese geflügelten Überträger vor Hunger ausgestorben sind, kann man nach einiger Zeit das Land mit Nutzvieh besiedeln.

So schoß man planmäßig alles nieder, was sich bewegte. Im Sambesital Rhodesiens haben sie von 1948 bis 1951 nach diesem kaltherzigen Plan 102 025 Stück Wild niedergemetzelt — Büffel, Elenantilopen, Kudus, Buschböcke, Pallah, Pferde- und Rappenantilopen. Die Tsetsefliegen sind übrigens nach diesem Wildtiermord nicht verschwunden.

Noch schlimmer wütete die Tsetse-Kontrollbehörde in Uganda. Und nur der Einspruch von uns Naturschützern konnte im letzten Augenblick verhüten, daß man weite Teile Rhodesiens in gleicher Weise leerschoß. Rückblickend ist festzustellen, daß die verantwortlichen Herren ohne gründliche wissenschaftliche Untersuchung leichtfertig und selbstherrlich höchst verderbliche Massenverwüstungen angeordnet haben. Denn wir wissen nun, daß die Schlafkrankheit des Menschen und die nahe verwandte Nagana-Seuche seiner Haustiere von etwa dreißig Tsetsefliegenarten übertragen werden. Sie bevorzugen verschiedene Luftfeuchtigkeit und verschiedenen Baum- oder Buschwuchs. Vor allem aber leben sie vom Blut recht verschiedener Wirtstiere, vom Menschen über Großwild bis zu Nagern, Kleinsäugern, selbst Krokodilen, Vögeln und Waranen. Man kann jedoch bestenfalls die Groß-Wildtiere ausrotten, nicht aber unterirdische und nächtlich lebende Kleintiere. Schon vor zwanzig Jahren hat man die Wildschutzgebiete des Zululandes und anderer Gegenden in Südafrika durch kurzfristiges, einmaliges Bestäuben mit Berührungs-Insektengiften vom Flugzeug aus entseucht. Das ist vor allem das Verdienst des Tierarztes du Toit aus Onderstepoort. Neuerdings macht man in Massen gezüchtete Tsetsefliegen-Männchen durch Bestrahlung unfruchtbar und läßt sie in Tsetsegebieten aus. Da jedes Männchen mehrere Weibchen begattet, schaltet es diese von der Fortpflanzung aus. Die Fliegenplage geht dabei nur allmählich zurück, dafür wird aber so die übrige, nützliche Insektenwelt erhalten.

Im ganzen aber müssen die großen und gefährlichen Wildtiere überall da weichen, wo die schwarze Menschheit Afrikas, die jetzt so rasend schnell anwächst, das Land für Ackerbau und Weidewirtschaft braucht. Genauso haben schließlich unsere Vorfahren in Europa und Nordamerika gehandelt, oder Japaner und Chinesen. Lediglich kleinere, ungefährliche Wildarten werden noch als Jagdtiere inmitten der Landwirtschaft geduldet; bei uns Hasen und Rehe, in Südafrika ein paar Antilopen. In Bananenplantagen und Maisfeldern will niemand Elefanten oder Büffelherden ernten sehen. Wer möchte schon mit seinen Kindern in einem Lehmhäuschen mitten zwischen Löwen und Leoparden leben? Deswegen kam ich schon bald zu der Überzeugung, daß es sinnlos ist, »die Nashörner« oder »die Löwen« in Afrika zu verteidigen. Sie werden weichen müssen, über kurz oder lang. Stattdessen müssen wir mithelfen, ein paar genügend große Wildnisgebiete von der Menschenflut, von der Besiedlung freizuhalten, also rechtzeitig Nationalparks zu schaffen. Dort können Tiere und Pflanzen für die Zukunft in Frieden leben. Außerdem wird auf vielen kargen Tropenböden durch dreißig verschiedene grasende Wildtierarten mehr Eiweiß je Hektar erzeugt als bei einseitiger Beweidung durch Rinderherden. Da die immer mehr verstädterte und umweltvergiftete Menschheit zunehmend solche letzten Wildnisgebiete sehen will, bringen diese Landstriche ihren Staaten künftig — und vielerorts schon heute — weit mehr ein, als wenn man sie landwirtschaftlich nützte.

In Afrika fing das große Sterben schon an, als die blühenden Länder Nordafrikas die Fruchtbarkeit ihres jungfräulichen Mutterbodens zerstörten, um das alte Rom mit Brot zu versorgen — so wie das heute die Vereinigten Staaten und andere Länder tun, um den Getreidebedarf zu decken. Als erstes afrikanisches Großtier starb wohl schon um 300 v. Chr. eine Wildeselart aus, die in den Atlasländern zu Hause war. Auch der nordafrikanische Elefant, eine kleinere, zur Zähmung gut geeignete und gegen Strapazen widerstandsfähige Art, die man auf römischen Bildern findet, wurde bald ausgerottet. Mit diesen Elefanten war Hannibal noch vor die Tore Roms gezogen. Es spricht für das freundliche Verhalten der Löwen zu uns Menschen, daß sie in Nordafrika die Zeiten der Römer und Karthager und die hochkultivierten Staaten der Araber überleben durften. Erst um 1810 wurden sie in Marokko ausgerottet, in Algerien und Tunesien sogar erst 1890. Die schönste Löwenart, der berühmte Berberlöwe mit seiner schwarzen, vollen Mähne, die sich zwischen den Beinen noch auf der Brust fortpflanzt, ist in ihrer Heimat in den zwanziger Jahren dieses Jahrhunderts vernichtet worden. Seitdem leben diese Modelle für Wappen, Münzen und Standbilder nur noch spärlich, und immer mehr vermischt mit weniger schönen Löwen in unseren Zoologischen Gärten. Wir Zooleute müssen hin und wieder zur Blutauffrischung frischgefangene Löwen aus Afrika kommen lassen, aber wir tun das nicht gern. Fast alles, was nämlich heute an Löwen noch wild in Afrika lebt, hat eine schüttere, kurze Mähne und keine Bauchmähne. Schon um 1865 sind am anderen südlichen Ende Afrikas die Kaplöwen restlos aufgerieben worden. Auch sie hatten schöne dunkle Mähnen, die zwischen den Vorderbeinen hindurch auch an der Unterseite der Brust sproßten.

Als die ersten Buren nach Südafrika kamen, fanden sie Ebenen vor, deren Tierleben an die uralten Erzählungen vom Garten Eden vor dem Sündenfall der Menschen erinnerte. Soweit das Auge reichte, weideten unübersehbare Scharen von edlen Antilopen, Gazellen, von Zebras, Gnus, von Giraffen und Kaffernbüffeln. Die Buren sahen in ihnen — billiges Fleisch, das nur die Patronen kostete. Und in ihren Häuten Säcke, worein sie ihre Ernten füllen konnten.

Hier vollzog sich ein Schicksal, das einmal, aber auch nur ganz kurz, die Menschheit aufhorchen ließ. Es betraf die Quaggas, eine merkwürdige Zebraart, die nur vorn gestreift, an der Kruppe aber bräunlich war wie Pferde. Niemand machte sich Gedanken darüber, ihre Zahl auch nur zu schätzen, in so riesigen Herden beweideten sie Südafrika. Und niemand wollte es glauben, als die Kunde kam, daß 1878 das letzte, das allerletzte in Südafrika totgeschossen worden war. Im Amsterdamer Zoo starb 1883 der letzte Ausläufer dieser Tierart, die sicher weit länger als der Mensch durch Jahrhunderttausende friedlich auf diesem Erdball gelebt hatte. Hundert Jahre und der Umstand, daß ihre Haut billiger war als Getreidesäcke, hatten genügt, sie auszuradieren. Übrigens hätten die Museen schon ein paar Jahre später viel Geld bezahlt, wenn sie ein paar dieser Quaggasäcke hätten kaufen können. Die merkwürdigen Zebras waren so unbemerkt und rasch weggeschossen worden, daß das halbe Dutzend, welches jetzt noch ausgestopft in Museen steht, fast mit Gold aufgewogen wird.

Burchells Zebra, das im Oranjefreistaat und Betschuanaland lebte, wurde Ende des vorigen Jahrhunderts vernichtet. Der Blaubock, eine besonders schöne und große Antilope, die in großer Zahl einige hundert Quadratkilometer des Kaplandes bewohnte, war 1760 schon selten. 1800 gab es nur noch fünf ausgestopfte in Museen. Vom Bontebock, einer Leierantilope, die vor hundert Jahren noch zu Tausenden in der Kapprovinz graste, sind heute nur noch kleine Herden im Bredasdorp- und im Swellendam-Naturschutzpark übriggeblieben. Noch zahlreicher war der Bleßbock früher anzutreffen.

Die wenigen ägyptischen Gazellen, die es heute noch gibt, hatte sich König Faruk zum Töten vorbehalten. In diesem Falle bedeutet Töten glatten Mord. Immerhin hatte König Faruk meistens anderes zu tun, als Gazellen zu schießen. Seit aber die Monarchie in Ägypten verschwunden ist, sind die armen, leichtfüßigen Töchter des Windes vogelfrei geworden. Jedermann darf sich heute damit vergnügen, sie in amerikanischen Autos mit hundert Pferdestärken einzuholen und gemütlich vom Steuerrad aus totzuschießen. Ägypten wird jetzt bald gazellenfrei sein.

Noch sind die Eisenbahnen in Afrika ganz selten, und die Autostraßen laufen in Abständen von vielen hundert Kilometern. Gewiß gibt es noch viele Gegenden in Afrika, die keines weißen Mannes beschuhter Fuß betreten hat, es dehnen sich noch unberührte Wildnisse. Aber diese beneidenswerten Malaria- und Schlafkrankheitsparadiese werden durch neue Straßen immer wieder in immer kleinere Stücke zerschnitten. Wir kennen heute recht genau die zwei Wege, auf denen unsere europäischen Störche bis nach Südafrika ziehen. Wir wissen, wo unsere Schwalben und wo die von Nordamerika den Winter verbringen. Aber wer wußte vor zwanzig Jahren etwas von den Wanderungen der Tiere in Afrika? Im nordöstlichen Kongo entstanden Bergwerke und Talsperren. Elefanten, die sich zu manchen Jahreszeiten zu Hunderten und Tausenden versammelten, wagten nicht mehr, zu Beginn der Trockenheit gemeinsam zu den waldreichen Südgegenden vorzustoßen. Wer weiß, in welchen afrikanischen Binnenseen das Kleingeschwebe, das Plankton, dann die Fische und dann die Hunderttausende Flamingos aussterben, wenn die hineinmündenden Flüsse massenhaft DDT und andere Insektengifte von den Plantagen hineinschwemmen. In den USA und vielen Ländern hat man ihre Anwendung verboten, dafür führt man jedes Jahr mehr in die ahnungslosen »Entwicklungsländer« aus.

Muß ich nach diesen Überlegungen noch versichern, daß wir nicht nach Afrika fahren, um Elefanten zu schießen? Zoodirektoren und Naturforscher machen auch keine »Tierfangexpeditionen«, wie sie für Filme und Afrikabücher erfunden werden. Unsere wenigen Zootiere kommen auf eine Weise nach Europa und Amerika, die für abenteuerlustige Leute geradezu ärgerlich friedlich und unromantisch ist. Tierfänger dieser Art gibt es heute fast nur in Fortsetzungsserien von Provinzzeitungen, in Wirklichkeit schicken unsere großen Tierhandelsfirmen fast immer nur Transportbegleiter und Aufkäufer nach Übersee, welche bereits gefangene und eingewöhnte

Seite 17: Schimpansen sind die zweitintelligentesten Lebewesen auf Erden. Forschungsergebnisse der letzten Jahre haben gezeigt, daß Jungschimpansen, die in der Gruppe ohne Mutter aufwachsen müssen, für ihr ganzes Leben geistig benachteiligt sind. In Ausnahmefällen gingen beinahe erwachsene Tiere nach dem Tode der Mutter zugrunde. Sie sind sozusagen »an gebrochenem Herzen gestorben«. In Zaire kommen Schimpansen nur nördlich des großen Bogens des Kongo-Stromes vor. Sie sind in vielen Gebieten Afrikas während der letzten Jahre ausgerottet worden, vielfach deshalb, weil sie als wissenschaftliche Versuchstiere besonders begehrt sind.

Tiere in den Seehäfen verladen und bis nach Hamburg oder New York peinlich gut füttern und pflegen.

Wir Tierleute werden nicht verhindern können, daß die Menschen weiter in der Vermehrung mit den Ratten und den Kaninchen wetteifern. Das ist eine Aufgabe der Philosophen, Politiker, Volkswirtschaftler und ähnlicher, dabei so erfolgloser Berufe. Aber wir wollen Mitgeschöpfe, die wir für ebenso edel und lebenswert halten wie uns selbst, vor der Vernichtung bewahren. Wir möchten, daß auch unsere Enkel noch still vor einer scheuen Bongoantilope stehen. Um die wilden Tiere zu erhalten, wenigstens in ein paar kleinen Wildreservaten oder in Zoos, müssen wir sie kennenlernen, müssen wissen, wie sie leben und was sie zum Dasein brauchen.

Deshalb fahren Leute wie ich heute nach Afrika. Wie das vor sich geht, ganz anders als in Entdecker- und Abenteuerbüchern, bei Großwildjägern oder Tierfängern, das will ich hier erzählen. Denn ich weiß, daß sich Hunderttausende, so wie ich das in den ersten Jahrzehnten meines Lebens getan habe, vergeblich nach diesem Afrika sehnen, das heute schon halb elektrifiziert, radioüberstrahlt, von Staatsgrenzen zerschnitten — aber noch immer das letzte Paradies unserer Sehnsüchte ist.

Seite 18: »Die junge Baule-Negerin, kurz bevor ich sie mit einem sauberen Blattschuß für das Völkerkunde-Museum in New York erlegte.« Was würden Sie zu einer solchen Unterschrift sagen? Bis in die jüngste Menschheitsgeschichte sind immer wieder auch Menschen zu Zwecken wissenschaftlicher Vergleiche getötet worden.

Land	Bevölkerung (Berechnung 1985, in Millionen)	Geburtenziffer (je 1000 Einwohner)	Sterbeziffer (je 1000 Einwohner)	Jährliches Bevölkerungswachstum (in Prozent)	Zeitraum der Bevölkerungsverdoppelung (in Jahren)	Säuglingssterblichkeit (je 1000 Lebendgeborene)	Anteil der Bevölkerung unter 15 Jahren (in Prozent)	Geschätzte Bevölkerung im Jahr 1990 (in Millionen)	Bruttosozialprodukt je Einwohner (in US-Dollar)	Lebenserwartung bei der Geburt (in Jahren)	Analphabeten (15 Jahre und darüber, in Prozent)
WELT	4820	29	12	1,7	41	65	38	5250	4000	60	35
Europa	695	14	10	0,4	174	11	23	710	10000	72	3
AFRIKA	545	47	18	2,9	24	125	45	625	850	45	65
Nordafrika											
Ägypten	47,5	36	12	2,4	29	95	42	53,0	740	55–60	55
Algerien	22,0	42	10	3,2	22	90	46	25,5	2250	55–60	65
Libyen	3,5	47	12	3,5	20	97	44	4,1	8450	55–60	50
Marokko	23,5	46	13	3,3	21	104	45	27,5	860	55–60	70–75
Sudan	21,0	47	18	2,9	24	122	45	24,0	390	45–50	65–70
Tunesien	7,2	34	8	2,6	27	65	39	8,1	1400	60	35–40
Westafrika											
Benin	3,0	48	17	3,1	23	152	46	3,5	320	50	70–75
Burkina-Faso (Obervolta)	6,7	47	22	2,5	28	208	43	7,3	240	40–45	95
Elfenbeinküste	9,2	46	18	2,8	25	125	45	10,5	1200	45–50	65
Gambia	0,7	47	23	2,4	29	128	40	0,8	370	40–45	85–90
Ghana	13,2	48	13	3,5	20	101	47	15,5	400	50–55	70–75
Guinea	5,6	47	22	2,5	28	163	48	6,3	300	40–45	80
Liberia	2,3	50	14	3,6	19	152	47	2,7	520	50–55	75
Mali	7,9	49	21	2,8	25	152	49	9,0	195	45	90
Mauretanien	1,8	44	20	2,4	29	141	48	2,0	450	45	80–85
Niger	6,1	51	21	3,0	23	143	48	7,0	330	45	90
Nigeria	88,5	50	20	3,0	23	133	46	101,5	870	45–50	65–70
Senegal	6,4	48	21	2,7	26	145	44	7,2	430	40–45	90
Sierra Leone	3,9	46	18	2,8	25	205	40	4,4	320	45–50	85
Togo	2,9	45	18	2,7	26	107	49	3,3	380	45–50	80–85

Zentralafrika											
Gabun	0,6	31	21	1,0	70	142	40	0,6	3 810	50–55	70
Kamerun	9,6	42	17	2,5	28	106	43	10,8	880	50	80–85
Kongo	1,7	43	14	2,9	24	127	43	1,9	1 110	55–60	80–85
Tschad	4,9	43	22	2,1	33	146	47	5,4	110	40–45	85
Zaire	30,5	46	16	3,0	23	110	42	35,0	210	50	45
Zentralafrikan. Republik	2,5	43	22	2,1	33	146	45	2,8	320	40–45	65–70
Ostafrika											
Äthiopien	35,0	48	24	2,4	29	145	45	39,0	140	45–50	85
Burundi	4,7	46	22	2,4	29	120	48	5,3	230	45	75
Dschibuti	0,4	42	12	3,0	23	124	45	0,5	480	40–45	90
Kenia	19,5	52	14	3,8	18	85	47	23,0	420	55	50–55
Ruanda	5,5	54	20	3,4	21	137	47	6,4	250	45–50	50
Somalia	5,4	48	25	2,3	31	145	46	6,0	280	35–40	40
Tansania	20,5	47	15	3,2	22	101	44	24,0	275	50–55	20–25
Uganda	15,0	45	18	2,7	26	96	44	17,0	220	45–50	45–50
Südafrika											
Angola	7,9	49	23	2,6	27	152	44	8,9	470	40–45	85
Botsuana	0,9	48	18	3,0	23	128	45	1,0	1 000	45–50	65
Lesotho	1,5	42	15	2,7	26	113	44	1,7	540	50–55	45–50
Madagaskar	9,8	46	18	2,8	25	69	46	11,1	330	45–50	50
Malawi	6,8	56	23	3,3	21	169	46	7,9	200	40–45	75
Mosambik	13,8	45	18	2,7	26	113	43	15,7	270	45–50	65–70
Sambia	6,7	49	16	3,3	21	104	47	7,8	600	50–55	55–60
Republik Südafrika	33,5	38	10	2,8	25	94	38	38,0	3 100	60–65	40–45
Südwestafrika/Namibia	1,1	42	15	2,7	26	112	40	1,2	1 400	55	40–45
Swasiland	0,6	48	20	2,8	25	118	44	0,7	760	50–55	35
Zimbabwe	8,2	47	14	3,3	21	72	51	9,5	800	55	20–25

II

AUTOS SIND SCHLIMMER ALS LÖWEN

»Ich lasse mich von dir nicht fressen!« sagte der Frosch zum Hecht und sprang mit einem Riesensatz an Land. Dort nahm ihn der Storch in Empfang. Niemand kann seinem Schicksal entgehen.

In Mathematik habe ich in der Schule meistens die schlechteste Note bekommen, und als ich im Abitur ein fast leeres Blatt ablieferte, da glaubte ich: Jetzt hast du fürs Leben mit Logarithmen abgeschlossen. Schon ein paar Jahre später habe ich dann ausgerechnet bei Versuchen mit Elefanten Wahrscheinlichkeitsberechnungen aufgestellt.

Für Maschinen habe ich nie viel übrig gehabt. Wenn ich mir den Wirrwarr von Schrauben, Drähten und Rohren unter der Kühlerhaube eines Autos ansah, dann malte ich mir aus, wie ich bei einer Panne ratlos darunterliegen würde. Deswegen habe ich Reiten gelernt und den Vorsatz gefaßt, mir nur dann ein Auto anzuschaffen, wenn ich mir auch einen Chauffeur leisten könnte. Tiere kamen mir immer zuverlässiger vor als Maschinen.

Es kommt immer anders. Mein jüngster Sohn Michael lernte schon mit siebzehn Jahren Autofahren, und ehe ich mich versah, mußte ich es mitlernen. Seine Rechnung ging natürlich auf — wir schafften einen Volkswagen an. Aber daß mir ausgerechnet Autos mitten zwischen Löwen im Herzen Afrikas gefährlich werden würden, war mir damals noch nicht klar. Schon als Student habe ich es vor fünfundvierzig Jahren mit den ersten Verkehrsflugzeugen versucht und eine Karte für einen Flug von Neiße in Schlesien nach Berlin genommen. Bei der Zwischenlandung in Breslau war ich bereits so elend und so »gebrochen«, daß ich die Flugkarte meinem Bruder schenkte und dann zehn Jahre lang Flugzeuge gemieden habe wie Aussatz.

Und doch: Nur Flugzeugen und Autos ist es zu verdanken, daß ein Zoomann wie ich, der nicht jahrelang von seinen Pfleglingen weg kann, den entschwindenden Garten Eden noch sehen kann. Kaum ein früherer Zoodirektor ist jemals selbst nach Afrika gekommen. Wenn meine Vorgänger hätten Okapis besuchen wollen, so wären sie drei Monate mit Eisenbahnen, Ozeandampfern, Flußdampfern, zu Fuß und mit Trägern unterwegs gewesen, um überhaupt hinzukommen, und ebenso lange zurück. Bei mir ging das schneller, wenn auch gewiß nicht eindrucksvoller:

15.20 Uhr Abflug von Frankfurt. Drei Fabrikschornsteine am Main verstänkerten dreißig Kilometer lang die Gegend, das sah man gut von oben. Ein Herr sprach mich auf französisch an. Er hatte von der Sabena etwas über unsere Okapipläne gehört. Ich sollte Restbestände von Briefmarken mit Okapis darauf übernehmen und bei der Ankunft in Deutschland vertreiben — ein gutes Geschäft, meinte er. Keine zwei Stunden: Brüssel. Umsteigen. 17.30 Uhr wieder in einer Spirale in den Himmel. Was Friedhöfe um Großstädte heute doch für Ackerland verschlingen! Und wie viele Leute davon leben: sieben Steinsetzmeister mit schön ausgelegten Grabsteinmustern, wie kleine Dominosteine sahen sie vom Himmel her aus.

Ein Blatt Papier wurde durchgegeben: Wir waren jetzt fünftausend Meter hoch, der Kommandant des Flugzeuges hieß Thorni (ob man sich, als die Eisenbahn aufkam, auch dafür interessierte, wie der Lokomotivführer hieß?). Wir hatten eine Geschwindigkeit von 440 km/st, der Luftdruck in der Kabine entsprach aber nur tausend Meter Höhe, draußen waren minus 15 Grad, wir schwebten über dem Bodensee. Aber bis dieser Zettel bei der Hälfte der Passagiere durchgelaufen war, schwebten wir schon sechstausend Meter hoch, außen herrschten bereits 22 Grad Kälte, und wir rasten beängstigend auf die schneebedeckten Gipfel des Jungfraumassivs zu, die von der Abendsonne rot angestrahlt und scheinbar gleich hoch mit uns waren. Und bis 73 Fluggäste die Neuigkeit gelesen hatten, waren wir schon wieder über Mailand. Halb elf Tripolis, das damals zum »Vereinigten Königreich von Libyen« gehörte. Die Wellblechtore des Flughafens waren noch von Rommelschen oder englischen Granatsplittern durchsiebt. Mitten in der Nacht Kano im englischen Nigeria, früh um acht überflogen wir den Äquator, dann einen endlos breiten Strom mit Inseln drin. Der Urwald schwebte auf uns zu, wir rollten aus: Leopoldville am Kongo.

Michael und ich kamen uns sofort sehr gehemmt vor in unseren zünftigen, khakifarbenen, längst zerknitterten Tropenanzügen. Denn als wir vom Flugzeug in die feuchtwarme Sonnenglut hinunterstiegen, empfingen uns Herren in eleganten Anzügen mit schneeweißen, gebügelten Hemden. Das Afrika, das wir suchten, lag noch immer sehr weit. Leopoldville war eine der elegantesten und teuersten Großstädte der Welt. 300 000 Einwohner damals, davon 16 000 Weiße. Eine Stadt, in der man ohne Auto nicht leben konnte, denn die Häuser waren endlos auseinandergezogen, und Straßenbahnen oder Omnibusse gab es nicht. Auf die Idee, zu Fuß zu laufen, konnte nur kommen, wer vor einer halben Stunde aus dem kühlen Flugzeug gestiegen war. Herrliches, »unberührtes« Afrika: Die Filme vom Frankfurter Zoo, welche wir mitgebracht hatten, mußten erst durch die Filmzensur — sie war hier am Kongo viel schärfer als in Europa. Unsere Pockenimpfung im Gesundheitspaß war abgelaufen, aber der freundliche Amtsarzt machte uns gleich im Flughafen neue Ritzen in die Oberarme. Hinter ihm hing eine Bronzetafel, auf der zu lesen stand, daß am 3. April 1925 hier zum erstenmal ein Flugzeug aus Brüssel angekommen war. Das brauchte damals drei Tage, aber es flog auch über achttausend Kilometer. Wir waren in zwanzig Stunden quer über das Mittelmeer und die Sahara gesaust. (Heute, nach zwanzig Jahren, geht es schon wieder mehr als doppelt so schnell.)

Mein Gastgeber in Leopoldville (heute Kinshasa) wollte drei Jahre am Äquator arbeiten. Wenn man in den Tropen tätig ist, bekommt man nach dieser Zeit immer sechs Monate Urlaub und die kostenlose Fahrt nach Europa. Er kam wieder, unterschrieb noch einmal für drei Jahre, und vor ein paar Monaten hatte er sich für weitere fünfzehn Jahre verpflichtet. Sein Onkel, der ihn auf die Idee gebracht hat, an den Kongo zu gehen, wollte damals auch nur für drei Jahre hinüber und blieb vierzig. Dabei kam damals nur alle drei Wochen Post, und die war sechs Wochen alt — heute einen Tag. Zudem gab es noch keine Kühlschränke, kein Frischgemüse aus Südafrika, nur Petroleumlampen und kein Radio, wohl aber ein billigeres Leben.

Ein Festessen uns zu Ehren am Abend, ganz wie von einem Filmregisseur inszeniert: tropische Nacht, schneeweiß gekleidete Boys, die uns lautlos servieren, Tanzmusik unter Palmen, ein gelblicher Mond spiegelte sich in den weiten Gewässern des Kongo. Nur spürt man im Kino nicht die Temperatur und die Feuchtigkeit! Unsere Damen zu Hause schimpften immer über uns, weil wir zu tanzfaul waren — wir beide haben zu lange Beine dazu. Aber hier hieß es, der Reihe nach die Gattinnen der hohen Beamten, der tierärztlichen und der zoologischen Kollegen auffordern. Nicht einmal die Jacke des feierlichen Anzuges durfte man ausziehen. So kultiviert, so wohlhabend war alles hier, und doch schimmerte dort mitten im Kongo eine Insel, die noch nie eines Menschen Fuß betreten hatte, weil sie ringsherum von Stromschnellen und reißenden Wirbeln umgeben ist. Auch mit dem Hubschrauber kann man nicht landen, da dichter Urwald sie überzieht. Vielleicht entdeckt man also in ein paar Jahren sozusagen mitten in der Großstadt noch neue Tiere...

»Zu der Elefantenstation wollen Sie?« fragte mich Herr Matagne, der Chef des Jagdwesens in der Regierung des Belgischen Kongo. »Dort ist man gerade beim Elefantenfang, wie jedes Jahr im Februar und März. Wenn Sie sich tüchtig beeilen, können Sie noch mitmachen.« Zwischen dem Dessertteller mit Ananassalat und dem Glas Rotwein aus den Vulkanbergen vom Kivusee schrieb er mir schnell mit dem Füller eine Empfehlung aus. Sie hat uns viel geholfen.

So hoben wir uns wieder aus dem Urwaldtreibhaus für drei Stunden in frische Höhenluft und sprangen 1500 Kilometer weiter nach Stanleyville (heute Kisangani). Unter uns das Land wie grünes Juchtenleder. Die winzigen Buckelchen, aus denen die Oberfläche bestand, waren die Wipfel der Urwaldriesen. Was mochte darunter stecken?

Es war natürlich nicht wahr, was uns in der Hauptstadt jeder als selbstverständlich versichert hatte: daß man im Innern, in Stanleyville, ebenso günstig gebrauchte Autos kaufen konnte. Von Leihen war schon gar keine Rede. »Für Stadtfahrten, ja«, sagt der Inhaber der Fordvertretung, »aber wochenlang in die Wildnis, nein, das haben wir ganz aufgegeben. Da sehen Sie, wie man die Autos wiederkriegt!« Er zeigt mit einer Handbewegung auf ein paar greulich verbeulte Wracks mit eingedrückten Kühlern, blutverschmierten Windschutzscheiben und aufgerissenen Seiten. Personen-

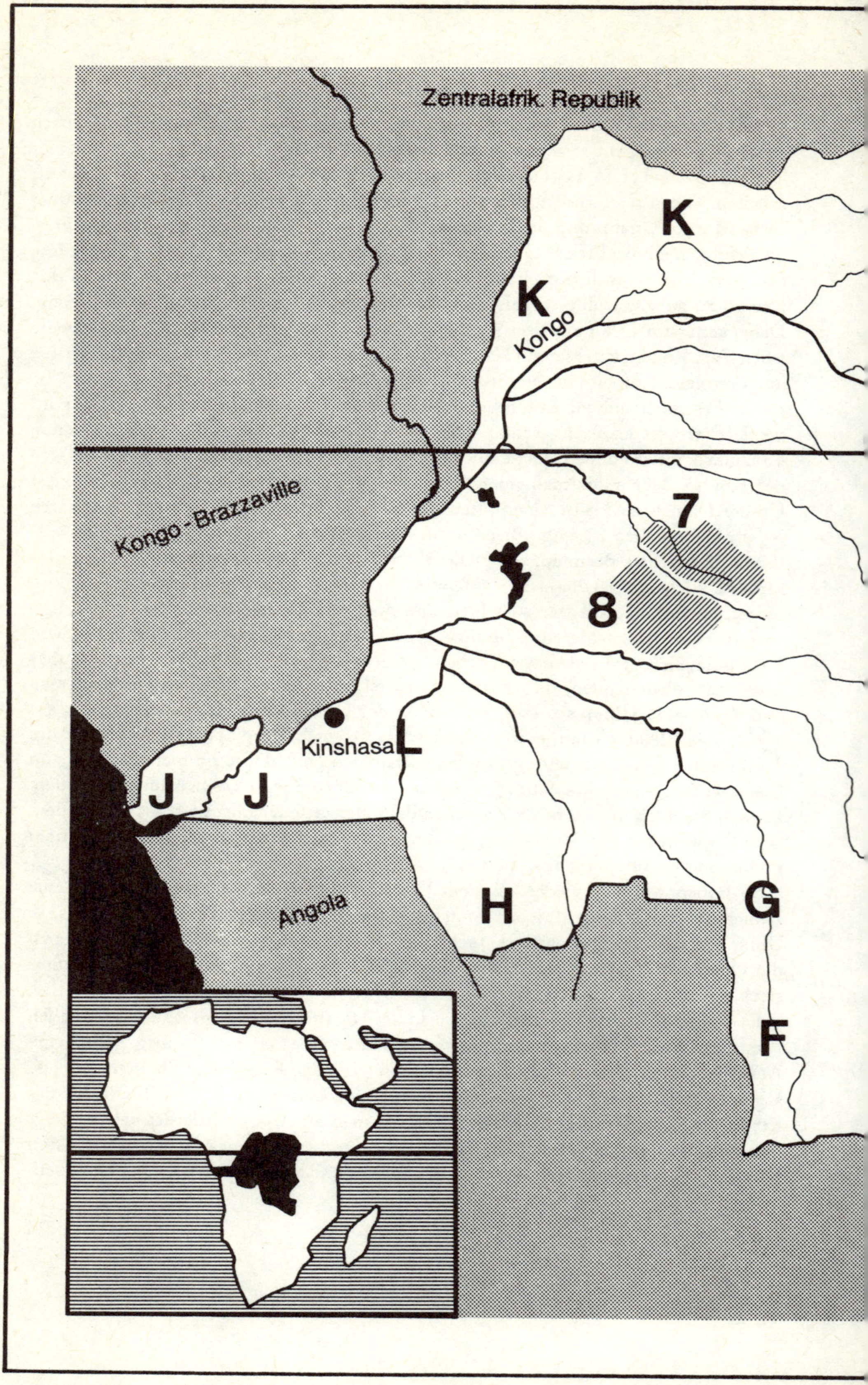

Zentralafrik. Republik
K
K
Kongo
Kongo - Brazzaville
7
8
Kinshasa
L
J
J
Angola
H
G
F

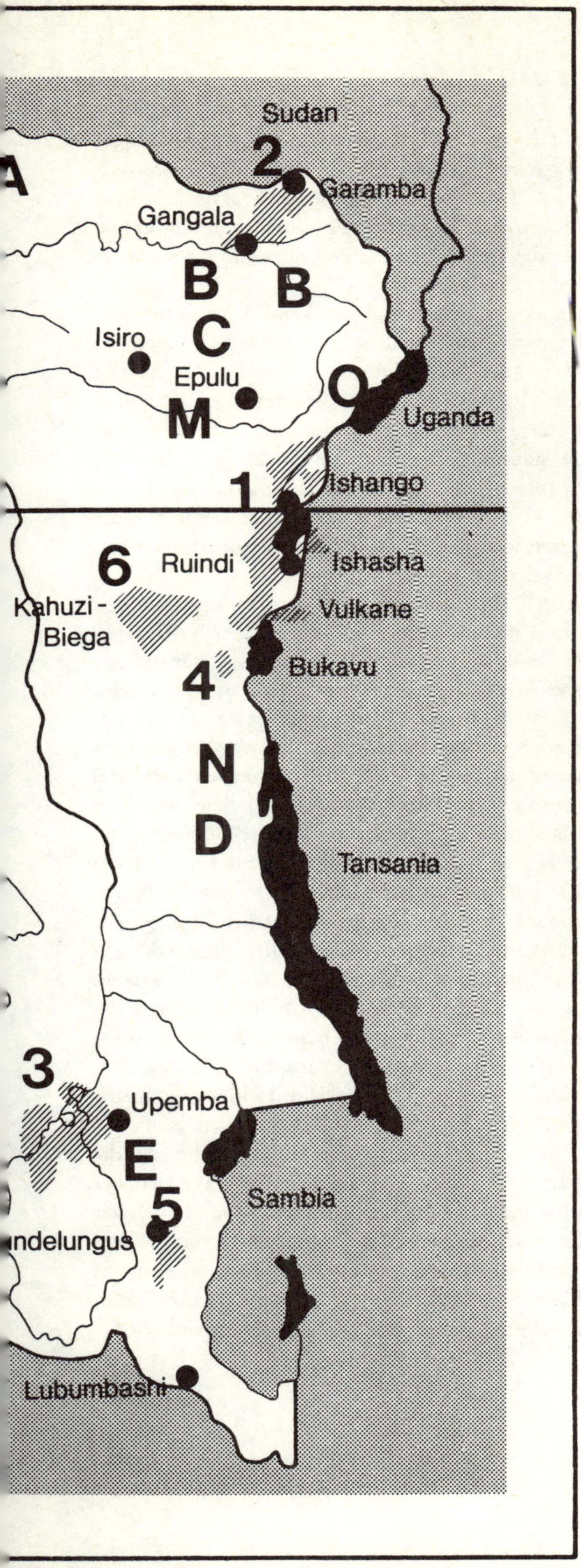

Nationalparks und Naturschutzgebiete in Zaire

Beschreibung siehe S. 273/4

A ANGO-GWANE
B AZANDE-OBE
C MAIKA
D LUAMA
E SAMPWE-LUBUDI
F SANDOA
G BUSHIMAIE
H KASONGO-LUNDA
I BAS-ZAIRE
K UBANGUI
L BATEKE
M EPULU
N ITOMBWE
O LAC ALBERT

1 Park (Albert) VIRUNGA
2 Park GARAMBA
3 Park UPEMBA
4 Park KAHUZI-BIEGA
5 Park KUNDELUNGU
6 Park MAIKO
7 Park SALONGA (Nordblock)
8 Park SALONGA (Südblock)

wagen gab es gebraucht genug zu kaufen, aber keinen geländegängigen Lastwagen, den wir brauchten. Der hilfsbereite Provinzialtierarzt fuhr mit uns alle Autohändler ab. Uns ließ der Elefantenfang keine Ruhe! In der achten Autogarage bot man uns einen »International«, einen Dreitonner an. Ich hatte von dieser amerikanischen Automarke noch nie etwas gehört, aber das sprach nicht gegen sie, denn ich verstehe von Autos soviel wie ein Rennfahrer von Elefanten.

Jedenfalls sah der Wagen sehr schön neu, blau und blinkend verchromt aus. Die Kühlerhaube war zwar nur mit einem kräftigen Ruck aufzumachen, aber das fiel uns zunächst gar nicht so auf. Wir sahen fachmännisch in das Durcheinander von Kabeln, Zündkerzen, Schrauben und geheimnisvollen Eisenteilen — er schien uns ein wenig sehr dreckig und verrostet, im Gegensatz zu der schönen Außenhaut des Wagens. »Wenn Sie auf unseren staubigen Straßen mit einem fabrikfrischen Auto ein paar hundert Meter gefahren sind, sieht es genauso aus«, meinte der Werkmeister — und das leuchtete uns ein. »Bei einem Motor kommt es mehr auf die Seele an«, setzte er hinzu. Ja, wir haben noch gelernt, daß ein Auto eine »Seele« hat. Aber ich glaube, *dieses* Auto hatte eine sehr schlechte, verdorbene.

Warum sprang es sofort an, als der Werkmeister nur mit dem Finger auf den Anlasser tippte? Unter Menschen würde man so etwas als Arglist oder Vorspiegelung falscher Tatsachen bezeichnen. Natürlich waren wir vorsichtig, wir fuhren um zwei Häuserviertel herum zur Probe. Michael bekam den zweiten Gang nicht 'rein, doch er meinte sachverständig, bei Lastwagen wäre das immer etwas schwierig. Viel später bekam ich heraus, daß er noch nie am Steuer eines Lastwagens gesessen hatte. Immerhin kamen wir uns beide sehr gehoben vor, denn wir saßen auch viel höher als zu Hause in unserem Volkswagen, und wenn ich jetzt Michael am Arm packen wollte, weil er mit scharfem Schwung auf einen schwarzen Buick zusauste, machte er mir gelassen klar, daß wir ja jetzt Lastwagenfahrer wären. Einem Lastwagen könne nie etwas passieren, er sei viel härter als jeder Personenwagen. In diesem Punkt hatte er durchaus recht, wie wir später noch mehrmals aufatmend festgestellt haben. Nur gibt es leider noch viel stärkere Lastwagen... Von allen diesen Sorgen ahnten wir zu diesem Zeitpunkt noch nichts, wir fieberten nach wilden Tieren.

Ich muß mich rühmen, daß ich auf den Gedanken kam, am hellichten Tage die Scheinwerfer anzuknipsen: in einem fehlte die Birne. »Kleinigkeit, wird selbstverständlich eingesetzt«, sagte man uns, und man versprach uns auch Ersatzreifen, Zündkerzen, ein Drahtseil und ein holzgezimmertes Verdeck mit einer Segelplane darüber — denn schließlich fing in diesen Tagen gerade die Regenzeit an...

Wir aber gingen einkaufen. Dabei merkt man erst, daß so eine Sprache wie die französische aus unglaublich vielen Wörtern besteht. Michael, der fünf Tagen vorher noch in Frankfurt im Abitur geschwitzt hatte, zählte mir zähneknirschend auf, was »Mondstrahl« und »Elfenreigen« auf französisch heißt. Aber wie verlangt man Toilettenpapier? Keinesfalls »papier de toilette«, sondern überraschenderweise heißt es »papier hygiénique«. Was heißt Sack, Strick, Schraube, Schlüssel, Wagenheber, Korkenzieher, Kerzen, Petroleumkocher, Windlampe, Taschenlampenbatterie,

Giftschlangenserum, Lötkolben, Reifenflickzeug, Bettlaken, Wolldecken, Nägel, Tiegel, Insektenpulver, Füllhaltertinte, termitensichere Blechkiste, Sonnenbrille? Allein die Konserven füllten zwei schwere Kisten aus. Auch daß wir für jede Sardinenbüchse und jeden Sack Stroh eine quittierte Rechnung mit Stempel für ein fernes Finanzamt in Frankfurt brauchten, war auf französisch immer wieder schwer zu erläutern.

Endlich fuhren wir am nächsten Tag mit unserem stolzen blauen Wagen schwer beladen durch das Garagentor. Hinten hockte der schwarze Boy Hubert Mitampu, den wir im letzten Augenblick noch angenommen hatten. Als ich mich umblickte, ob wir auch nichts vergessen hatten, kamen mir Werkmeister und Garagenbesitzer sehr vergnügt vor. Auch wir waren froh. Der Wagen rollte frisch geölt durch die endlosen Eingeborenenquartiere von Stanleyville. Sechshundert Kilometer wollten wir heute schaffen. Aber — lief der Wagen wirklich so glatt? Michael meinte, er zöge etwas nach links. Wirklich, schon klopfte der Boy von hinten an die Scheibe — ein Zeichen, das uns später noch unheilvoll vertraut werden sollte. Hinten links war die Luft halb heraus. Welch ärgerlicher Zufall: ein paar Kilometer nach der Abfahrt! Wir drehten schnell, um an irgendeiner Tankstelle aufzupumpen. Aber jetzt sollten wir erst die geheiligten Gesetze der afrikanischen Mittagsruhe kennenlernen. Es war fünf nach zwölf. Die erste Tankstelle war abgeschlossen, in der zweiten Werkstatt schimmerten im Fenster fünf nagelneue Autoluftpumpen, doch die schwarzen Arbeiter konnten nicht heran, denn Monsieur war Mittag essen gegangen und hatte den Schlüssel mitgenommen. Nach der fünften Autowerkstatt gaben wir es auf, stellten uns in den Schatten einer Akazie und warteten ergeben, bis der Zeiger auf zwei gerückt war.

»Machst du das absichtlich«, fragte ich ganz nebenbei Michael, denn ich habe mir angewöhnt, anderen Leuten möglichst keine Ratschläge für das Chauffieren zu geben, wenn ich neben ihnen sitze. Meine Begleiter zu Hause tun das nämlich sehr ausgiebig. Immerhin, jetzt fühlte ich mich doch etwas dazu gedrängt. Die Straße lief so durch den Urwald, wie wir das von früher her aus Afrika kannten. Bergab, bergauf, wie die Bodenwellen gerade liegen, und die Fahrt hat eine täuschende Ähnlichkeit mit der Achterbahn auf Vergnügungsplätzen. Man muß sich genau in den beiden Gleisen halten, welche die früheren Wagen ausgefahren haben. Michael aber tat das nicht. Wenn es bergab ging, dann fing er an, in Schlangenlinien zu fahren, mit einem Rad bis in die Mitte der Straße, mit dem anderen hart am Rand, wo es manchmal ekelhaft steil nach unten ging. Ich dachte, er führe so wagemutig, um mir Angst zu machen, und hatte daher erst nach längerer Zeit gefragt, als er gar nicht damit aufhören wollte.

»Nee«, sagte er etwas kleinlaut und gepreßt, ohne auch nur eine Sekunde den Blick von den Pfützen und Lehmrutschen auf der Straße aufzuheben, »das geht nicht anders, das liegt an der Steuerung.« Man konnte das Steuerrad über ein halbmal drehen, ehe die Räder gehorchten. Am besten ging es noch in Kurven, weil der Lenker dann ohnedies bis zum Anschlag nach einer Seite gedreht war. Aber wehe, wenn die Straße gerade lief! Dann machten sich die Vorderräder bei jedem Schlagloch oder größeren Stein selbständig. Und das Herz setzte mir aus, wenn der Weg erstens geradeaus und dazu auch noch bergab ging. Denn unten in jedem Tälchen war ein Fluß, ein Bach oder wenigstens ein Sumpf. Über so etwas führt eine kleine Brücke, und die bestand damals in Afrika meistens aus zwei dicken Bohlen, eine für jedes Rad. Immer, wenn wir in Schlangenlinien auf diese »Brücke« zuschlitterten, wurden die Knöchel in unseren Fingern weiß. Hin und wieder sah man am Wegrand die Reste verunglückter und ausgeschlachteter Autos. Wenn ein Wagen schon älter und so zugerichtet ist, daß er nicht mehr allein ein paar hundert Kilometer zur nächsten Werkstatt rollen kann, läßt man ihn oft liegen.

»So fahre doch wenigstens langsam!« sagte ich zu Michael, »wenn die Karre schon nicht richtig geradeaus laufen will. Du fährst ja jetzt mindestens siebzig, und das ist bei einem Lastwagen auf so einer Straße wirklich lebensgefährlich.«

»Du täuschst dich, das sind höchstens vierzig«, entgegnete Michael und deutete mit dem Ellenbogen auf den Tachometer. Merkwürdig, der Zeiger schwankte zwischen vierzig und fünfzig, und doch rasten die grünen Pflanzenwände an den Wagenfenstern vorbei. Ich kam erst nach vierzehn Tagen hinter die Lösung dieses Geheimnisses. Der Kilometerzähler zeigte nämlich ebenfalls immer nur etwa zwei Drittel der Entfernungen an, welche wir nach den Landkarten gefahren sein mußten. Es handelte sich in Wirklichkeit um amerikanische Meilen, und davon ist jede 1,6 Kilometer lang. Wenn der Tachometer auf fünfzig wies, fuhren wir in Wirklichkeit 80 km/st. Es wunderte mich überhaupt, daß ein gar nicht so lebenswichtiges Organ wie der Kilometerzähler an unserem Wagen tatsächlich funktionierte, denn zur Not kann man ja auch ohne so etwas fahren...

Ehe wir uns recht versahen, war es nach sechs Uhr abends geworden. In spätestens einer Stunde wurde es Nacht. Wir trauten uns nicht, im Dunkel weiterzufahren, und bogen deswegen in einen Seitenpfad ein, neben dem ein Pfahl mit der Aufschrift »Mission protestante« stand. Der Weg lief durch ein paar Pflanzungen, endlich war er nicht mehr von riesigen Baumwipfeln eingeengt. Wir hielten auf einem freien Platz zwischen niedrigen, mit Palmblättern bedeckten Lehmhäusern. Ein schwarzhaariger Europäer in einem knallroten Hemd hieß uns in der Dämmerung freundlich willkommen. Er hatte ein angenehmes, kluges Gesicht, aber ich konnte sein Französisch schlecht verstehen, und er verstand mich offensichtlich auch nicht. So versuchte ich es auf englisch, und es stellte sich heraus, daß er selbst Engländer war. Seine Frau war Krankenpflegerin und lebte auch schon viele Jahre hier. Weil es keinen Arzt gab, behandelte sie in einem Umkreis von fast zweihundert Kilometern alle Kranken und half, Kinder zur Welt zu bringen. Die beiden hausten mit ihrem sechsjährigen Töchterchen in einem alten, windschiefen Lehmhaus und waren offensichtlich recht arm. Aber sie setzten uns gleich das Beste vor, das sie hatten, ein echt englisches Gericht: Schinken mit Ei und Porridge. Die kleine Tochter hatte aus Amerika Kinderschallplatten geschickt bekommen, und der Vater hatte endlich das alte Koffergrammophon wieder in Gang gebracht. Nach dem Abendessen setzten wir uns um die flackernde Petroleumlampe, und der Sprechapparat spielte die Platten ab, deren Hüllen lustige, bunte Bilder trugen. Kinderstimmen sangen auf englisch das Alphabet mit spaßigen Versen dazu, eine hübsche Art, einem weißen Kind im Urwald Buchstabieren und Rechnen beizubringen. Aber die kleinen Platten paßten nicht zu dem altmodischen Apparat, die Nadel riß aus der weichen Plattenmasse lange Späne heraus, die wir in dem trüben Licht zuerst gar nicht entdeckten. Das hübsche Spielzeug war dahin, das kleine Mädchen konnte die Platten kein zweitesmal spielen, und es würde wohl auch nie mehr so etwas Nettes in den Urwald geschickt bekommen. Die Kleine weinte bitterlich. Die Missionarsfrau tröstete sie und brachte sie zu Bett, aber wir saßen alle etwas traurig herum. Der Missionar fing an zu erzählen.

»Wenn jetzt auch ein paar Autostraßen durch den Urwald geschlagen sind und viele Schwarze hier schon Hosen und Hemden tragen, so haben sich der Aberglaube und die Unwissenheit deswegen noch lange nicht gewandelt. Schließlich gibt es auch in Europa Leute, die im Auto fahren und trotzdem an Astrologie glauben. Was haben wir Missionare und was haben die belgischen Verwaltungsbeamten sich hier schon mit den Anyoto herumgeschlagen, den Leopardenmenschen. Es ist ein widerlicher, feiger Geheimbund, der sich im halben Afrika bis nach Liberia hinauf ausgebreitet hat. Hier im Urwald der Nachbarschaft ist der Hauptherd. Im Jahre 1929 hat mein Vorgänger besonders schlimme Zeiten erlebt. Damals kamen in wenigen Wochen 23 Morde in einem begrenzten Gebiet zwischen dem Ituri- und dem Nepokofluß vor — und das waren nur die Fälle, die wirklich als Morde bekannt wurden. Die meisten werden auch heute noch von den Angehörigen verschwiegen und die Todesfälle als natürlich hingestellt, weil man die Rache der Leopardenmenschen fürchtet. Das Gemeine ist, daß sie meistens nur Frauen und Kinder oder jedenfalls wehrlose Menschen umbringen. In Bomili, gar nicht weit nordöstlich von hier, sind am Ituri, am hohen Ufer neben den Nepokofällen, zehn solche Anyoto an einem hohen Galgen hingerichtet worden, der eigens dazu aufgebaut worden war. Die Leute waren vorher erst nach Stanleyville und dann sogar bis nach Boma am Meere, zweitausend Kilometer von hier, vor Gericht gebracht worden. Als sie tot waren, kam heraus, daß die meisten von ihnen unschuldig gewesen waren. Sie hatten ihr Verbrechen erst eingestanden, vor der Hinrichtung aber widerrufen. Das lag wohl daran, daß die wirklichen Übeltäter den jungen Leuten befohlen hatten, sich schuldig zu bekennen, um die Untersuchung von dem Geheimbund abzulenken. Die Gefangenen hatten zuerst geglaubt, ihnen könne niemals etwas geschehen, weil sie durch die magischen Kräfte der Leopardenmenschen geschützt seien.

Der Name dieser Leopardenmenschen kommt daher, daß sie Pantherfelle und Gesichtsmasken tragen. ‚Anyoto‘ rührt wahrscheinlich von dem Worte ‚nyoto‘, kratzen, reißen, her. Sie tragen nämlich an jedem Finger der linken Hand ein fünf Zentimeter langes, sichelförmiges Messerchen, das auf der Oberseite des Fingers etwa bis zum zweiten Fingergelenk läuft. Ein geflochtener Handschuh hält diese Messerchen fest. In der rechten Hand halten sie ein Brettchen, auf dem lange, scharfe

Eisennägel festgebunden sind. Meist gegen Abend, wenn auch die Leoparden angreifen, gehen fünf bis sechs dieser Gesellen in einem Abstand von zwanzig Metern hintereinander an das entlegene Ende der Dorfäcker oder dorthin, wo die Frauen Wasser holen. Der erste Leopardenmensch stößt mit der Krallenhand von unten in den Hals und zerreißt meistens sehr schnell die Schlagadern. Das röchelnde oder tote Opfer wird im Geschwindschritt dem nächsten der Truppe weitergegeben und verschwindet so von Schulter zu Schulter blitzschnell vom Mordplatz. Mit Hilfe von Brettchen, in welche die Form eines Leopardenfußes geschnitzt ist, werden auch künstliche Fußspuren des Raubtieres hergestellt. Der umgebrachte Mensch, oder Teile davon, können verzehrt werden. Oft müssen Leute, die neu in den Leopardenbund aufgenommen werden, als erste Opfer gerade Verwandte oder gute Bekannte umbringen. Wird ein Leopardenmensch beim Überfall durch Dorfbewohner getötet, die zum Schutz herbeieilen, dann begräbt man ihn meistens schnell, behauptet, er sei plötzlich krank geworden und man hätte ihn rasch unter die Erde bringen müssen, weil die Verwesung schnell eingetreten sei. Bestimmt sind viele Todesfälle durch Leoparden, über die hier berichtet wird, auf das Konto der Anyoto zu setzen. Und wer merkt schon, wenn hier Schwarze in den Dörfern plötzlich verschwinden, falls sich niemand findet, der das anzeigt?«

»An Weißen vergreifen sie sich übrigens nie«, fügte der Missionar beruhigend hinzu und führte uns zwischen den dunklen Bananenstauden hindurch bis zum leerstehenden Gästehaus, wo unsere Boys schon die Betten aufgeschlagen hatten.

Eine Taschenlampe verlockte dazu, in Ecken zu leuchten, die wir bei Tage gar nicht beachtet hatten. In dem runden Häuschen, das abseits vom Gästehaus stand, enthüllte sie ein senkrechtes, brunnenartiges Loch, das wohl zehn Meter tief in die harte, rote Erde geschachtet war. Das ist eine bewährte Art, in Afrika gewisse Örtlichkeiten anzulegen. Sie dienen jahrelang, und dann gräbt man einfach ein neues Loch und baut wieder ein Häuschen darüber. Der grelle Lichtkegel erfaßte hier Heerscharen riesiger brauner Kakerlaken, die mir mit langen, dürren Beinen aus der schlüpfrigen Tiefe entgegengekrochen kamen. Die braunschwarzen Knechte der Finsternis kletterten mühsam höheren Gefilden entgegen. Ich entzog sie ihnen rechtzeitig.

Jedes Haus hat eine Seele, sie stammt von dem, der es gebaut und lange darin gewohnt hat. Die beiden Missionare, welche inzwischen längst an Bilharziose gestorben waren, hatten sich eine richtige Wasserleitung in ihr Schlafzimmer gelegt. Man ist beim erstenmal immer erstaunt, aus so einer krummen Lehmwand einen richtigen messingnen Wasserhahn herausragen zu sehen. Dreht man ihn auf, dann fließt es wirklich, zwar manchmal gelb oder braun, dafür aber oft richtig heiß. Draußen entdeckt man dann an der Hauswand eine leere Benzintonne, welche die Boys immer wieder voll Wasser zu kippen haben — bei Tage wird es von der Sonne angeheizt. Hier lief das Wasser in eine richtige Badewanne. Sie war mit viel Liebe aus Lehm geformt, innen mit Zement ausgekleidet und mit weißer Ölfarbe gestrichen.

Ein tropisches Haus, das nicht bewohnt wird, bleibt nicht bestehen. Zwei Bewohner sind ausgezogen, und Hunderttausende ziehen ein. Sie bauen von weither unterirdische Straßen, die durch den Lehmfußboden im Wohnzimmer auftauchen. Aus ihrem Kot und aus Erde machen die Termiten unermüdlich Mörtel, bauen an den Wänden lange, braune Tunnel empor, damit sie darin auch bei Tage im Dunklen und in der Feuchtigkeit marschieren können, wohlgeschützt und ungesehen. So waren die weißgekalkten Wände mit bizarren braunen Mustern von Ästen plastisch verziert. Auf unsere Betten rieselte feuchtkrümeliges Holzmark aus den runden Stämmen des Blätterdaches, dem Endziel aller Termitenstraßen. Als wir am Morgen auf dem Tisch Brot schneiden wollten, drückte sich die ausgehöhlte Holzplatte wie Wellpappe zusammen.

An unserem Wagen war der linke Hinterreifen wieder weich geworden. Um an das Ersatzrad zu kommen, mußten wir allerdings erst zwanzig Koffer und Kisten abladen und zu Haufen hinter dem Wagen türmen. Dann bockt man den Wagen mit dem Wagenheber auf — falls dieser sich nicht in die weiche, rote Erde gräbt. Der Rest ist ein Kinderspiel: man löst sechs Schrauben und zieht das ganze Rad von der Achse. Michael allerdings schaffte es nicht gleich, die Schrauben zu lockern. So nahm ich ihm den Schraubenschlüssel aus der Hand und zeigte ihm, wie man eine festgezogene Schraube mit einem einfachen Ruck erst mal in Bewegung bringt. Aber auch ein Tropfen Öl half nichts, weder bei der ersten, noch bei der gegenüberliegenden Schraube, es rührte sich überhaupt keine. Wir probierten es mit einem Hammer. Auch der zweite Schraubenschlüssel zerbrach. Bei dem dritten verlängerte der englische Missionar die Hebelwirkung, indem er ein altes Rohr über den Handgriff steckte. Er fluchte nicht, denn er war ein wirklich frommer Mann, aber er holte einen richtigen, schweren Vorschlaghammer, und sein Grimm schlug auf den Muttern Funken. Dann beschlossen wir, lieber nachzugeben, das Rad drauf zu lassen und es aufzupumpen. Der Missionar stellte seinen alten Ford daneben, schraubte eine Zündkerze heraus und einen Gummischlauch dafür hinein und pustete uns das Rad mit Motorgasen wieder prall. Beiläufig sei gesagt, daß die Radschrauben bei dieser Sorte von amerikanischem Auto an den Hinterrädern aus unerfindlichen Gründen umgekehrte Gewinde hatten wie jede andere vernünftige Schraube auf der Welt. Auch die schwarzen Monteure in der nächsten Werkstatt stöhnten, als sie die Muttern, nunmehr in der richtigen Richtung, lösen mußten, so sehr hatte der eifrige Missionar sie festgekeilt. Schließlich hatten sie drei davon mit dem Meißel entzweischlagen müssen. Aber das war nur einer der kleineren Scherze, die sich unser Auto mit uns leistete.

Mir war das Autofahren von Michael gestern auf die Nerven gegangen. Wir brauchten ja schließlich nicht gleich am ersten Tag gegen einen Baum zu fahren. So setzte ich mich ans Steuer. Langsam kam ich dahinter, warum Michael auf den steilsten Abhängen immer noch tüchtig Gas gegeben hatte, und ich war gezwungen, es genauso zu machen. Wo es hinunterging, ging es auf der anderen Seite gleich wieder hinauf. Man mußte ordentlich Schwung haben, wenn man es im dritten Gang bis auf die nächste Spitze schaffen wollte. Um in den zweiten Gang zu kommen, mußte man Zwischengas geben, und das hat seine Tücken. Die schrecklichen Geräusche, die das Getriebe dabei machte, kamen uns unnatürlich vor. Michael meinte, daß so ein Getriebe sicherlich ein recht wichtiger Teil an einem Auto sei, der kaum behelfsmäßig durch etwas anderes zu ersetzen sei. Er machte noch ungehörigere Bemerkungen: wer wohl den Wagen eher zum Stehen brächte, er im Graben oder ich mit blockiertem Getriebe.

Ich habe damals von den kommenden tausend Kilometern nicht viel gesehen. Ich kam mir vor wie ein Seiltänzer, der seine Augen nicht abschweifen lassen darf. Wollte ich nach einem Vogel schauen oder nach einem Dorf am Wege, dann geriet der Wagen sofort ins Schleudern. Wir mußten unsere Arbeit teilen, der eine sehen und der andere wie gelähmt auf die Mitte des Fahrweges starren. Einmal klirrte und knatterte es schrecklich — zum Glück hatte sich nur eine Schraube durchgescheuert, welche die Stoßstange hielt, und so schleifte diese auf der Erde. Wir montierten auch die andere Seite ab, denn Michael meinte, eine Stoßstange sei eigentlich nur eine Verzierung an einem Auto, und man könnte sie hinten aufladen. Wichtig sei sie nur, um das Auto später wieder gut verkaufen zu können. Später allerdings kamen wir dahinter, daß man sie doch besser vorn befestigt.

Wir fuhren auf schmalen, hohen Brücken über breite Ströme, während die losen Bohlen unter uns knatterten wie Maschinengewehrfeuer. Wir ließen kilometerlange rote Staubwolken hinter uns, Gewittergüsse wuschen unseren Wagen wieder blau. Der starke Motor brummte Stunden und Tage, Giraffen und Elefanten entgegen. Wir sollten schneller unter ihnen sein, als wir glaubten.

Seite 35: Gorillas gehören mit dem Menschen zu den vier geistig höchstentwickelten Geschöpfen dieser Erde. Wer wie wir mit jungen Gorillas eng zusammenlebt, weiß, daß jeder Gorilla ein Charakter für sich ist. Uns ist es unvorstellbar, daß man ein solches Wesen aus »Sport«, zum »Vergnügen« tötet.

III

DIE ERSTEN ELEFANTEN

Unwillkürlich trat ich so stark auf die Bremse, daß Michael fast gegen die Windscheibe stieß. Elefantenkot mitten auf der Straße! Von den 200 000 Elefanten, die es noch in Afrika gab, lebte jeder dritte im Belgischen Kongo, und wir kamen jetzt zum oberen Uele, der elefantenreichsten Gegend des Kongostaates. Tatsächlich, hier waren heute nacht mehrere Elefanten quer über die Straße marschiert, wir sahen es deutlich, wo sie die Böschung herabgestiegen waren. Die melonengroßen, braunen Kugeln mitten auf der Straße kamen uns wie ein erster Willkommensgruß der Elefanten vor. Hochgestimmt fuhren wir weiter. In den nächsten Stunden stießen wir noch oft auf solche »Glückszeichen«.

Früher hat man sie gezählt und daraus die Zahl der Elefanten in der betreffenden Gegend berechnen wollen. Aber das führte zu viel zu hohen Zahlen. Denn die Elefanten sind mißtrauisch gegenüber häufig befahrenen Autostraßen, sie zögern vor ihnen und überqueren sie dann möglichst rasch. Diese Aufregung führt zur Kotabgabe, denn bei Elefanten ist, wie bei den meisten Lebewesen, die Erregung mit der Darmmuskulatur geheimnisvoll verbunden. Auch Menschen sollen sich ja vor Angst in die Hosen machen. So liegt auf einer Straße viel mehr Elefantenkot als im Lande ringsum. Wege, die sehr selten befahren werden, sind dagegen bei den grauen Riesen durchaus beliebt. Auch sie gehen, ebenso wie Nashörner und andere Großtiere, lieber auf schön geebnetem Untergrund, als daß sie durch Gebüsch, Gestrüpp und buckliges Gras marschieren. So werden die Menschenwege fast regelmäßig auch von Tieren benutzt, und natürlich findet sich auf diese Weise auf solch einsameren Straßen gleichfalls viel häufiger Elefantenkot als ringsum.

Seite 36 oben: Ein junger Goldschakal wartet am Eingang der Höhle auf die Rückkehr der Eltern.
Seite 36 unten: Der Bonobo oder Zwergschimpanse (Pan paniscus) lebt nun in Zaire, also der Republik Kongo-Kinshasa, und zwar südlich, unterhalb des großen Bogens des Kongo-Stromes. Zwergschimpansen sind kleiner und viel schlanker als ihre großen Vettern, haben rot gefärbte Lippen und benehmen sich auch anders als ihre großen Vettern. Dem Frankfurter Zoo gelang als erstem die Zucht dieser weitgehend unerforschten Zwergschimpansen.

Als wir mittags in einem »magazin«, dem Laden eines Inders, in einem größeren Eingeborenendorf tankten und gleich bei ihm zu Mittag aßen, erzählte er, daß er erst vor zwei Tagen in der Nacht beinahe auf einen großen Elefanten gefahren wäre. Das Tier stand auf einmal riesig da, als das Auto um die Ecke bog. Es hatte wohl zwei Meter lange Stoßzähne, und geistesgegenwärtig konnte der Ladeninhaber das Auto noch im letzten Augenblick in einem Schwung zur Seite schleudern, so daß es haarscharf, mit wohl nur dreißig Zentimeter Abstand, an dem Elefanten vorbeisauste. »Meine Frau hat die ganze Nacht kein Auge zugetan, sie konnte sich gar nicht beruhigen«, fügte er hinzu.

Solche Geschichten konnten uns beide nicht mehr rühren. Vor drei Jahren hatte man uns an der Elfenbeinküste auch so schöne Dinge von Elefanten erzählt, die einem überall in den Weg liefen, und dann mußten wir drei Wochen lang Tag und Nacht in Plantagen und im Urwald herumstiefeln, bis wir endlich den ersten flüchtig zu sehen bekamen. (In Ostafrika war das später sehr, sehr viel leichter.)

M. Pierand befehligte die Arbeiterkolonnen, welche immer wieder rote Erde in die ausgefahrenen Autospuren warfen und die Holzbrücken in Ordnung hielten. Nebenbei war er aber auch ehrenamtlicher Jagdoffizier und wachte, daß in seinem Gebiet die Jagdgesetze beachtet wurden. »Natürlich bekommen Sie Elefanten zu sehen — ich gebe Ihnen einen schwarzen Pisteur mit, der weiß, wo sie zu finden sind. Gut zu Fuß sind Sie doch hoffentlich, und nehmen Sie sich zu trinken mit, denn Sie werden gehörig schwitzen.«

»Ja, die Elefanten. Schießen soll man sie nicht, und dann kommen dauernd die Schwarzen gelaufen, weil sie ihnen die Pflanzungen entzweimachen. Man weiß nie, woran man bei ihnen ist. Vor ein paar Jahren gab es einen einsamen Elefantenbullen, der anscheinend Gesellschaft suchte und immer zu den Viehherden in die Nähe des Dorfes kam. Er jagte die Hirten davon und ‚hütete' selber die Kühe, beroch sie mit dem Rüssel und wurde allmählich so vertraut mit ihnen, daß sich die Rinder von ihm betasten ließen. Bei einer anderen Gelegenheit hat wieder ein anderer sieben angebundene Ziegen totgetreten und zertrampelt. Gar nicht so weit von hier, im südlichen Sudan, fiel es einer Elefantenherde im vorigen Jahr sogar ein, am hellichten Tage mitten in den Ort Epo hineinzuwandern und zwischen den Hütten herumzustehen. Ein Landwirtschaftsbeamter konnte sie schließlich auf sehr friedliche Weise wieder vertreiben — er stellte seinen Lautsprecher an und ließ Radiomusik vom Sender Leopoldville durch die Ortschaft tönen.

Wir sind eben in einer ewigen Zwickmühle. Vor zwei Jahren hat es ein englischer Kollege von mir in Nordrhodesien fertiggebracht, eine Elefantenherde regelrecht zum Umzug zu bewegen, weil ihr Heimatrevier immer dichter von Menschen umsiedelt worden war. Er konnte die Schwarzen in der Gegend für diese Aufgabe begeistern, und so drückten sie die Dickhäuter mit Gewehrschüssen und gelegentlichem Geschrei immer weiter nach Norden. Dabei mußten sie aufpassen, daß die Elefanten nicht etwa in Panik gerieten und in die Farmen oder dichtbesiedelten Bezirke am Wege ausbrachen. So glückte es, die ganze Herde 150 Kilometer weiter in eine menschenleere Gegend zu verpflanzen. Aber was soll man machen, wenn Elefanten so zudringlich werden wie 1950 während der großen Trockenheit bei Habaswein in Kenia! Da lagen die toten Zebras und Antilopen in den Flußläufen, wo sie vom zähen Schlamm festgebacken worden waren. Die Elefanten drangen in die Viehkrale ein, ohne sich von den Menschen wegjagen zu lassen, sie tranken die Tröge leer, welche die Eingeborenen aus Brunnen vollgeschöpft hatten. Drei Männer, die in einem Brunnenschacht arbeiteten, wurden regelrecht zugeschüttet, weil ein verdurstender Elefant mit Rüssel und Kopf von oben hineindrängte. Die Weiber mußten ihre Tonkrüge wegwerfen und davonrennen, weil die Elefanten hinter ihnen her waren, ja, die Leute, die in den Brunnen arbeiteten, mußten erst sorgsam ihre Kleider trocknen, ehe sie nach Hause gingen — so wild waren die Elefanten nach Wasser, das sie witterten.

Jetzt geht bei uns der Kummer bald wieder los, weil die Regenzeit beginnt. Zu seltsam, ausgerechnet dann kommen sie in die Pflanzungen, obwohl doch alles schön grün wird! In der Trockenheit gibt es die wenigsten Klagen. Jetzt wird wohl bald wieder dieser oder jener daran glauben müssen. Hier im Kongo sind in den letzten fünfzig Jahren bis 1946 immerhin jährlich rund zehntausend Elefanten erlegt worden. Man kann das nach dem ausgeführten Elfenbein ziemlich genau berechnen. Dann wurde unsere Jagdverwaltung eingeführt, und seitdem hat sich das Leben für die Elefanten gebessert. 1947 wurden 5867 geschossen, das Jahr darauf nur noch etwas über dreitausend, und bei dieser Zahl ist es seitdem geblieben. Ja, wenn sie kein Elfenbein hätten, dann wäre es ihnen schon seit alten Zeiten besser gegangen: in Indien haben wenigstens die Weibchen keine Zähne, und deswegen läßt man sie leben. Weil bei den Afrikanern beide Geschlechter Stoßzähne tragen, werden sie um so eher ausgerottet. Zweifellos sind früher auch im Kongo zuviel Elefanten geschossen worden. Von einer Herde sind nämlich etwa die Hälfte fortpflanzungsfähige, ausgewachsene Elefanten, und davon wieder sind drei Fünftel Weiber. So eine Elefantenkuh bringt im Durchschnitt alle vier Jahre ein Kalb, und von den Kleinen sterben rund 15 v. H. Das gibt also eine jährliche Zunahme von 6 v. H. bei den Elefanten, und deswegen sollte man auch nie mehr schießen. Wenn allerdings die Schwarzen immer zahlreicher werden, werden die Elefanten doch nicht zu erhalten sein.

Mit schönen Jagdgesetzen ist es überhaupt noch nicht getan. So haben zum Beispiel die Franzosen 1935 auf der anderen Seite des Kongos den Schwarzen verboten, Elefanten zu töten und Elfenbein zu verkaufen. Sie haben aber gestattet, welches von der anderen Flußseite aus dem Kongo einzuführen, obwohl bei uns der Elfenbeinhandel auch verboten war. So blieb alles fast beim alten — unsere Wilderer wurden ihre Zähne nach drüben los, und die von drüben auch, denn wer sollte dem Elfenbein in Französisch-Äquatorial-Afrika schon ansehen, daß es nicht belgisch war? Erst 1938 ist dieser Unsinn abgeschafft worden. Dann gab man den Schwarzen für ‚gefundene' Stoßzähne etwa ein Drittel des Handelspreises, aber es wurden nur große angenommen, damit die Weibchen und die Jungtiere geschont blieben. Höchst seltsam brach eine ‚Seuche' aus, die nur die großen Bullen befiel. Im Sudan, wo auch kleine Stoßzähne angenommen wurden, befiel diese ‚Seuche' dagegen diese schwachzahnigen Elefanten ebenfalls, und auch sie lagen anscheinend überall tot im Buschwerk herum...«

Eine Elefantengeschichte nach der anderen, und eine Flasche Stanorbier aus der Brauerei in Stanleyville nach der anderen. Findet ein Wildhüter einen Elefanten mit dem Rüssel in einer Drahtschlinge hängen, die von Wilderern gelegt ist. Weil er keine Waffe bei sich hat, läuft er Hilfe holen, aber als er zurückkommt, ist der Elefant verschwunden — ein Meter Rüssel hängt in der Schlinge. Ob das Tier sterben muß? Man hat keinen toten Elefanten in der Umgebung gefunden, und schon des öfteren haben Elefanten den Verlust von einem Stück Rüssel überwunden. Sie können ohne ihn trinken, die Kälber saugen ja auch nicht mit dem Rüssel am Euter der Mutter, sondern mit dem Mund. Man hat sogar alte Elefanten beobachtet, wie sie, im Wasser stehend, unmittelbar tranken und nicht wie sonst erst das Wasser mit dem Rüssel aufsaugten und sich dann in den Mund spritzten. Eine Elefantenjägerin schoß einen Elefanten tot, ließ ihm vom Boy den Schwanz abhauen und marschierte zum nächsten Dorf, um Arbeiter zu holen. Als sie mit ihnen zurückkam, war der Elefant spurlos verschwunden. Später schoß man vierhundert Kilometer weiter südlich einen schwanzlosen Elefanten, und weil der Fall bekannt geworden war, untersuchte man das tote Tier genau. Es fand sich eine Kugel im Gehörgang.

Schon früh um fünf, in völlig pechdunkler Nacht, quälten wir uns damit, unseren blauen Lastwagen anzuwerfen. Beim Morgengrauen waren wir an der Hütte des Pisteurs. Dann marschierten wir los, er voran, drei Träger und unser Boy mit Filmkamera, Stativ und Fotosachen hinterher. Wie herrlich ist doch ein afrikanischer Morgen in der Steppe zu Beginn der Regenzeit, wenn alles grün und frisch ist! Wir marschierten im Gänsemarsch auf Pfaden, die von Antilopen und Elefanten getreten und vom Menschen gern übernommen worden sind. Mal stoppte der Pisteur an einem ausgebleichten Kaffernbüffelschädel, dann wieder hob er die Hand hoch und deutete auf Wasserböcke, die uns neugierig ansahen. Immer häufiger fand sich Elefantenmist. An einem Abhang war alles platt getreten, in einem Lehmloch hatten sich die Elefanten gewälzt, ein Termitenbau war von ihnen ganz glattgerieben. Wir marschierten weiter, Stunden um Stunden. Es war nur gut, daß wir lange Hosen angezogen hatten und langärmelige Hemden — denn sonst hätten wir längst Sonnenbrand gehabt. Die Luft flimmerte. Mehrmals führte der Pfad durch Sümpfe, die meterhoch voll Wasser standen. Die Träger schafften erst das Gepäck hinüber, dann wurden wir huckepack genommen und ebenso befördert. Michael unkte: »Du wirst sehen, wir laufen hier tagelang herum und bekommen nicht ein Elefantenohr zu Gesicht!« Auf einem verdorrten Baum standen zwei Wollhalsstörche, darüber kreisten Marabus. Wir hielten an, packten die Kamera aus, bauten das Stativ auf, stellten den Apparat ein — da klemmte der Film in der Kassette. Wütend wechselten wir sie im Dunkelsack aus. Gerade als wir losschießen wollten, flogen die mißtrauisch gewordenen Vögel ab. Hätten sie es fünf Minuten eher getan, dann wäre uns viel Mühe erspart geblieben.

Der eine der Träger deutete auf einen Punkt fern in der Steppe. Ich konnte nichts sehen, aber die anderen behaupteten, dort wären Elefanten. So gingen wir quer darauf zu, mitten durch das hüfthohe Gras. Endlich fand ich sie, mit dem Feldstecher, acht Elefanten, die ohrwedelnd im Schatten von Bäumen standen. Unwillkürlich sprachen wir leise, bemühten uns, leise zu gehen, obwohl uns die Tiere auf diese Entfernung sicherlich nicht hören konnten. Als wir schon glaubten, ganz dicht herankommen zu können, tat sich eine Bodensenke vor uns auf, die versumpft und völlig unpassierbar war. Wir kletterten auf eine baumbestandene kleine Anhöhe, die wie ein Feldherrnhügel in den Sumpf hineinragte. Es wehte sogar ein frischer Luftzug hier oben.

Solche Augenblicke lohnen eine ganze weite Reise. Die Elefanten waren vielleicht 150 Meter von uns entfernt, im Feldstecher waren sie zum Greifen nahe. Bald surrte die Kamera, klickten die Fotoapparate. Das waren immerhin die ersten Elefanten-Filmaufnahmen für uns Neulinge. Und wie wenige hatten damals diese Elefanten in Afrika aufgenommen! Dann aber holten wir die Wasserflasche heraus und tranken. Wir hatten jetzt Zeit, die Elefanten würden uns nicht so schnell weglaufen. Sie standen über Mittag herum und dösten.

Essen und Schlafen, das ist ohnedies ein Hauptinhalt ihres Lebens. Sie legen sich nur kurz nach Mitternacht für zwei bis drei Stunden wirklich hin und sind sofort tief eingeschlafen. Dann müssen sie wieder fleißig essen, denn so ein Riesentier braucht Unmengen Laub, das ja nicht gerade sehr nahrhaft ist: etwa drei Zentner jeden Tag. Ab elf Uhr wird unter Bäumen oder im Galeriewald gedöst, und dann bis Mitternacht geweidet. Obwohl wir schon in der Steppe sind, leben hier Waldelefanten. Ihre Bullen werden nur bis 2,85 Meter, die Weibchen 2,40 Meter hoch, während man schon einmal einen Steppenelefantenbullen angetroffen hat, der 3,71 Meter hoch war. Der afrikanische Elefant ist nun einmal das schwerste und nach der Giraffe auch das höchste Landtier. Allein seine Haut hat 35 Quadratmeter Oberfläche und wiegt getrocknet noch dreizehn Zentner. Die Ohren machen ein Sechstel der Körperoberfläche aus, sie wiegen etwa 80 kg, der Rüssel 120 kg, das Skelett 1600 kg, das Herz 20 kg, die Muskeln 2700 kg und das Fett 100 kg. Man wundert sich immer wieder, wie wenig Fett man eigentlich in einem Elefanten findet. Das liegt daran, daß so ein großes Tier je Kilo Körpergewicht recht wenig Oberfläche hat. Es verliert also nicht viel Wärme an die Luft und braucht sich daher nicht mit Haaren und Fett zu isolieren. Deswegen steigen Elefanten in afrikanischen Gebirgen hoch empor, wo nachts die Temperatur bis auf null Grad heruntergeht und sie manchmal im Schneegestöber verschwinden. Sie sind aber gute Kletterer, ein Elefant bringt es manchmal fertig, sich auf den Hinterbeinen aufzustellen und mit dem Rüssel nach irgendeinem besonders verlockenden hohen Zweig zu angeln.

Die Waldelefanten sind recht selten in Tiergärten und auf Bildern zu sehen. Ihr Kopf ist spitzer, er wird mehr gesenkt getragen, die Zähne gehen gerade nach unten und nicht schräg auseinander nach vorn wie beim Steppenelefanten. Sie würden ja sonst im Gebüsch und im Walde nur hindern. Westafrikanische Stoßzähne werden selten bis 40 kg schwer und über zwei Meter lang, während man von ostafrikanischen Steppenelefanten welche von 100 kg und 3,50—4 Meter Länge findet. Der Stoßzahn ist nicht etwa der Eckzahn, sondern in Wirklichkeit der mittelste Schneidezahn. Man hat Elefanten mit neun Stoßzähnen gleichzeitig angetroffen, und vor einigen Jahren schoß man hier im Kongo einen, der mitten im Zahn eingewachsen eine Lanzenspitze mit einem Stück Holz daran trug. Die Lanze muß den Zahn in der Wurzel getroffen haben und aus ihr mit herausgewachsen sein. Da ein Elefantenstoßzahn im Jahr nicht mehr als fünf Zentimeter wächst, hat das Tier das Lanzenende mindestens zehn Jahre mit sich herumgetragen.

Ein Elefant hat in jeder Kieferhälfte nur einen brotlaibgroßen Backenzahn, aber dafür wächst ihm sechsmal im Leben ein neuer nach. Auch danach kann man berechnen, daß Elefanten etwa so alt wie Menschen, also vielleicht sechzig Jahre werden und nicht Jahrhunderte, wie in alten Naturkundebüchern zu lesen steht. Die letzten Reste eines verbrauchten Backenzahnes werden von dem nachwachsenden neuen sozusagen herausgeschoben. Oft werden sie zerkaut und kommen dann stückweise im Kot heraus. Manchmal aber wird dieser Zahnwechsel dem Tier unangenehm, es arbeitet mit der Rüsselspitze an dem alten Zahn herum, und ein Zooelefant hat einmal nacheinander zwei solcher alten Backenzähne herausgeholt und damit nach den Besuchern geworfen. Die Stoßzähne sind wirklich furchtbare Waffen in den Brunftkämpfen. Gar nicht so selten findet man an Stellen, wo zwei Bullen miteinander gerungen haben, abgebrochene Zahnstücke. Ein Elefant, der am Kivu-Gebirge erlegt wurde, trug die abgebrochene Zahnspitze des Gegners in den Schädelknochen gebohrt, und 1950 entdeckte man im Sudan im Körper eines Elefanten, der von einem anderen getötet worden war, dessen abgebrochenen Zahn, von der Wucht des Stoßes in vier Stücke von zusammen 25 kg zerbrochen! Tote Elefanten, die man übrigens in den überwachten Wildschutzgebieten — im Widerspruch zu der »Elefantenfriedhof«-Legende alter Afrikabücher — gar nicht so übertrieben selten in der Steppe liegen findet, haben mitunter verwachsene Zähne oder gar Zahnfäulnis, die selbst den knöchernen Kiefer mit ergreifen kann. Jedes Jahr wurden bis in die zwanziger Jahre dieses Jahrhunderts auf der ganzen Welt etwa 600 000 kg Elfenbein verarbeitet. Das sind die letzten Zahlen, die ich ausfindig machen konnte. Sie entsprechen 45 000 Elefanten, die geschossen werden, also weit mehr als zur Welt kommen. Ein Sechstel dieses Elfenbeins wurde in Deutschland verarbeitet, über zweitausend Personen lebten dort davon.

Wir haben heute so viele gute Kunststoffe, die nicht gilben wie Elfenbein. Es ist ein Jammer, daß jedes Jahr Zehntausende dieser Tierriesen umgebracht werden, nur damit aus ihren Zähnen Billardkugeln und Klaviertasten gemacht werden. Wenn doch ein Staat den Anfang machte und die Einfuhr von Elfenbein verböte!

Die südlichsten Elefanten Afrikas leben im Addo-Nationalpark, nicht weit von Elizabeth Port. Es ist nur eine kleine Herde, und das Schutzgebiet ist ganze

64 Quadratkilometer groß. (Die Südafrikaner haben ja ihren Tierreichtum bekanntlich gründlich ausgerottet.) Der Konservator dieses Nationalparks hat mit den paar Elefanten gehörigen Kummer. Er wollte sie zunächst mit einem elektrischen Zaun von Ausflügen in die menschenbesiedelte Nachbarschaft abhalten. Schon hatte er acht Kilometer lang die Sperre aufgebaut und wollte sie in den nächsten Tagen unter Strom setzen, da nahmen sich die Elefanten dieser neuen Einrichtung an. Fünf Kilometer lang zogen sie ausnahmslos jeden Pfosten aus der Erde und legten ihn wieder platt hin. Elefanten sind dafür bekannt, daß sie manchmal hartnäckig Brücken, Telegrafenpfähle und andere neue Dinge in ihrem Eigenbezirk immer wieder beseitigen. Um den Addo-Park hat man dann Eisenbahnschienen gesetzt und sie mit Drahtseilen von anderthalb Zentimetern Dicke maschinell bespannt. Dann probierte man aus, ob das den Elefanten standhalten würde: der Konservator legte Orangen auf die andere Seite des Zaunes. Die Dickhäuter versuchten, den Zaun mit dem Kopf umzustoßen, sie setzten sich mit dem Hinterteil auf das Drahtseil und rutschten recht ungeschickt ab, ja, sie stellten sich mit den Vorderbeinen darauf. Das Kunstwerk aber hielt stand, und der verantwortliche Mann atmete sehr erleichtert auf.

Die Sonne warf wieder einen kleinen Schatten neben meine Füße, wenn ich unter unserem Baum hervortrat. Die schlimmste Mittagszeit war vorbei. Wir hatten unsere Elefanten die ganze Zeit im Auge behalten, wir befürchteten, daß sie jetzt auch zu dösen aufhören und weiterwandern könnten. Zwar hatten wir Bilder von ihnen gemacht, aber wir wollten näher heran. Einer der schwarzen Träger machte sich oben in Baumwipfel bemerkbar. Tatsächlich, ein Elefant schob sich herunter in den Sumpf. Ob die Tiere jetzt auf uns zukämen? Das wäre herrlich! Nur ein Stück noch merkte man Bewegung in den riesigen Sumpfgewächsen, dann war wieder alles mittagsstill. Wir stellten Kamera und Fotoapparate genau auf den Punkt ein, wo das Tier herauskommen mußte, aber wir mußten über eine Stunde warten. Tiere nehmen sich Zeit.

Schließlich stellte sich heraus, daß der Sumpfwanderer gar kein Elefant, sondern ein einzelner Kaffernbüffel war. Auch das war uns recht; wenn der alte Herr wenigstens aus dem dichten Schilf herauskommen und sich unseren Linsen zeigen würde. Statt dessen schickte er sich an, ein Nachmittagsschläfchen zu halten. Ich sah durch den Feldstecher noch gelegentlich ein Ohr oder ein Horn. Weil wir unsere Elefanten nicht verlieren wollten, wurde ich ungeduldig, pirschte mich an den Büffel heran und warf dann mit Steinen nach ihm. Endlich setzte er sich in Bewegung, und Michael bekam ihn schön auf den Film.

Dann gingen wir mit weitem Umweg durch die Sumpfsenke. Auch die Elefanten waren hier durchgezogen, der Grund mußte uns also tragen. Elefanten wiegen zwar bis hundert Zentner, sie haben aber ganz besondere Füße, die mit einer gallertartigen Fettmasse unter der Sohle weich gepolstert sind. Ich habe einmal einen bewogen, mir auf den Fuß zu treten. Das ist nicht weiter schlimm, es kommt einem vor, als ob ein Sack voll Getreide daraufgestellt würde. Tritt ein Pferd darauf, das nur ein Zehntel soviel wiegt, dann hört man die Engel im Himmel singen.

Wenn der Elefantenfuß auf den Boden aufgesetzt und belastet ist, dann wird er flachgedrückt und ist viel breiter als nachher, sobald er hochgehoben ist. Deswegen saugt sich ein Elefantenfuß in Sumpf und Schlamm nicht fest — sehr im Gegensatz zu uns beiden, die wir mit Mühe unsere Schuhe wieder herauszogen.

Wie brütete doch die Sonne zwischen dem mannshohen Schilf, in dem sich kein Lufthauch regte. Elefanten können sich aus ihrem erweiterten Rüsselgang einen Stalleimer voll Wasser über den Rücken spritzen, wir aber mußten schwitzen.

Als wir auf der anderen Seite wieder emporstiegen, mußten wir erst anhalten und nach dem Baum suchen, den wir uns zur Orientierung eingeprägt hatten. Ich holte eine Prise Mehl aus der Hemdtasche und streute es in die Luft. Wir mußten hinter dem Wind auf die Elefanten zukommen, sonst hätten sie uns gewittert. Wie doch alles knickte und knackte, was man anfaßte! Ich hatte bei jedem Busch das Gefühl, daß dahinter schon einer der großen Elefanten stand.

Nun sah ich eine graue Rückenlinie. Sie war noch reichlich weit entfernt, und das Tier war von Pflanzen halb verdeckt. So pirschten wir uns seitlich näher heran, um bessere Sicht zu bekommen. Erst krochen wir wie die Indianer am Boden, aber so sieht man nichts, und man kommt auch nicht vorwärts. Endlich konnten wir knipsen. Die Elefanten kümmerten sich nicht um uns — sie rissen Zweige ab, sie bewegten die Ohren, aber keiner hob den Rüssel, um zu wittern. Also konnten wir noch näher kommen, noch bessere Aufnahmen machen. Ein Bulle tat uns sogar den Gefallen, auf einen alten Termitenhügel zu steigen, als wollte er uns Modell stehen. Michael filmte von hinten, so daß ich mit dem Elefanten aufs Bild kam. Wir wurden immer dreister, gingen noch näher und tauschten die Rollen. Wie leicht wäre es jetzt gewesen, seelenruhig aus nächster Nähe eine Elefantenbüchse anzuheben, ja, auf eine Zielgabel zu legen und das ahnungslose, prächtige Tier zu schießen. Wie schwierig das immer in Büchern dargestellt wird, und wie einfach es doch in Wirklichkeit ist!

Seite 45: Im Albert-(Virunga-)Nationalpark trafen wir diesen unglücklichen Elefanten. Eine von Wilddieben gelegte Stahlschlinge hatte sein Bein bis auf die Knochen langsam durchschnitten. Das Tier starb nach monatelanger Qual. Wilddieberei in Nationalparks wirksam zu bekämpfen ist eine Geldfrage. Die neuen, armen afrikanischen Länder können meistens nicht genug für Geländewagen, Kleinflugzeuge und Löhne einer ausreichenden Anzahl von Wildhütern bereitstellen.

Natürlich schlug uns das Herz bis an den Hals. Elefanten können erschrecken, sie greifen dann mitunter auch an. Wenn man wie wir keine Büchse mit hat, gibt es kaum ein Entkommen, denn ein Elefant läuft, wenn auch nur für etwa hundert Meter, mit einer Geschwindigkeit von 30 km/st, also rascher als ein menschlicher Schnelläufer. Vor allem wird er durch Buschwerk, Ranken und Sträucher kaum behindert, während der Mensch bald auf der Nase liegt. Ein verwundeter Elefant besorgt seine Arbeit dann sehr gründlich. Es kann passieren, daß er sich auf sein Opfer setzt und es mit seinem Hinterteil in den Erdboden hineinreibt.

Es fiel uns schwer, so dicht bei den Elefanten ruhig zu stehen. Immer, wenn man in die Nähe von Elefanten kommt, überfallen einen Unmengen kleiner Fliegen, die zwar nicht stechen, aber durch Umherkriechen sehr lästig werden. Die drüsenlose Haut von Elefanten lockt zwar keine Fliegen an, es sei denn, daß sie sich in den frühen Morgenstunden darauf wärmen wollen. Um so mehr schwitzten *wir* jedoch, und deswegen siedelten die Plagegeister sofort auf uns über. Sie umschwärmten die Elefantenherde, weil sie den Kot suchten und die frischen, saftigen Wunden der abgerissenen Äste. Wir haben später oft nur an den Fliegen gemerkt, daß wir ganz dicht an Elefanten sein mußten.

Diese Nacht hatten wir, in unsere Zeltbahnen gewickelt, auf dem Hügel herrlich geschlafen und nicht einmal einen Moskito gespürt. Wir hatten die ersten Elefanten »erlegt«, und es waren ansehnliche Elefanten. Schon ging die neue Sorge an: Ist auf den Filmen etwas zu sehen? Wann können wir sie entwickeln, damit sie in der Hitze nicht verderben? Werden wir sie gut nach Europa bringen, oder wird unser blaues Auto sie vorher noch in irgendeinem Wasserloch abladen?

Seite 46/47 oben: Die schwarzen Zuschauer entsetzten sich mehr über unser Auto-Pech als wir selbst. Unser Wagen war ins Schleudern geraten und umgekippt.

Seite 46 unten: Gorillas sind keine angriffslustigen Bestien. Sie werden nicht »aus Notwehr« getötet, wie uns Großwildjäger erzählen ...

Seite 47 unten: Die Kusimanse, ein kleines Raubtier, das seine spitze Nase in alle Löcher steckt, um Insekten zu finden. Es bohrt kreisrunde Löcher in die Erde, um Würmer und Larven zu finden.

Seite 48: Die winzigen Pinselschwanz-Bilche (Graphiurus murinus) bekommt der Afrika-Reisende meistens nicht zu sehen, weil sie Nachttiere sind. Sie sind mit unseren Sieben- und Gartenschläfern verwandt. Die afrikanischen Schläfer nähren sich von Samen, Früchten und Kerbtieren. Sie essen aber auch die Eier und Jungen von Kriechtieren und Vögeln.

IV

IST TÖTEN WIRKLICH EIN SO GROSSES VERGNÜGEN?

Ein Farmer hatte versprochen, uns zum Filmen an Wasserböcke heranzubringen. Das verlockte uns so, daß wir einen Tag auf unserer Reise zu der Elefantenstation daranwandten. So standen wir früh um drei Uhr auf, um gegen sieben bei Sonnenaufgang an der richtigen Stelle zu sein. Wir waren ganz durchnäßt von dem Marsch durch das taufrische hohe Gras und Gebüsch, aber kaum hatten wir das Stativ aufgebaut und die Kamera hingestellt, da ließen sich schon die ersten drei Wasserböcke sehen. Es waren Weibchen mit einem Kitz dabei, die am jenseitigen Ufer bis zum Wasserspiegel des Dungu hinabstiegen und tranken. Das Kitz lief ins seichte Wasser hinein und spielte da herum, worüber ich erstaunt war, denn es gab mit Sicherheit Krokodile in diesem Fluß. Nach einer Weile kamen noch drei weitere Weibchen und der prächtige Bock dazu, der fast wie ein europäischer Hirsch wirkte. Er fing an, das eine Weibchen zu treiben, und Michael konnte die ganze Liebesszene aufnehmen.

Da plötzlich ein Schuß, der Bock klatschte auf den Ufersaum, als hätte ihn ein unsichtbarer Hammer getroffen, Blut spritzte umher, er schlug mit den Hinterbeinen sinnlos in die Luft. Dann raffte er sich wieder auf, torkelte wie betrunken ein paar Schritte ins Wasser, drehte um und schleppte sich das Ufer hinauf, wo er im Gebüsch verschwand. »Verfluchte Gemeinheit!« entfuhr es mir. Es wollte mir nicht in den Kopf, daß man in so eine Szene hineinschießen konnte. Unser Begleiter entschuldigte sich, denn natürlich hatten wir jetzt den ganzen Marsch umsonst gemacht. Ich hatte noch nicht einmal fotografiert, denn ich hatte warten wollen, bis die Sonne höher emporstieg — Licht, das zum Filmen langt, reicht oft zum Knipsen noch nicht aus. Selbst wenn unser Begleiter den armen Wasserbock wirklich tödlich getroffen hätte, wäre er für ihn auf der anderen Seite des Flusses unerreichbar geblieben.

Es hat mir nie eingeleuchtet, was manche Leute für Freude daran haben, Tiere totzuschießen. Da wir Menschen ohnedies von Rindfleisch und Schweinewurst leben, sollten sich diese tötungshungrigen Leute doch besser in Schlachthöfen betätigen. Dabei streite ich nicht ab, daß europäische Jäger oft das Verdienst haben, bestimmte

Tierarten vor der Ausrottung bewahrt zu haben. Es gäbe wohl in Deutschland kaum noch Rothirsche oder Rehe, wenn Jäger nicht das Vergnügen behalten möchten, sie immer wieder totzuschießen. Sie hegen ihre Rehe im eigenen Revier, füttern sie im Winter und sehen sie mit ebenso stolzen und liebenden Augen an wie der Bauer seine Kühe auf der Weide. Das Schießen wird dabei ein immer kleinerer Teil des Jägertums, es ist wohl ein notwendiges Übel wie das Schlachten der Rinder. Außerdem werden die Jäger in Deutschland immer mehr zu Hegern und Naturschützern. Sie gehen davon ab, jedes Raubtier abzuschießen, weil es auch jagt und also ein Wettbewerber ist. Man bemüht sich, die Raubvögel zu schützen, Uhus und Kolkraben wieder einzuführen. Immer mehr Jäger stimmen zu, auch in Europa dieses oder jenes Gebiet als Nationalpark ganz von der Jagd zu verschonen. In Übersee sind aber die wenigsten Jäger so weidgerecht wie in Nordeuropa. Vor drei Jahren hatte ein schwarzer Fürst unsere ganze Arbeit mit Flußpferden zunichte gemacht, indem er ebenfalls den größten und schönsten Bullen aus heiterem Himmel totschoß. Kürzlich zeigte mir ein Verwandter aus Wien, der gerade von einem Jagdausflug in Ostafrika zurückgekehrt war, stolz das Farbfoto einer totgeschossenen Flußpferdkuh. Ich habe ihn gefragt, warum er nicht lieber in Österreich Milchkühe auf der Weide totschießt, denn das kommt ungefähr auf dasselbe heraus. Man kann am Uferrand sehr dicht an Flußpferde herangehen, und die müssen nun einmal nach mindestens fünf Minuten auftauchen, um Luft zu holen. Eine Flußpferdfamilie besitzt auch meistens nur einen sehr kurzen Abschnitt des Flusses als Heim; das Tier kann also für gewöhnlich nicht flußabwärts oder -aufwärts flüchten, weil ihm dort andere Flußpferdfamilien den Durchgang verwehren. In wie vielen Gegenden Afrikas sind diese freundlichen Tiere völlig ausgerottet worden, um schwarze Plantagenarbeiter mit Fleisch zu versorgen. Manche Leute haben nur davon gelebt, Flußpferdfleisch zu Trockenfleisch zu dörren und dann in Säcken zu verkaufen. Ein Flußpferd bringt zwei Zentner Trockenfleisch. Andere »Jäger« haben laufend ganze Waggonladungen voll Elefantenstoßzähnen zusammengeschossen und sich damit nicht schlecht Geld gemacht. Einen faden Geschmack bekommt man nur, wenn solche Aasjäger dann in Büchern die Tiere der Wildnis verherrlichen und sich selbst als Helden feiern. Dann kommen Dinge heraus, wie sie zum Beispiel Herr Gordon Cumming in seinem Buch beschreibt:

»Am 31. August erblickte ich den größten und höchsten Elefanten, den ich jemals gesehen habe. Ich machte halt, schoß ihn in die Schulter und bekam ihn durch diesen einzigen Schuß in meine Gewalt. Die Kugel hatte ihn hoch in das Schulterblatt getroffen und auf der Stelle gelähmt. Ich entschied mich, eine kurze Zeit der Betrachtung dieses stattlichen Elefanten zu widmen, ehe ich ihm vollends den Rest gab. Ich fühlte mich als Herr der grenzenlosen Wälder, die eine unsagbar edle und ansprechende Jagd ermöglichen. Nachdem ich den Elefanten eine Zeitlang bewundert hatte, beschloß ich, einige Versuche anzustellen, um die verwundbarsten Punkte des Tieres kennenzulernen. Ich näherte mich ihm auf ganz kurze Entfernung und feuerte mehrere Kugeln auf verschiedene Teile seines ungeheuren Schädels ab. Bei jedem Schusse neigte er gleichsam grüßend seinen Kopf nieder und berührte dann mit dem Rüssel seltsam und eigentümlich sanft die Wunde. Ich war verwundert und wirklich von Mitleid ergriffen, als ich sah, daß das edle Tier sein Schicksal, seine Leiden mit so würdevoller Fassung ertrug, und ich beschloß, der Sache so schnell als möglich ein Ende zu machen. Deshalb eröffnete ich nun das Feuer auf ihn an einer geeigneteren Stelle. Ich gab ihm nacheinander sechs Schüsse aus meiner Doppelbüchse hinter die Schulter, die zuletzt tödlich sein mußten, im Anfang aber keine unmittelbare Wirkung zur Folge zu haben schienen. Hierauf feuerte ich drei Kugeln aus dem holländischen Sechspfünder auf dieselbe Stelle. Jetzt rannen ihm große Tränen aus den Augen; er öffnete diese langsam und schloß sie wieder. Sein gewaltiger Leib zitterte krampfhaft; er neigte sich zur Seite und verendete.«

Aus dem Buch »Die grünen Hügel Afrikas« von dem amerikanischen Nobelpreisträger Ernest Hemingway möchte ich nur einige Stellen anführen: »Droopy hatte kein Jagdmesser bei sich, und ich hatte nur ein Taschenmesser, um ihm (einem schmalen und graziösen Riedbock, den Hemingway krankgeschossen hat) den Fangstoß zu geben. Ich tastete mit den Fingern hinter dem Vorderlauf nach dem Herzen, und als ich es unter der Haut schlagen fühlte, ließ ich das Messer hineingleiten, aber es war kurz und schob das Herz fort. Ich konnte es heiß und gummiartig gegen meine Finger fühlen, wie das Messer es beiseite schob, und ich tastete umher und durchschnitt die große Schlagader, und das Blut lief heiß über meine Finger.« — »Es war noch komischer anzusehen, wenn eine Hyäne aus großer Entfernung im Hitzeflimmern der Ebene getroffen wurde, zu sehen, wie sie sich rückwärts überschlug, zu sehen, wie jenes wahnwitzige Kreisen begann, jene blitzartige Geschwindigkeit zu sehen, die bedeutete, daß sie mit dem kleinen, vernickelten Tod in sich um die Wette jagte.« — »Manchmal schlendert man auch nur um den Hügel dort herum und knallt die armen Scheißer im Freien ab. Wenn man sich groß in Form fühlt, klettert man ihnen nach und schießt sie oben auf den Klippen über den Haufen.«

Das Buch eines anderen »großen Jägers«, J. A. Hunter, ist auch auf deutsch verbreitet worden. Er rühmt sich darin, daß er schon als Junge in seiner schottischen Heimat gewildert und Schlingen gelegt hat — in unseren Jagdzeitungen kann man schreckliche Fotos sehen, die zeigen, wie sich die Tiere in solchen Schlingen zu Tode würgen. Herr Hunter brüstet sich in seinem Buch, daß er mehr Nashörner geschossen hat als alle anderen Jäger, sicherlich über tausend, und mehr als 1400 Elefanten. Er hatte in Kenia eine Stelle als Eisenbahnschaffner angenommen. Allmählich bekam er heraus, daß er dabei die herrlichste Gelegenheit zum Schießen hatte. Er hatte seine alte Mauserbüchse mit; sie lag in seiner Proviantkiste. Wenn der Zug ein vielversprechendes Stück Wild passierte, lehnte er sich aus dem Zugfenster und erlegte es. Dann zog er die Notbremse, der Zug hielt, und er sprang mit einem eingeborenen Boy hinaus, um das Tier abzuhäuten. »Besonders der Lokomotivführer war ein netter Kerl. Da er die Strecke nach vorn übersehen konnte, gab er mir jedesmal ein Signal mit der Dampfpfeife, wenn sich lohnendes Wild zeigte. Dreimal tuten bedeutete: ein Leopard; zweimal: ein Löwe. Wenn es sich aber lediglich darum handelte, einen Passagier aufzunehmen, tutete er nur einmal.«

Auch ahnungslose Elefanten schoß er so im Vorbeifahren. »Ich bekam fünf Rupien je Pfund Elfenbein, 37 Pfund Sterling für die beiden Stoßzähne. Das war mehr, als ich in zwei Monaten als Schaffner verdiente.« — »Löwenfelle brachten damals in Mombassa ein Pfund je Stück und Leopardenfelle fast ebensoviel.« — »Und als der Morgen graute, bot sich mir ein Anblick, wie ihn wahrscheinlich noch nie jemand gehabt hat oder je haben wird. Achtzehn tote Löwen lagen vor mir auf der Strecke.« — »Als die vorgesehenen drei Monate um waren, kehrte ich mit zwei Ochsenkarren voll Löwenfellen nach Nairobi zurück. In neunzig Tagen hatte ich 88 Löwen und zehn Leoparden zur Strecke gebracht.« — »Vor uns und zu beiden Seiten häuften sich Elefanten auf. Saseeta und ich wurden vom Blut besudelt, das dicht vor uns zusammengebrochene Tiere in großen Massen aus ihren Rüsseln bliesen; ich hatte keine Zeit, ihnen einen Fangschuß zu geben. Mein Büchsenlauf wurde so heiß, daß ich an der linken Hand große Brandblasen bekam, aber ich fühlte kaum den Schmerz. Als die Herde sich schließlich zur Flucht wandte, lagen zwölf Elefanten tot vor uns auf dem Boden.« — »Damals bestanden noch keine oder geringe Einschränkungen für den Abschuß von Elefanten in entlegeneren Gebieten, und diese Gelegenheit nutzte ich weidlich aus. Elefantenjagd war damals ein lohnendes Geschäft. Elfenbein brachte 24 Schilling je Pfund bei, sagen wir, durchschnittlich 150 Pfund je Paar guter Stoßzähne. Eine 11,4-Millimeter-Patrone aber kostete nur 1,5 Schilling, und beinahe mit jedem Schuß konnte ein erfahrener Jäger einen Elefanten zur Strecke bringen — selbst für einen Schotten wie mich eine sehr befriedigende Handelsspanne.« — »Zeitweise stand ich mich etwa ebenso wie der Gouverneur der Kolonie.«

Gewiß hat Herr Hunter seine besonders großen Rekordzahlen totgeschossener Elefanten und Nashörner nur dadurch erreicht, daß er zeitweise beauftragt war, ganze Landstriche für die Besiedlung durch die immer mehr anschwellenden schwarzen Volksstämme leer zu schießen. Selbst Leute seiner Art haben allmählich gemerkt, daß es schon eine ganze Menge Menschen gibt, die in wilden Tieren nicht nur Bestien sehen. Deswegen behauptet auch Herr Hunter, daß ihn die leere Steppe, welche in seiner Jugend noch so wildreich war, traurig stimmt und daß ihm die totgeschossenen Tiere manchmal im Traum erschienen. Ich bin der Ansicht, daß es vielleicht Schlächter und Henker geben muß, daß es aber abstößt, wenn sie ihre Tätigkeit dann noch selbst verherrlichen.

»Jahr für Jahr wird Afrika von ganzen Horden von Großwildjägern heimgesucht. Einige von ihnen sind wirkliche Sportsleute; einige dagegen haben einfach den unzähmbaren Hang, mit ihrer Büchse in der Gegend herumzuknallen. Sie schießen auf alles, was ihnen vor den Lauf kommt: Paviane, Antilopen, Zebras, Giraffen, Löwen, Strauße — alles. Ihnen nach zieht sich eine lange, blutige Spur verwundeter und gemetzelter Tiere«, schreibt Alexander Lake, der Verfasser eines zweiten unter den zahlreichen Büchern über Großwildjagd in Afrika, die im letzten Jahr vor unserer

Reise herausgekommen sind. »Ich kenne Berufsjäger, die als Führer solcher Großwild-Sonntagsjäger glatt streiken. Dagegen macht es Spaß, mit Tierfängern und Kamerajägern zu arbeiten. Diese Leute, Männer und Frauen, kennen die Tiere und setzen sich in ihrem Berufseifer häufig Gefahren aus, die aus jedem Massenkiller ein Nervenbündel mit Schlotterknien machen würden. Schon wegen ihres Schneids ziehe ich Kamerajäger den Sonntagsjägern vor. Seitdem ich zum Beispiel mit dem Kameramann Bobschlick gearbeitet habe, bin ich ein anderer Mensch geworden. Trotzdem habe ich nie ernstliche Unfälle gehabt. Mir scheint, Gott hat eine besondere Vorliebe für Kamerajäger.«

Wenn ich selbst heute gelegentlich nach Afrika fahre und dort die Augen aufmache, dann müßte ich mich schämen, würde ich mich als »Afrikaforscher« bezeichnen und irgendwie mit den großen Afrikareisenden des vorigen Jahrhunderts in Beziehung bringen, die damals noch nicht in Jahren die Strecken durch den Erdteil zurücklegen konnten, die wir heute in wenigen Wochen bewältigen. So ist es auch mit den sogenannten Großwildjägern. Einmal lassen die modernen Waffen dem Wild überhaupt keine Chancen mehr, wenn der Jäger sich nicht völlig töricht anstellt oder betrunken ist. Vor allem aber war damals jede Verwundung durch ein angreifendes Raubtier, ja oft durch kleine, an sich ungefährliche Vorfälle auf der Reise lebensgefährlich, denn sie führten sehr häufig zu Infektionen, Blutvergiftungen, und es dauerte Tage und Wochen, bis die Träger den Erkrankten zu richtigen Ärzten brachten. Heute spritzt man sich im Busch selber Antibiotika ein, oder man ist im Auto in Tagen, ja oft Stunden in modernen Krankenhäusern. Gerade Autos, neuerdings auch Kleinflugzeuge und Hubschrauber, retten heute viele im Busch vor dem Tode. So droht es augenblicklich bei manchen Leuten eine Mode zu werden, schnell mal in ein paar Ferientagen, die man erübrigen kann, nach Ostafrika zu fliegen, um einen Elefanten zu schießen oder einen Löwen. Dann kommt man mit Fotos zurück, die den mutigen Mann als Großwildjäger vor dem toten Elefanten zeigen, und man kann sich schöne Antilopenhörner an die Wände hängen. Dazu gehört weder ein Jagdschein, wie in der Heimat, noch Jagdkunst, noch Mut, sondern nur Geld. Nicht einmal Zeit.

In der britischen Kolonie Kenia konnte man sich zum Beispiel für tausend Mark einen Großen Jagdschein kaufen, und wenn man den hatte, dann durfte man schießen, drei Büffel, sechs Buschböcke, einen Bongo, sechs Ducker, sechs Dikdiks, eine Elenantilope, eine Grantgazelle, zwei Giraffengazellen, ein Flußpferd, drei Gnus, eine Huntersantilope, vier Impala, zwei kleine Kudu, einen großen Kudu, einen Löwen, neun Thomsongazellen, vier Zebras, eins der besonders schönen Grevyzebras und so weiter und so weiter — insgesamt 75 Großtiere —, völlig frei und unbegrenzt konnte man dazu noch Schakale, Hyänenhunde, Warzenschweine, Paviane und Krokodile töten. Für den Genuß, einen Elefanten sterben zu machen, mußte man immerhin 1500 Mark zusätzlich bezahlen, für ein Nashorn nur 300 Mark — in der benachbarten Kolonie Tanganjika kostete ein Elefant nur 600 Mark und das Rhino 200 Mark. Dort kostete der Große Jagdschein sogar nur 600 Mark!

Man läuft dazu auch keineswegs schwitzend im Busch herum, sondern man geht in Nairobi, der Hauptstadt von Kenia, in ein Ladengeschäft und mietet dort bei einem Unternehmer eine »Safari«. Damit ist alles gesichert, das heiße Bad jeden Abend in der Zeltstadt mitten in der Steppe, eisgekühlte Getränke, gute Küche — und die wilden Tiere, die in der richtigen Entfernung vor die Büchse kommen, um gefahrlos totgeschossen zu werden. »Am weißgedeckten Tisch wird zu Abend gegessen«, schwärmt einer davon, »Schwarze in langen weißen Gewändern bedienen uns, und ein Glas Champagner möbelt alles wieder auf. Über uns ein herrlicher Sternenhimmel, das Kreuz des Südens leuchtet auf.«

Allerdings genügt es nicht, nur einen Erlaubnisschein zu kaufen und eine »Safari« zu mieten, sondern man muß außerdem einen der staatlich zugelassenen »white hunters« engagieren. Er bürgt der Regierung dafür, daß dem devisenbringenden reichen Jagdgast kein Haar gekrümmt wird; anderenfalls könnte er seine Zulassung verlieren. Einer ganzen Anzahl von derartigen Berufsjägern ist diese Sorte von Großwildjagd allmählich über geworden, und einige, die sich anderen Berufen zugewendet haben, haben uns in letzter Zeit ebenfalls in Büchern erzählt, wie solche Jagden zustande kommen. »,Zielen Sie auf das Blatt, ja — das Blatt, dicht hinter dem Schulterknochen. Halten Sie nicht zu hoch!' — Alles muß ihm zugeraunt werden. Die Entfernung beträgt zwanzig Meter. Ein Kinderspiel, dieser Schuß. — ,Jetzt, schießen Sie!' — Du liebe Zeit, der Staub springt dicht vor dem Nashorn auf, das Tier dreht sich blitzschnell um, der ganze Busch dreht sich mit, und ich nehme die Büchse hoch und feure beide Läufe ab. — ,Prachtvoll, ich glaube, er hat Ihre Kugel. Wir werden ihn bekommen.' — Ich werfe dem Gast einen ermunternden Blick zu. Alles gelogen, reine Erfindung, denn wir hätten das Nashorn niemals wiedergesehen, wenn ich nicht im Abdrehen selbst zweimal hingehalten hätte, denn unsere Gäste haben nur vierzehn Tage oder drei Wochen Zeit, und sie wollen eine Strecke mitnehmen, für die man für gewöhnlich ein halbes Jahr brauchen würde. Alles ist heute Reklame, Geschäft und Propaganda, selbst bei der hohen Jagd.«

So erzählt Oskar Koenig auch, wie er Ende der zwanziger Jahre anfing, wilde Löwen zum Fotografieren abzurichten. Er schoß eine Antilope und schleppte sie an einem Strick hinter dem Auto her, bis die Löwen den Kadaver annahmen und allmählich lernten, daß man nach dem Klang des Schusses nur herbeizulaufen braucht, um sich ohne Gefahr satt essen zu können. Ein amerikanischer Filmproduzent baute diese Löwendressur noch weiter aus, stopfte Khakianzüge voll Fleischstücke, legte diese Attrappe in ein Zelt und filmte aus sicherer Entfernung vom Auto aus, wie die Löwen in das Zelt eindrangen, die Attrappe herauszerrten und zerrissen. Auch hier passierte es wieder einem ahnungslosen Jäger, der in der Steppe zeltete, daß auf einmal neugierige Löwen zu ihm hineinsahen.

Seite 57 oben: Beim Baden der Elefanten steigen die Kornaks auf deren Köpfe. Wer herunterfällt, kann von Krokodilen zerrissen werden.

Seite 57 unten: Zum ersten Mal seit Jahrtausenden sind afrikanische Elefanten in der Zähmungsstation zu Helfern der Menschen abgerichtet worden.

Nicht so sehr selten muß ein Unschuldiger für die Sünden eines verantwortungslosen Jägers büßen. Im Juli 1936 näherte sich im belgischen Albert-Naturschutzpark ein Besucher mit seinem Fotoapparat einem einzelnen alten Elefantenbullen bis auf fünfzehn Meter. Das Tier griff plötzlich an, tötete den Vorwitzigen mit einem Hieb des Rüssels, kniete sich dann mit den Vorderbeinen nieder und durchbohrte ihn noch mit einem Stoßzahn. Die drei Begleiter des Getöteten fanden später seine Leiche mit einem Haufen Laub bedeckt. Da dieser Elefant mehrfach Menschen angriff, erschoß man ihn schließlich und fand in seinem Schädel eine noch eiternde Wunde und an ihrem Grunde eine Kugel, die am Schädelknochen plattgedrückt war. Diese Schmerzen hatten den Bullen so böse gemacht.

Drei Jahre später griff ein anderer Elefant innerhalb des Albert-Parks in den Ebenen um den Eduardsee ein Auto an, in dem ein Professor mit Studenten saß. Das Tier durchbohrte die Karosserie mit seinen Stoßzähnen und kippte den Wagen gerade in dem Augenblick um, als der Professor auf der anderen Seite daraus flüchten wollte. Er kam unter das Gefährt zu liegen, wobei ihm beide Schenkel gebrochen und die Füße zerquetscht wurden.

Ich hatte mir seinerzeit über einen amerikanischen Farbfilm viel Kopfzerbrechen gemacht. Darin nahm ein kleiner Junge ein Löwenbaby auf, das er in der Steppe fand, und brachte es freudestrahlend ins Lager zu den entsetzten Eltern, welche die Löwin hinter dem Kinde nachfolgen sehen. Koenig erklärt, wie es zu dieser seltsamen Aufnahme kam. Die Löwin war von dem Wildhüter des Naturschutzparks Amboseli in Kenia aufgezogen und lief frei, völlig zahm wie ein Hund herum. Das Löwenbaby gehörte gar nicht zu ihr, sondern mußte für die amerikanische Filmgesellschaft mit dem Flugzeug aus dem Johannisburger Zoo herbeigeholt werden. Die Hauptschwierigkeit war, daß die Löwin sich immer wieder auf das Löwenbaby stürzen wollte, um es zu zerreißen. Dieses völlig zahme, ausgewachsene Tier, das bei seinem Herrn im Haus und überhaupt in der ganzen kleinen Ortschaft frei herumging, ist dann im Garten eines Hauses von einem übereilten, erschreckten Mann erschossen worden.

Kürzlich kam ein Bekannter von mir nach seiner ersten Afrikareise als »Großwildjäger« zurück. Er hatte in Nairobi Station gemacht und in Ostafrika Elefanten, zwei Nashörner, drei Büffel und »eine größere Anzahl Antilopen« zur Strecke gebracht. Dieser Fabrikant, der sonst ein fairer Jäger und sogar Tierfreund ist, berief sich auf die gute und energische Regelung des Jagdwesens in den britischen ostafrikanischen Besitzungen. Von den Touristen dürften auf hochbezahlte Jagdscheine nur so viel Tiere getötet werden, wie ohnedies abgeschossen werden müßten, um den Bestand nicht zu groß werden zu lassen.

Die verhältnismäßig gute Regelung des Jagdwesens gerade in diesen britischen Kolonien und ihren Nachfolgestaaten war bekannt. Vermutlich war sie überhaupt die

Seite 58: Weiß angemalt und mit Blattröckchen geschmückt, müssen diese armen Jungen bei der Beschneidungszeremonie tanzen und Fragen beantworten.

beste in Übersee. Man nutzt auch heute noch die Großmannssucht und das Geltungsbedürfnis reicher Leute, die sich als Großwildjäger bewundern lassen wollen, man schirmt sie durch Berufsjäger ab, damit ihnen nichts passiert und damit sie sich waidmännisch benehmen. So zieht die kluge Jagdverwaltung aus der Eitelkeit von Snobs Geldmittel, um das übrige Wild zu schützen und Jagdaufseher zu bezahlen. Auch die kommunistischen Oststaaten mit ihren meist recht guten Jagdverwaltungen ziehen meist auf ähnliche Weise aus dem Jagdehrgeiz vermögender westlicher Jäger sehr vernünftig und reichlich Geld und Devisen. Wäre ich für die Wildtiere Kenias verantwortlich, so würde ich vermutlich ähnlich handeln — wenn ich nicht an die wilden Tiere im übrigen Afrika und auf der ganzen Welt dächte.

Der Glorienschein des Großwildjägers, der heutzutage lediglich Geld kostet, verklärt den Träger außerhalb Afrikas — oder tat das jedenfalls noch, als wir das erstemal in den Kongo reisten —, weil dort die Menschen wähnten, im Schwarzen Erdteil wäre alles etwa so wie zu Stanleys oder zu Livingstones Zeiten. Das verleitet dann kleine Beamte und Angestellte von Faktoreien in Staaten mit Jagdgesetzen, die nicht so gut überwacht werden, am Sonntag auch auf Antilopenjagd zu gehen. Wenn man nämlich schon drei Jahre in Afrika ohne elektrisches Licht, ohne Warenhäuser und frische Tageszeitungen leben muß, dann will man sich wenigstens während des nächsten Europaurlaubs mit Fotos von erlegten Tieren großtun — weil man zu Hause als Folge von »Großwildjäger«-Berichten allgemein annimmt, daß Farmangestellte auch Löwen zu sehen bekommen müßten und daß sie gelegentlich welche umlegen. In einer westafrikanischen Kolonie beriet man damals darüber, den aussterbenden Gorilla wieder für wenigstens begrenzte Zeit jagdbar zu erklären. Natürlich wurde, wie üblich in solchen Fällen, behauptet, die Zahl der Gorillas habe in den letzten Jahren stark zugenommen und sie bedrohten die Pflanzungen der Schwarzen. In der Diskussion aber ließ jemand die Katze aus dem Sack: auf diese Weise würde man reiche amerikanische Nimrode ins Land ziehen, die bisher nur in die ostafrikanischen Jagdgebiete gingen. Neuerdings werben deutsche, österreichische, französische Reisebüros mit besonderen Prospekten für Jagd-Touristenreisen von vierzehn Tagen in verschiedene Teile Afrikas. In den festen Preis sind der Flug, die »Safari« und das persönliche Schießen von wenigstens drei großen Tieren einbegriffen — nur nicht die Getränke.

Nach einer Zeitungsmeldung kam unlängst ein Knopffabrikant aus Scarsdale im Staate New York mit seinem vierzehnjährigen Sohne von einem dreimonatigen Ausflug nach Portugiesisch-Westafrika zurück. Der Junge hatte allein über dreihundert wilde Tiere getötet, darunter Elefanten, Nashörner und Flußpferde. Bei einer Gelegenheit hatte er einem Leoparden »den Schädel weggeblasen«, wie sein Vater stolz der Presse erzählte. Kurz darauf rühmte sich ein anderer junger Mann vor Pressevertretern, sein Vater würde »ein Haus anbauen« müssen, um alle Trophäen der letzten Afrikareise unterzubringen.

Bei der unnatürlichen Wucherung der weißen und schwarzen Menschheit ist es nicht zu vermeiden, daß die wilden Tiere in weiten Teilen Afrikas sterben müssen, um den Zweibeinern Platz zu machen. Aber es widerstrebt einem, wenn dieses Sterben der letzten Tiere zum Vergnügen von Parvenüs und Snobs, zum Amüsement von Sonntagsjägern herabgewürdigt wird.

Auch in unseren europäischen Zeitschriften erscheinen selbst heute noch gelegentlich Aufsätze von »Großwildjägern« oder »Tierfängern«, die beschreiben, wie sie Gorillas und andere seltene Großtiere geschossen haben. Das ist ein Skandal. Gorillas zu töten (ohne die Sondergenehmigung der jeweils höchsten Landesbehörde für streng wissenschaftliche Zwecke) ist eine schwer geahndete Straftat. Wer sich rühmt, als »Jäger« ein so erschütternd menschenverwandtes Wesen umgebracht zu haben, sollte wenigstens angeben, mit wessen Erlaubnis und zu welchem vernünftigen Zweck er das getan hat.

V

DIE KURZE GESCHICHTE DES KONGO-STAATES

Und so fuhren wir weiter. Zur Abwechslung saß ich am Steuer. Die Herde von über zwanzig wilden Perlhühnern mit Federkrausen am Nacken konnte ich gerade noch beobachten, denn die Tiere liefen erst eine ganze Weile vor dem Auto her, ehe sie sich seitwärts drückten. (Perlhühner können ja sehr rasch rennen, viel schneller als etwa die Haushühner, die gleich zu flattern anfangen.) Zu den großen Vögeln mit den Riesenschnäbeln dagegen, die Michael immer wieder auf Bäumen neben der Straße entdeckte, konnte ich schon nicht mehr aufsehen. Denn wenn ich nur einen Blick von Lenkrad und Straße abwendete, geriet ich unfehlbar ins Schleudern.

Mein Sohn gab mir Ratschläge, wie man mit der ausgeschlagenen Lenkung doch auf dem Wege bleiben könnte.

»Vor allem darfst du nicht zu langsam fahren, sondern du mußt ordentlich Tempo draufgeben, und ganz besonders, wenn die Karre schleudert. Dann fängt sie sich wieder!« Ich hatte zwar mehr die Neigung, trotz der Kreischerei beim Abwärtsschalten die Abhänge hinunterzuschleichen, aber ich probierte Michaels Ratschläge aus. Der Erfolg überraschte mich. Kennen Sie die Aufnahme, welche die Kino-Wochenschauen in jedem Winter von Bobsleigh-Rennen bringen? Die Schlitten poltern mit D-Zug-Geschwindigkeit über die spiegelglatte Bahn, sausen mal auf der einen Seite schräg in die Höhe, dann auf der anderen, und mitunter rutscht einer über die Kurve und verschwindet. Es ist sehr aufregend, das mit anzusehen, aber seien Sie überzeugt, noch aufregender ist es, wenn man selber drin sitzt und das Teufelsding lenkt, und wenn es nicht nur von allein bergab rollt, sondern achtzig Pferdestärken in sich hat und hinten mit Koffern, Kisten und Kasten vollgetürmt ist. Man ist versucht, einfach die Augen zuzumachen und den Kopf einzuziehen.

Das tat ich aber nicht, sondern als ich auf der einen Seite schräg gegen die Böschung rollte, kurbelte ich das Lenkrad entgegen allen guten Ratschlägen natürlich verzweifelt nach der anderen Seite, fuhr dort schon viel stärker dagegen, und dann ging das in dramatischer Steigerung hin und her, bis ich in den Graben fuhr und wir uns ein-, zweimal überschlugen.

Dann war alles still. Der Motor stand, und wir lagen im Führerhaus, der Fußboden über uns, die Sitzpolster neben uns, und alles gut durcheinandergewirbelt. Michael meinte tröstlich, er hätte das Gefühl, daß die Sache nicht weiter schlimm sein könnte, während ich uns schon zu Fuß weiterlaufen sah. Dann befühlten wir unsere Glieder, sie waren völlig ganz geblieben, bis auf eine Stoßstelle am Kopf, die sich nachher bei mir zu einer Beule entwickelte. »Es ist eben doch sehr viel sicherer, in einem Lastwagen zu fahren, der was aushält«, meinte Michael. Wir malten uns aus, wie ein Personenauto im gleichen Fall ausgesehen hätte. Nacheinander krochen wir durch die Fensteröffnung heraus.

Wir standen mitten in einem Eingeborenendorf. Das hatte ich in der Aufregung gar nicht bemerkt. Die ganze Dorfbevölkerung, die sich erst vor dem Sausen und Krachen in Sicherheit gebracht hatte, lief zusammen. »Wir haben mal wieder alles verkehrt gemacht«, stellte ich fest, »im umgestürzten Wagen steckenbleiben und gemütliche Unterhaltungen anfangen! Siehst du, wie das Benzin hier auf die Erde läuft? Reiner Zufall, daß es sich nicht am heißgelaufenen Motor entzündet hat. Wir wären umgekommen wie die Mäuse in der Falle, oder wir hätten wenigstens unser Gepäck verloren.«

Die Sorge allerdings war unnötig. Der Wagen hatte sich selbst ausgeladen, der Aufbau mit dem Segeltuch war abgerissen, und die Koffer lagen im Umkreis von hundert Metern verstreut. Die hilfsbereiten schwarzen Dorfleute gingen gerade daran, sie zusammenzuschleppen. Ich glaube, sie waren mehr erschrocken als wir selber. Aus dem Graben rappelte sich auch unser Boy Hubert auf, der sich die Seite hielt und am Kopf blutete. Dabei fiel mir die freundliche Auskunft ein, die uns ein Versicherungsagent in Stanleyville gegeben hatte. Wir hatten uns vorsorglich gegen Haftpflicht versichert, doch er meinte tröstend, daß dies nur größere Bedeutung hätte, wenn einem Weißen was geschieht. »Bei Schwarzen zahlt unsere Gesellschaft nicht viel, nicht mehr als vierhundert Mark beim Todesfall — wir sind aber auch manchmal schon mit knapp hundert Mark davongekommen!«

Ich klebte Hubert ein Pflaster auf seinen wolligen Kopf, und dann wuchteten wir, zusammen mit so viel kräftigen Armen, den leeren Wagen wieder auf seine vier Räder. Er saß aber immer noch seitwärts tief im Graben. Welch ein Glück, daß ich in Stanleyville darauf bestanden hatte, ein Drahtseil mitzunehmen. Ein riesenschwerer Lastwagen, der vorbeikam, zog uns damit nach allerlei Manövern über schnell aufgeschippte Erdrampen und Bohlen bis auf die Straße. Sogar unser Motor sprang an. Aber wie standen die Vorderräder! Sie zeigten schräg nach außen, das eine nach rechts, das andere nach links. Der verbeulte und entstellte Wagen war schrecklich anzusehen. Auch die eine Feder war gebrochen. Hätten wir die Stoßstange nicht ein paar Tage vorher hinten an den Wagen gebunden, sondern sie vorn wieder angeschraubt, dann wären wir mit *ihr* gegen einen großen Stein gerannt. So aber hatte er die Vorderachse und die rechte Wagenfeder getroffen.

Trotz dieser merkwürdig X-beinigen Radstellung bewegte sich der Wagen vorwärts, wenn man den ersten Gang einschaltete. Nur war er noch eigenwilliger geworden und kümmerte sich ganz wenig um das Steuerrad. Wir hatten das große

Glück gehabt, dicht vor den Toren einer großen Ortschaft zu verunglücken, denn weit hätten wir uns mit diesen komischen Rädern nicht mehr bewegen können, ohne die Reifen völlig abzuradieren. So aber konnten wir es versuchen. Wir fingen an, unsere freundlichen Helfer zu entlohnen, merkten aber bald, was daraus entstehen konnte. Alles schrie auf uns ein und prügelte sich. Wir mußten Angst haben, daß uns das Geld aus der Hand gerissen wurde. So suchten wir nach einer vertrauenswürdigen Person und entdeckten einen dicken, älteren schwarzen Herrn in einer Art Uniform mit drei Orden an der Brust. Er hatte unserer gemeinschaftlichen Arbeit sachverständig zugesehen. Vermutlich war er ein ausgedienter Soldat. Ihm drückte ich einen größeren Geldschein in die Hand und machte ihm durch Zeichensprache deutlich, daß er es an alle verteilen sollte. Daß nun ausgerechnet, wer keinen Finger krumm gemacht hatte, das Geld in die Hand bekam, schien den anderen erst recht nicht zu gefallen. Wir aber warfen Kleingeld auf die Straße, so daß sich alles in wildem Haufen darauf stürzte, gaben Gas und schlichen so schnell davon, wie wir nur konnten. Es fing an zu krachen, zu blitzen und vom Himmel in Wolkenbrüchen herunterzugießen, so daß wir in unserem Führerhaus doch naß wurden. Für die schiefgestellten Räder war es aber gut, daß sie jetzt schlüpfrig vorwärtsglitten, und mir paßte es, daß niemand in Wamba die Nase aus den Hütten zu stecken wagte, sonst hätte unser verzerrtes Auto Menschenaufläufe verursacht. Mühsam schwenkten wir in einem weiten Bogen in den Hof eines Mechanikers ein, und sogar noch bis unter ein Wellblechdach. Dann stiegen wir aus und schüttelten uns erst einmal wie die Pudel. Der Automechaniker war ein Grieche, also ein Europäer wie wir, aber er sprach nur griechisch, kein Französisch. So mußten wir Weißen uns sehr umständlich mit Hilfe eines Schwarzen verständigen. Ich sprach französisch, mein Boy übersetzte es in Lingwana, das, dem Kisuaheli sehr ähnlich, im Kongo als Mittlersprache gebräuchlich ist und das der Grieche verstand. Natürlich hatte er keine Ersatzteile für diese ausgefallene Automarke. Die nächste Vertretung war sechshundert Kilometer entfernt. Aber er besah sich den Schaden und meinte, das wäre zu machen. Und zwar heute noch.

Und wie er das schaffte! Wir gerieten von einem Staunen ins andere. Er war wohl von Hause aus nur ein biederer griechischer Dorfschmied, der mal gelernt hatte, Pferde zu beschlagen und Ackerwagen wieder ganz zu machen. In den südeuropäischen Ländern, wo sich die meisten Leute damals kein Auto leisten konnten und daher die ältesten Vehikel noch gefahren wurden, wissen sich die Mechaniker zu helfen. Unser Grieche schraubte die Räder ab, baute die Achse aus, legte sie auf einen schweren Amboß, ließ sie von zwei schwarzen Gehilfen halten, und dann schwang er seinen schweren Schmiedehammer und wuchtete die kalte Achse einfach gerade. Auf den Millimeter, mit genau berechneten Schlägen. Sie brach nicht und sprang nicht, wie ich befürchtet hatte.

Eine passende Feder für die gebrochene hatte er natürlich auch nicht. So schweißte er die beiden Bruchstücke der alten Feder leicht wieder zusammen. Ich hatte schon Angst, er würde sie uns so einbauen, aber er wollte nur ein genaues Muster haben, um danach aus einem Rohstück eine neue Feder zu schmieden. Allein der Blasebalg, den er dazu benutzte! Er war aus einem leeren Benzinkanister und Teilen alter Autos zurechtgeflickt, als Schmiedekohle diente selbstgebrannte Holzkohle. Ein alter Mann drehte stundenlang eine Kurbel, ohne daß ihm sein Arm müde wurde. Die Feder aber wurde wundervoll geschmiedet, und uns wurde die Zeit beim Zusehen nicht lang. Sie paßte genau in den Wagen; wir sind noch Tausende von Kilometern bis zum Schluß mit ihr gefahren.

Wir waren so begeistert von unserem griechischen Schmied, daß wir nicht mit der Wimper zuckten, als er uns den Preis für diese Reparatur nannte. Wir stiegen einfach ein, schlugen die Tür zu, welche von dem Unfall noch geklemmt war, und fuhren ab — ohne Probefahrt.

Als wir durch die Plantagen weiterrollten, fiel mir auf, daß die Arbeiter zwischen den Kaffeebäumen so merkwürdig auf unsere Vorderräder starrten. Manche liefen herbei, um besser sehen zu können, und sie machten seltsame Zeichen mit den Händen.

Tatsächlich, das rechte Vorderrad eierte, daß es einen geradezu lustigen Anblick gab. Unsere Begeisterung für den griechischen Schmied, der uns so hatte abfahren lassen, wurde etwas geringer. So fuhren wir nach zwanzig Minuten wieder auf seinen Hof. Was jetzt in ihm vorging, konnte man verstehen, auch ohne Griechisch oder Lingwana zu können. Ein Ersatzrad hatte er nicht. Seine Augen gingen suchend umher. Auf dem Hof stand noch ein Dodge, der wohl auch repariert werden sollte. Dodge und International haben dieselben Felgen. Zwischen dem Schmied und seinem schwarzen Obergesellen entspann sich eine Unterhaltung, die sich im wesentlichen um den Kampf zwischen Gewissen und Geld drehen mußte. Natürlich siegte das Geld. Er forderte 850 Franken, also siebzig Mark, »für ein Ersatzrad«, und auch in uns siegte nicht das Bestreben, diesen dunklen Vorgang aufzuklären.

Wir marschierten schnell zu dem einzigen »Hotel« im Ort, um noch eine Unterkunft für die Nacht zu finden. Der Wirt räumte uns sein eigenes Schlafzimmer ein, in dessen Ecke eine ewige Öllampe vor einem Madonnenbild brannte. Auch er war Grieche; überhaupt schienen in dem ganzen Ort nur Griechen zu wohnen. Sie besiedeln jetzt manchen Teil Afrikas so, wie sie vor dreitausend Jahren ihre Kolonien in Unteritalien oder Sizilien gegründet haben. In dem Hotel war abends »Tanz mit Musik von Europäern«. Die Musiker waren natürlich auch wieder drei Griechen, die Gitarre und Ziehharmonika spielten, und als einziger Tänzer bewegte sich — unser Schmied. Er tanzte wundervoll, wie ein griechischer Gott, alte Volkstänze, aber er tanzte sie mit einer eingebildeten Dame, deren Hand er zierlich in der leeren Luft gefaßt hielt. Denn unter den anwesenden Damen gab es nicht eine, welche die kunst-

Seite 67 oben: Das ist der Backenzahn eines Elefanten.

Seite 67 unten: Elefanten schlafen nur zwei bis drei Stunden in der Nacht, auch in der freien Steppe.

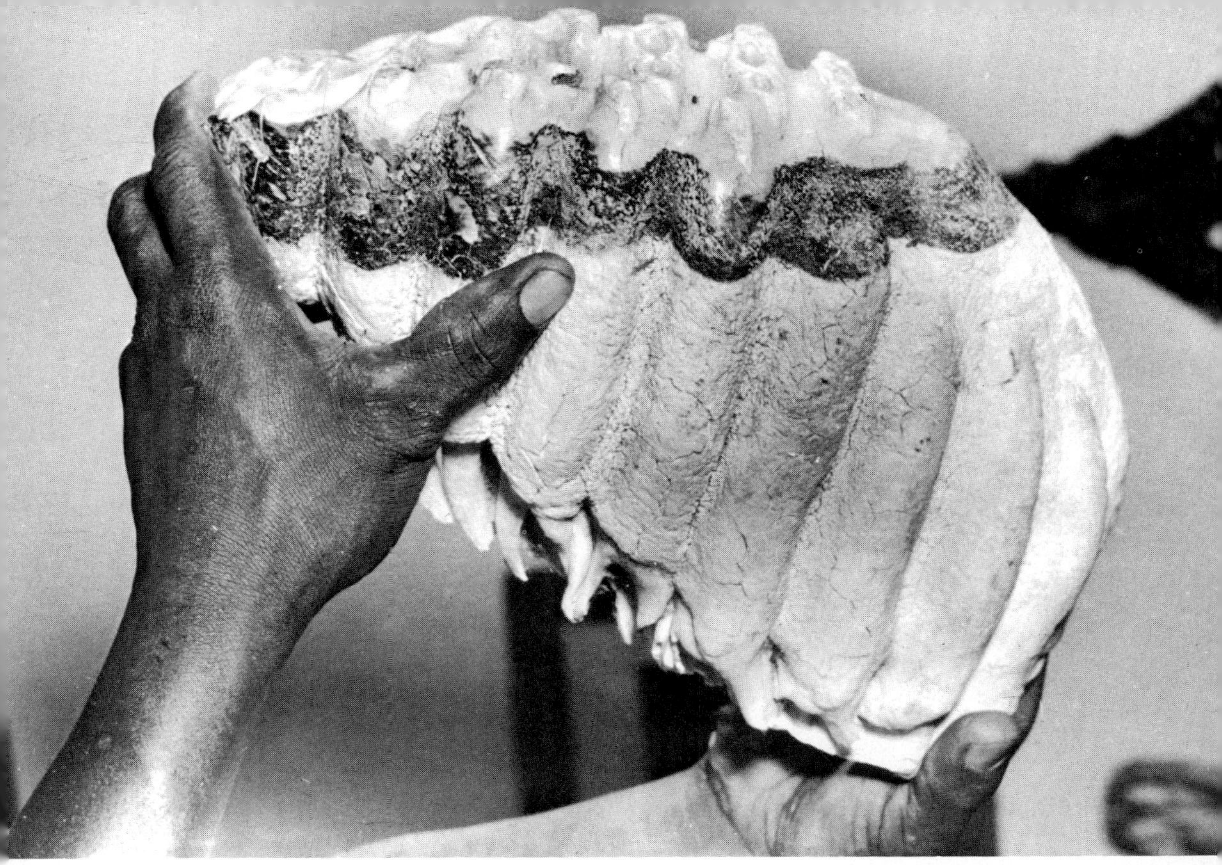

vollen Tänze der griechischen Heimat noch konnte. Sie tanzten zwischendurch moderne Tänze und Walzer. Wenn unser Schmied sich daran beteiligte, sah man ihm an, wie er sich über das Ungeschick seiner Partnerin lustig machte.

Er lud uns großzügig zu Wein und einem merkwürdigen Gericht aus Käse und Öl ein, wohl auch wieder einem griechischen Nationalessen. Seine Landsleute erzählten uns, daß er seine Frau zu einer Kopfoperation nach Europa geschickt hatte und deswegen bis über die Ohren verschuldet war. Das war also der Grund, warum er uns so das Fell abgezogen hatte. Über unserem Tisch hing, das ist mir gut in Erinnerung geblieben, das große Reklamebild eines Kaufmannes aus Stanleyville, der Jagdmunition anbot. Es stellte eine Jagdszene dar: Jäger in dicken wollenen Überstrümpfen mit Pudelmützen, Schals um die Ohren, in scharlachroten Jacken nach amerikanischer Jagdmanier, die gerade erschreckt vor einem kleinen schwarzweißen Tier mit buschigem Schwanz zurückweichen — einem Stinktier, das hier natürlich niemand kannte. Dieses Bild kam mir hier, genau unter dem Äquator, unbeschreiblich lächerlich vor.

Am nächsten Tag fuhr Michael. Im Drang, zum Fang der wilden Elefanten zurechtzukommen, drückte er mehr als nötig auf den Gashebel und geriet auch ins Schleudern, im tiefen roten Sand, aber auf ebener Strecke. Ich malte mir aus, ob wir wohl noch einmal so einen griechischen Schmiedeengel finden würden, da stand der Wagen endlich still, mit einem eleganten Telemarkschwung wie beim Skifahren, quer über die Straße, mit dem Kühler schräg nach der Richtung, aus der wir gekommen waren. Der Boy kletterte, noch grau vor Schreck, hinten heraus. Ich konnte es dem Kerl nachfühlen, denn er war zwischen dem Gepäck dauernd von eisenbeschlagenen Koffern bedroht. Hinten wirkten sich die Schleuderbewegungen sicher noch viel schlimmer aus als vorn in der Kabine. Es war nichts passiert.

Abends rollten wir auf einer langen, schmalen Betonbrücke über den Zusammenfluß zweier Flüsse. Es waren der Dungu und der Kibali, die hier zum Uele werden. Der Ort Dungu war an dieser Stelle auf der Karte großartig mit einem Punkt und einem Kreis darum verzeichnet. In Wirklichkeit hatte er nur ein paar Läden, in denen es nicht einmal Brot zu kaufen gab. Aber er besaß etwas, das für Afrika unglaublich ist und einem den Mund offenstehen läßt: eine richtige Festung, ein Schloß. Es war zwar erst achtzig Jahre alt, aber da das geschichtslose Zentralafrika ja in hundert Jahren nachgeholt hat, wozu andere Erdteile zwei Jahrtausende gebraucht haben, kam uns dieser Steinbau geradezu mittelalterlich vor.

Seite 68 oben: Am Ausfluß des Semliki-Flusses aus dem Eduard-See bei Ishango findet man stets große Mengen von Flußpferden friedlich zusammen mit Pelikanen, Kormoranen und anderen Wasservögeln.

Seite 68 unten: In der Fischereigenossenschaft Vitshumbi am Ufer des Eduard-Sees sind einzelne Elefanten so zahm geworden, daß sie mitten ins Dorf kommen und zwischen den Hütten und Häusern stehen. Selbst die Kinder haben keine Angst mehr vor ihnen.

Wir fuhren durch den Torbogen und fragten einen Mann, der im blauen Monteuranzug gerade das große Auto des Administrateurs wusch, wo wir diesen höchsten Beamten des Bezirkes treffen könnten. Er war es selbst. Als wir ihm unser Empfehlungsschreiben zeigten, lud er uns in sein Schloß zum Abendessen ein, und er ließ uns zum Schlafen das Gästehaus der Verwaltung aufschließen. Wir machten uns fein, holten Leinenjacken aus dem Koffer und tafelten dann bei elektrischem Licht im ersten Stock hoch über den Wässern der Ströme. Der Administrateur war erst vor ein paar Wochen in Köln gewesen, wo er sehr gefroren hatte. Er herrschte hier über ein Territoire, einen der Verwaltungsbezirke in der Ostprovinz des Belgischen Kongos. Dieses Territoire ist 34 000 Quadratkilometer groß, also noch ein ganzes Stück weitläufiger als das belgische Mutterland, aber es hat nur 140 000 Einwohner, und es gibt noch recht wilde Gegenden hier. Einer der Beamten des Administrateurs hat, so erzählte er schmunzelnd, vor ein paar Wochen stundenlang auf einem Baum an der Straße gehockt, weil ihn unten ein Nashorn belagerte. Wir hörten uns solche Geschichten immer süßsauer an — *wir* werden natürlich nie das Glück haben, von einem Nashorn auf den Baum gejagt zu werden!

»Ja, es ist ein riesiges Land, der Belgische Kongo, 2,4 Millionen Quadratkilometer, halb so groß wie Europa«, sagte der Administrateur nach dem Essen, setzte sich in einen Lehnsessel zurück, zündete sich eine Zigarre an und streichelte seinem großen schwarzen Schäferhund den Kopf, »aber es leben nur 15,8 Millionen Menschen drin, davon ganze 90 000 Europäer. Das scheint nicht viel, fünf Köpfe auf den Quadratkilometer, gegenüber zweihundert in der Bundesrepublik. Aber der Kongo besteht nun einmal fast nur aus Urwald, und darin kann niemand leben. Außerdem werden es jetzt auch rasch mehr. Von 1948 bis 1952 hat die Bevölkerung um 620 000 zugenommen; jedes Jahr werden drei Millionen Hektar mehr landwirtschaftlich genutzt. 1948 waren 10,6 v. H. der Oberfläche des Kongostaates kultiviert, 1952 schon 12,67 v. H. 1950 haben wir fünf Millionen Schwarze auf Schlafkrankheit untersucht und nur noch 0,1 v. H. Neuerkrankungen gefunden. Vor zwanzig Jahren waren es zwölfmal soviel. 1920 starben noch 2,02 v. H. der Leute an Malaria, 1950 war das auf 0,45 v. H. heruntergedrückt. Es macht doch Freude, hier in den Kolonien zu arbeiten!

Daß das schwarze Afrika in der Mitte so lange ‚weiß' geblieben ist, hat eigentlich einen einzigen, sehr einfachen Grund. In Amerika oder Asien können Sie den Mississippi, den Amazonas, den Ganges, den Jangtsekiang oder die anderen Ströme bequem aufwärts fahren, sie sind große Verkehrsadern. Afrika aber steigt ziemlich steil aus dem Meer auf, ohne viel flaches Vorland an der Küste. Deswegen fallen alle seine großen Ströme, der Nil, der Kongo, der Sambesi, der Niger und der Oranje in großen Wasserfällen und Stromschnellen nach unten, sie sind unpassierbar. Wir haben hier in Afrika zwei Fünftel aller Wasserkräfte der Erde, viermal soviel wie in ganz Nordamerika zusammengenommen. Aber erst der zehnte Teil eines Prozents wird ausgenutzt. Seien Sie sicher: Das wird sich bald ändern!«

Man möchte kaum glauben, daß ein so riesiges Land so lange unbekannt geblieben ist. Die Phönizier sind zwar schon über fünfhundert Jahre vor Christi Geburt rings um Afrika gesegelt, und schon zweihundert Jahre vor unserer Zeitrechnung wußte Ptolemäus, daß der Nil aus zwei Seen in Zentralafrika gespeist wird. Sie sind auf seiner Karte schon angedeutet, obwohl wir sie erst im vorigen Jahrhundert wiederentdeckt haben. Erst 1492 hat der Portugiese Diego Cao die Mündung des Kongo wiedergefunden. Sie muß ihn schon beeindruckt haben, denn der Fluß bringt dort in jeder Sekunde 50 000 bis 120 000 Kubikmeter Wasser ins Meer. Das ist eine gehörige Menge; die berühmten Niagarafälle befördern nicht den zehnten Teil davon. Der Kongo ist gar nicht so lang, mit 4600 Kilometern nur viermal so lang wie der Rhein, aber er entwässert 3 700 000 Quadratkilometer Land, das heißt fast zwanzigmal soviel wie der deutsche Strom.

Jedenfalls setzte Diego einen Denkstein an die Kongomündung, der hundertsechzig Jahre später von den Holländern wieder umgeworfen wurde und jetzt in einem Lissabonner Museum steht. Diego Cao ist auch in die Kongomündung hineingesegelt und nicht weiter gekommen als wir heute noch, nämlich bis nach Matadi. Er hat dort eine Inschrift in eine Felswand am Ufer meißeln lassen, die noch zu sehen ist, und er hat am Unterlauf des Kongo das Christentum eingeführt. Damals war dort ein mächtiges schwarzes Königreich, das nach seinen Herrschern, den Muschikongo, benannt war. Der regierende alte König stellte sich freundlich zu den Neuankömmlingen ein und versuchte, ihre Kultur seinem Lande nutzbar zu machen. Er ließ seinen Lieblingssohn zehn Jahre lang von einer Gruppe katholischer Priester erziehen. Von diesen ausgezeichneten Männern erwarb er das Wissen und auch die Fähigkeiten, sein noch „unterentwickeltes" Land auf einen gleichberechtigten Platz neben den europäischen Staaten zu führen. Im Alter von 22 Jahren übernahm er die Herrschaft — sicherlich der beste schwarze Führer in Afrikas Geschichte für die nächsten fünfhundert Jahre. Er war ein selbstloser Herrscher, mutig in der Schlacht, ein guter Planer. In seinen Briefen an den König von Portugal bat er nicht um Waffen oder Geld, sondern um Lehrer und Priester.

Aber die Missionare aus Portugal entdeckten, daß sie ein Vermögen verdienen konnten, indem sie Sklaven zu den Händlerschiffen brachten, die in der Kongomündung ankerten. Die ersten Sklavenkolonnen, die an die Küste geführt wurden, waren von habgierigen Geistlichen organisiert. Kaufleute, die dem König helfen sollten, entwickelten sich zu Seeräubern. Die portugiesische Regierung wurde überzeugt, daß ein mächtiges Kongoreich für sie nicht von Vorteil wäre. Die Berater, die dem König helfen sollten, machten alle seine guten Absichten zuschanden. Sie unterstützten jeden Aufstand von Stammesfürsten und entfesselten selbst welche, sie verbanden sich mit Häuptlingen, die durch den Verkauf ihrer Nachbarn oder der eigenen Untertanen als Sklaven Geld verdienten. Verraten durch die Priester des Gottes, dessen Glauben er in seinem Lande eingeführt hatte, durch die portugiesischen Freunde und zum Schluß durch seine eigenen Landsleute, mußte Alfons schließlich aus seinem Lande fliehen. Er hatte sein Land, das weit größer war als die damaligen europäischen Staaten, von 1407 bis 1443 regiert. Im Lexikon finde ich die Taten von zwölf Alfonsen beschrieben, Königen von Neapel, von Kastilien, von Leon oder von Spanien, Alfons I. des riesigen Kongo ist darunter nicht einmal erwähnt. Sein Land wurde in den Jahrzehnten danach völlig christlich und erhielt sogar ein Erzbistum. Ein Portugiese wurde um 1580 von König Alvarus I. als Gesandter zum Papst nach Rom und zum König nach Lissabon geschickt. In Rom erschien damals ein Buch dieses Gesandten über seine Reisen im christlichen »Königtum des Kongo«. Das Ganze scheiterte dann an der Eifersucht und den Kriegen der Portugiesen und Holländer und ihrem habgierigen Sklavenhandel. Das Staatswesen zerfiel. Der letzte, schon völlig machtlose König regierte 1770 bis 1786.

Und dann versuchte man von allen Himmelsrichtungen, zum Kongobecken, diesem grünen Herzen Afrikas, vorzustoßen. 1830—1860 drangen die Araber von Sansibar an der Ostküste aus bis an den Tanganjikasee vor, setzten sich da fest und wagten sich noch weiter vor in die Urwaldgebiete, bis an den Kongo selbst. Doch weder sie noch sonst jemand wußte, daß es der Kongo war, der an der Westküste mündet. 1863 gründeten sie dort am Ufer Niangwe, eine Sklavenhandelsstadt. Um die gleiche Zeit reiste der englische Kapitän Speke von Sansibar aus zum Viktoriasee, entdeckte den Ausfluß des Viktoria-Nils und segelte den Weißen Nil abwärts bis nach Ägypten.

Dann kam zehn Jahre später ein Vorstoß von Norden her. Der deutsche Forscher Georg Schweinfurth fuhr den Nil aufwärts und drang in Begleitung von arabischen Elfenbeinhändlern immer weiter südlich vor bis in die Gegend des oberen Uele, also etwa bis hier, wo wir jetzt bei elektrischem Licht saßen. Er war der erste Europäer, der jemals in diese Gegend gekommen ist, und das war noch nicht länger als 74 Jahre her.

Der nächste Vorstoß erfolgte von Süden: David Livingstone (1813 bis 1873), ein schottischer protestantischer Missionar, begann um 1849 am Sambesi entlang von Südafrika aus nördlich vorzudringen. Nach fünf Jahren kam er in Portugiesisch-Angola an der Westküste wieder heraus und kehrte nach Europa zurück. Er machte später noch drei andere wichtige Forschungsreisen. Während der letzten, 1866 bis 1872, drang der mutige Missionar in das Kongobecken ein, entdeckte die Quelle des Kongo und gelangte schließlich bis zu der arabischen Stadt Niangwe an seinem Ufer.

Seite 73 oben: Die schweren Flußpferde haben sich aus den Flüssen und Seen heraus in Jahrzehnten und Jahrhunderten sehr steile Pfade getreten. Michael muß sich rechts und links an den Ästen festhalten, um darauf hinuntergehen zu können.

Seite 73 unten: Die Genetten oder Ginsterkatzen haben von allen Schleichkatzen zweifellos den anmutigsten und behendesten Körper. Bei ihnen ist das Schleichen, nach dem die Schleichkatzen ja benannt werden, bis zur Vollendung ausgebildet. Die Ginsterkatzen sind kleiner als unsere Hauskatzen. Sie verschlafen meistens den Tag und werden erst in der Dämmerung munter.

Seite 74/75: Im Virunga-Nationalpark, dem früheren Albert-Park, leben heute wieder etwa 25 000 Flußpferde.

Viele Jahre hörte man nichts von dem berühmten Forscher in der kultivierten Welt, bis Stanley, der Reporter einer amerikanischer Zeitung, ihn am 10. November 1871 schwerkrank in Udjidji fand.

Es war eine berühmte Begegnung, welche die ganze Menschheit bewegte. In Hunderten von Bildern und Holzschnitten ist sie dargestellt worden. Als ich später an den Gedenkstein kam, der den Platz unter dem längst verschwundenen Riesenbaum bezeichnet, wo sich die beiden einzigen Weißen in dieser endlos weiten, unbekannten Welt gefunden hatten, da war ich ebenso bewegt wie unsere Großväter. Livingstone erholte sich unter der Pflege Stanleys, übergab ihm seine Reiseaufzeichnungen, weigerte sich aber, mit ihm zurückzukehren. Er drang weiter nach Südwesten ins Innere Afrikas vor. Am Bangwelo-See wurde er am 4. Mai 1873 von schwerem Fieber befallen. Seine Reisen hatten ihn mit dem Sklavenhandel bekanntgemacht, der das Land verwüstete. Der »New York Herald« brachte damals einen Hilferuf des kranken Livingstone aus der Verlassenheit Afrikas: »Alles, was ich in meiner Einsamkeit sagen kann: Ich flehe den Segen des Himmels auf den Amerikaner, den Engländer oder den Türken herab, der diese offne Wunde in der Seite der Welt heilen wird.« Dieser Satz steht heute auf dem Grabstein Livingstones in der Westminsterabtei zu London. Er hat das Gewissen der Welt aufgerüttelt. Livingstone ist es zu verdanken, daß Hunderttausende Menschen, und wenn es auch »nur schwarze Menschen« sind, vor grausamster Demütigung, Mißhandlung und Quälerei gerettet worden sind. Cameron, der von der Londoner Geographischen Gesellschaft 1873 ausgeschickt worden war, um Livingstone erneut zu suchen, fand nur noch seinen Leichnam vor, den er nach Sansibar an die Küste schickte.

Henry Morton Stanley, der eigentlich James Rowland hieß, hat das Geheimnis des Kongo endgültig enträtselt. Er war von Hause aus Engländer, 1840 in Wales geboren, aber er war schon in jungen Jahren nach Amerika ausgewandert. Die Zeitung »New York Herald« schickte ihn als Reporter nach Europa und von da auf die Suche nach Livingstone in Zentralafrika. Als der große Missionar tot war, beauftragten diese amerikanische Zeitung und der Londoner »Daily Telegraph« gemeinsam Stanley, die Entdeckungsreise fortzuführen.

Ende 1874 brach er mit drei europäischen Gefährten und dreihundert schwarzen Begleitern von Sansibar auf. Sogar ein auseinandergenommenes Schiff, die »Lady Alice«, führte er mit sich. Er erreichte den Viktoriasee, von da den Albertsee und schließlich den Tanganjikasee, nachdem unterwegs bereits zwei seiner weißen Begleiter und die Hälfte der Schwarzen umgekommen waren. Von da marschierte er bis nach Niangwe, der arabischen Sklavenhändlerstadt am Kongo, wo er einen jungen, reichen arabischen Kaufmann, Hamed ben Mohamed, für seine Abenteuer begeisterte

Seite 76 oben: Eine der hasengroßen Duckerantilopen im heimatlichen Ituri-Urwald – im Fluchtsprung vom Blitzlicht erwischt.

Seite 76 unten: Die Bambuti benutzen die gleiche lange Tabakspfeife wie die großen Afrikaner.

und ihn überredete, ihn für 5000 Dollar sechzig Tage lang zu begleiten. Im November 1876 weigerten sich seine Begleiter weiterzumarschieren. Er versöhnte sie damit, daß er beschloß, auf dem großen Fluß, den er für den Nil hielt, weiterzureisen. So kaufte er zwanzig Kanus und fuhr nach Norden ab.

Am 6. Januar traf er auf die ersten Wasserfälle. Die Expedition brauchte drei Wochen, um einen Fußweg neben den Hindernissen anzulegen und das Gepäck unter die Fälle zu tragen. Die ganze Zeit mußte sie sich gegen die Angriffe der Eingeborenen verteidigen. Sie reisten dann auf einem ruhigen Fluß weiter, der immer breiter wurde, sich aber bald nach Westen und schließlich sogar südlich wendete, statt wie erwartet nach Norden. Endlich wurde es Stanley klar, daß das, was er die ganze Zeit für den Unterlauf des Nils gehalten hat, in Wirklichkeit der Kongo war. Im März 1877 passierte die Expedition Stanley Pool, nachdem sie 1450 Kilometer auf einem majestätischen Strom gefahren war und 32 Gefechte mit feindlichen Uferbewohnern durchgehalten hatte.

Von diesem Punkt an waren die Eingeborenen den Reisenden nicht mehr feindlich gesinnt, aber es gab noch ungeheure Hindernisse zu überwinden. Ermattung, Hunger und Krankheiten verringerten dauernd die Zahl der Begleiter, Frank Pocock verschwand im Strudel der Wasserfälle bei dem heutigen Stanley Pool. Unterhalb dieser Fälle erzählten die Schwarzen, welche am Ufer wohnten, daß sie die weißen Männer von der Küste kannten. Stanley wollte seine Reise zu Lande fortsetzen, aber er mußte am 4. August 1877 die Hilfe der Europäer in Boma erbitten, weil er am Ende seiner Kräfte wa1.

Nach zwei Tagen traf wirklich Hilfe ein. Am 9. August 1877 erreichte Stanley Boma in der Nähe der Westküste. Er hatte unterwegs seine drei europäischen Begleiter und zweihundert Schwarze verloren. Das unerforschte Riesenland hatte einen bitteren Zoll verlangt. Aber das Kongobecken, und damit die volle Breite Afrikas, waren zum erstenmal durchquert worden. Das sollte sehr bald schwerwiegende Folgen haben.

Ein Jahr vorher war der belgische König Leopold II. von einer Reise durch Indien und Ägypten voll Begeisterung für ferne Länder zurückgekehrt. Er berief in Brüssel eine Internationale Geographische Konferenz ein und begründete eine Gesellschaft, die sich die Erforschung Afrikas und die Bekämpfung des Sklavenhandels zum Ziel setzte. Diese Geographische Gesellschaft schickte 1877 bis 1884 fünf Expeditionen von Sansibar an der Ostküste Afrikas gegen den Kongo vor. Die Expeditionen kamen aber über den Tanganjikasee nicht hinaus. Als die Ankunft Stanleys in Boma bekannt wurde, wurde es Leopold II. sofort klar, daß man den Kongo von seiner Mündung, von der Westküste aus, angehen müsse, nachdem die Versuche von Norden, Süden und Osten fehlgeschlagen waren. Ein Abgesandter des belgischen Königs erwartete Stanley bei seiner Ankunft im Januar 1878 in Marseille und lud ihn ein, sofort nach Brüssel zu kommen. Erst im Juni jedoch traf Stanley mit dem König zusammen.

Nach einem Ausspruch Stanleys ist das ganze riesige Kongobecken einen Pfifferling wert ohne eine Eisenbahnverbindung von dem unteren, schiffbaren Lauf des Kongo an den Stromschnellen vorbei zu seinem Mittellauf. Davon überzeugte er Leopold II., man gründete ein »Forschungskomitee für den oberen Kongo«, und Stanley fand sich bereit, die große Expedition zu führen. Wieder warb er an der Ostküste von Sansibar die schwarzen Hilfskräfte an und fuhr dann am 4. August 1879 mit einer Expedition von vierzehn Europäern und 140 Schwarzen in die Mündung des Kongo ein. Schon Anfang Oktober gründete er gegenüber der heutigen Hafenstadt Matadi die Station Vivi, die erste Hauptstadt des Belgischen Kongo, und fing an, Straßen zu bauen. Bis 1880 hatte er sie fertig: ein Stück von 83 Kilometern, das bis an einen schiffbaren Wasserlauf führte, und von dessen Ende wieder 152 Kilometer Straße bis nach Leopoldville (jetzt Kinshasa), das heute eine Großstadt mit über zwei Millionen Einwohnern und die Hauptstadt des gewaltigen Gebietes ist. Als einmal die Straßen gangbar waren, folgte eine Transportkarawane der anderen. Am Ende des Jahres 1881 war alles Material in dem neugegründeten Leopoldville, von dem aus der Kongo Tausende von Kilometern weit nach dem Inneren hin schiffbar ist. Sogar ein Dampfer »En Avant« lag dort vor Anker, der stückweise zu Lande hingeschafft worden war. Die Zahl der Mitarbeiter wuchs ständig, aber unter ihnen wüteten Krankheit und Tod. Selbst 1911 betrug die Sterblichkeit der neu angekommenen Europäer im Kongogebiet innerhalb der ersten drei Jahre noch 44,5 v. H.; erst durch die moderne Bekämpfung der Tropenkrankheiten sank sie auf 5,3 v. H. im Jahre 1953. 1884 waren mehr als fünfhundert Verträge mit Eingeborenenhäuptlingen geschlossen, hundert neue Volksstämme entdeckt, vierzig Niederlassungen gegründet und fünf Dampfschiffe oberhalb der Fälle stationiert worden. In Jahre 1883 wurde die »Internationale Kongogesellschaft« gegründet, die Keimzelle des Kongofreistaates. Sie nahm den goldenen Stern auf blauem Grunde an, später auch die Staatsflagge des Belgischen Kongo.

Es war die Zeit der großen Entdeckungen und Besitzergreifungen. Weil es dabei oft zu Wettbewerben und Reibereien kam, berief Fürst Bismarck zusammen mit Frankreich 1884 die Internationale Konferenz in Berlin ein. Auf ihr erreichte König Leopold, daß seine Kongogesellschaft durch die USA und dreizehn europäische Staaten als unabhängiger Staat anerkannt wurde; er selbst war der Souverän dieses neuen Staates. In dem Vertrag von Berlin, der am 26. Februar 1885 unterzeichnet wurde, verpflichtete sich dieser Staat, im Kongobecken Freiheit des Handels und der Schiffahrt für alle Nationen zu verbürgen, im Falle eines Krieges neutral zu bleiben, den Sklavenhandel und die Belieferung der Schwarzen mit Alkohol zu unterdrücken, die Lage der Eingeborenen zu bessern und das Gebiet auch tatsächlich in Besitz zu nehmen. Dieser Vertrag ist nach dem Ersten Weltkrieg 1919 durch ein neues Abkommen von St. Germain ersetzt worden. Aber auch danach erhob der Belgische Kongo für Waren, die aus dem Mutterlande kamen, keinen geringeren Zoll als für englische, deutsche, amerikanische oder andere. 1952 kamen 35 v. H. der Einfuhr aus Belgien, und 55 v. H. der Ausfuhr des Kongo gingen dorthin. Deutschland hatte erst wieder 3,7 v. H. der Einfuhr erreicht. Nach dem Kongovertrag hatten auch alle Ausländer große Rechte im Kongofreistaat; obwohl das Mutterland fast rein katholisch war, sind umfangreiche protestantische Missionen dort tätig.

Stanley erforschte in den nächsten Jahren das Land immer weiter und richtete Stützpunkte ein. Der nordöstliche, entfernteste Teil (in dem hauptsächlich wir unsere Reise gemacht haben) wurde von Stanley auf der Suche nach Emin Pascha (1887 bis 1889) erforscht. Emin Pascha hieß eigentlich Eduard Schnitzer und war 1840 zu Oppeln in meiner Heimat Oberschlesien geboren, vom ägyptischen Sultan aber zum Gouverneur des oberen Nils eingesetzt worden. Der Mahdi-Aufstand zwang ihn, mit seinem Stab nach Süden, in das Innere Afrikas, auszuweichen, und dort kam ihm Stanley zu Hilfe. Emin wurde 1892 in Afrika ermordet.

Die Araber hatten von Sansibar aus immer stärker den Sklavenhandel am Oberlauf des Kongo organisiert. Zum Teil erjagten sie mit ihren schwarzen Hilfstruppen, den Bangwana, selbst die unglücklichen Menschen, vor allem aber hetzten sie die Schwarzenstämme zu Kriegen auf und kauften dann die Gefangenen als Sklaven ein. In Ketten geschmiedet, mußten die Unglücklichen in langen Reihen aus Zentralafrika bis zur Küste marschieren und dabei noch das eingehandelte Elfenbein auf dem Kopf tragen. Ein großer Teil von ihnen kam schon unterwegs durch die schrecklichen Anstrengungen um. Das Weltgewissen wurde damals auch durch die Predigten des berühmten Kardinals Lavigerie aufgerüttelt. Von 1890 bis 1894 stießen vier bewaffnete Expeditionen des jungen Staates mit 1200 Gewehren gegen die befestigten arabischen Stützpunkte vor. Die mohammedanischen Kommandanten kämpften mit ihren schwarzen Hilfstruppen, die über 30 000 Gewehre verfügten, mutig und geschickt, aber trotzdem wurde ein arabisches Fort nach dem anderen erstürmt und vernichtet. Ende 1894 war die letzte Festung gefallen, der Sklavenhandel im ganzen Freistaat abgeschafft und die Macht der Araber im Osten gebrochen.

Dieses Steinfort am Zusammenfluß von Kibali und Dungu wurde in den neunziger Jahren errichtet. Damals kamen wieder die Mahdis von Ägypten aus in das Gebiet des oberen Uele, wo sie mit den schwarzen Asandeh-Fürsten Bündnisse geschlossen hatten. Von hier, von dem Fort Dungu aus, führte Chaltin drei Jahre lang Krieg gegen die Derwische bis in das obere Ägypten hinein.

Unter dem Deckmantel des Kampfes gegen den arabischen Sklavenhandel führte Leopold II. eine harte Herrschaft ein und beutete das Land aus. Durch Zwangsarbeit (»Kongo-Greuel«) und Raubbau an Kautschuk und Elfenbein erzielte er reiche Gewinne, aber bald regte sich dagegen scharfer Widerspruch in Europa, vor allem in England. Daher übernahm 1908 der belgische Staat nach langem Zögern den Kongo als Kolonie. 23 Jahre lang war Leopold II. unabhängiger Souverän dieses großen Gebietes gewesen. Schon 1898 war die erste Eisenbahn von der Küste aus bis an den schiffbaren Kongo gelaufen. Während der Beherrschung durch die Europäer wurde

Seite 81: Die Bambuti, die Zwergmenschen, singen gern, besonders am Abend. Einzelne von ihnen sind ausgesprochen gute Sänger.

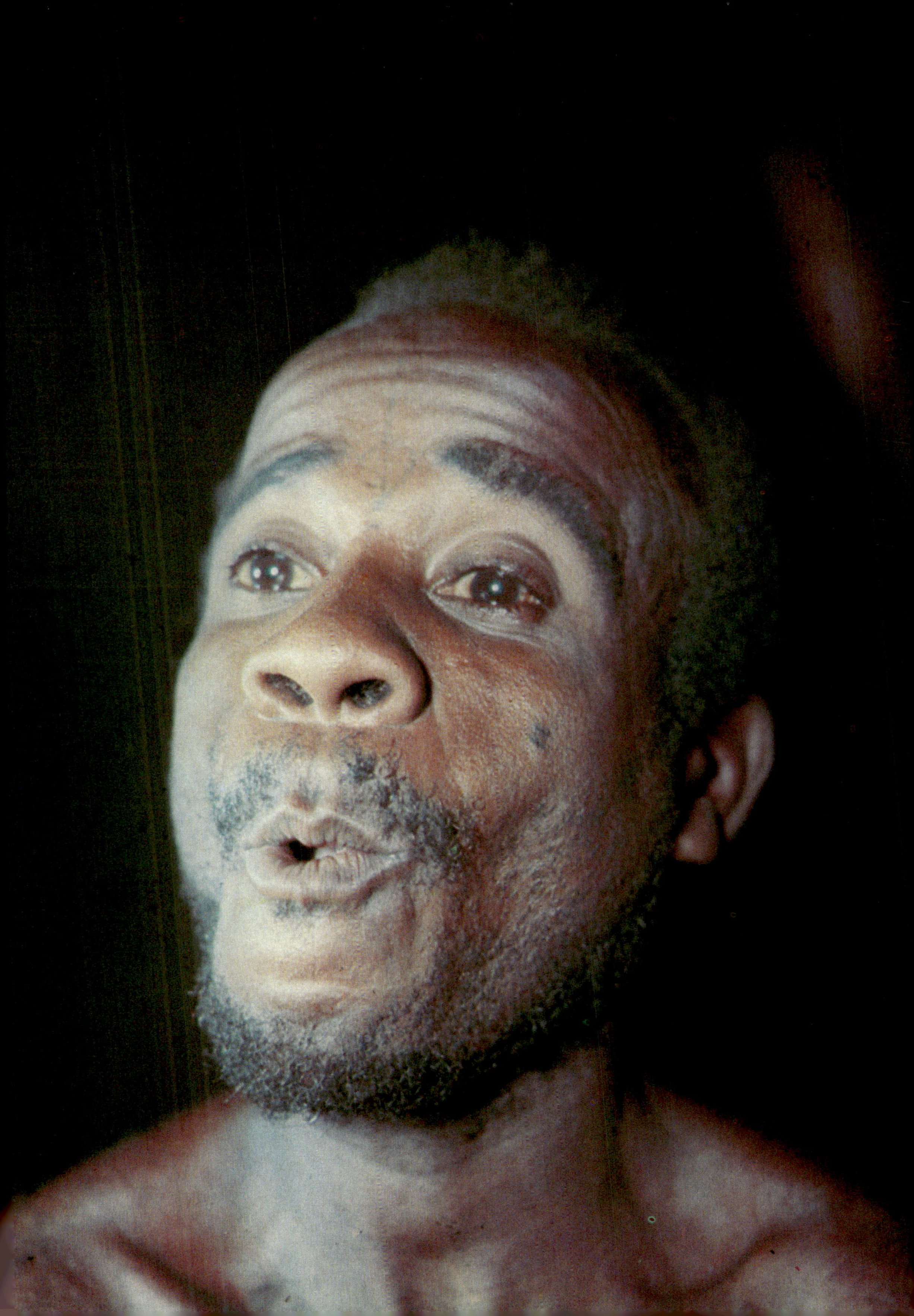

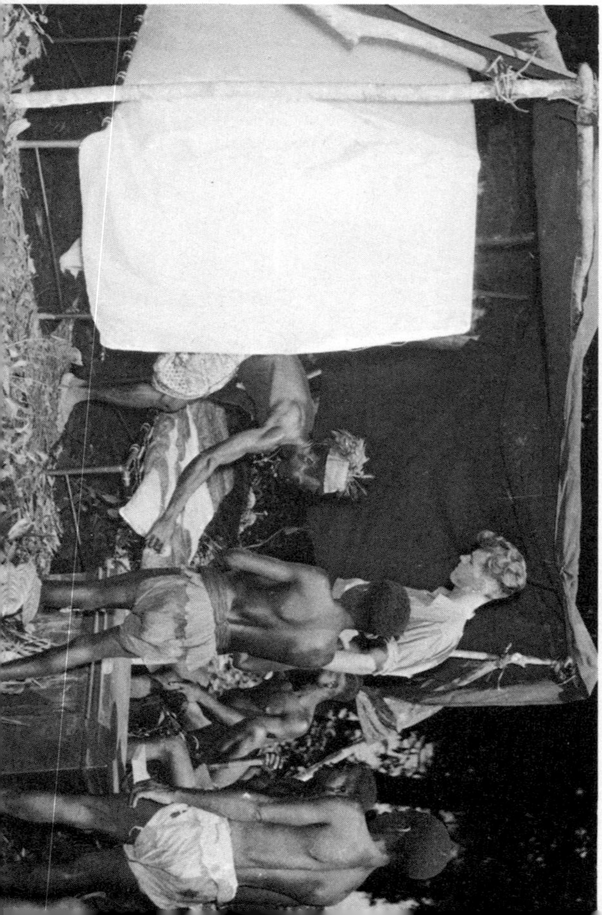

das Riesenland immerhin geeint, ähnlich wie Italien, Spanien, Frankreich und weite Teile Germaniens zweitausend Jahre früher unter römischer Kolonialherrschaft.

Im amtlichen belgischen »Führer durch den Kongo« fand ich folgende Darstellung über die jüngere Geschichte des Kongo: »Nach dem Vertrag von Berlin waren die Gebiete Zentralafrikas für neutral erklärt und sollten außerhalb jedes bewaffneten Konfliktes bleiben. Deutschland verletzte diesen Vertrag und mißachtete die Neutralität des Kongo. Die deutsche Flottille auf dem Tanganjikasee versenkte das belgische Dampfschiff ,Delcommune', und Kolonnen, die von Rwanda-Urundi in Deutsch-Ostafrika ausgingen, überschritten am 9. August 1914 die Grenze, um verschiedene Punkte der Kolonie anzugreifen. Obwohl ihre Truppen nur bestimmt waren, die innere Ordnung aufrechtzuerhalten, beschloß daraufhin die Regierung des Kongo, an der Seite der Alliierten am Kampfe teilzunehmen.«

Generalmajor a. D. von Lettow-Vorbeck, der Kommandeur der Schutztruppen in Deutsch-Ostafrika, den ich um seine Stellungnahme zu dieser Darstellung bat, schrieb mir aus Hamburg am 8. September 1954: »...erwidere ich, daß die sogenannte Kongo-Akte meines Wissens keine Verpflichtung zur Neutralität in den zentralafrikanischen Gebieten enthielt. Die Vertragschließenden stellten lediglich ihre ,guten Dienste' in Aussicht, um diese Neutralität zu erreichen. Davon, daß einer der beteiligten Staaten seine ,guten Dienste' angeboten hätte, ist mir nichts bekannt. Wohl aber hat England sofort nach der Kriegserklärung auf dem Nyassasee den deutschen Dampfer ,Hermann Nissen' beschlagnahmt, außerdem am 8. August Daressalam beschossen und den Funkturm. Feindliche Handlungen der Deutschen gegen den Kongo haben erst später eingesetzt. Aber die Belgier haben ihrerseits am 6. August 1914 den deutschen Assessor Dr. Dietrich, der nicht wußte, daß Belgien auch am Kriege gegen Deutschland beteiligt war, festgesetzt und damit eine feindliche Handlung ausgeführt.« — Der erste kriegerische Angriff gegen die Kongokolonie scheint demnach wirklich von deutscher Seite vorgenommen worden zu sein.

Die belgischen Kolonialtruppen haben dann im Ersten Weltkrieg in Rhodesien, in Kamerun und Deutsch-Ostafrika mit den Engländern und Franzosen zusammen Krieg geführt. Im Zweiten Weltkrieg sind sie übrigens durch den englischen Sudan nach Abessinien marschiert, wo sie gegen die Italiener kämpften, und sie haben de Gaulle geholfen, in Nigerien und Dahome-Togo die Anhänger der französischen Pétain-Regierung niederzuwerfen.

1920 erhielten die Belgier die beiden Königreiche Rwanda und Burundi, welche am Kivusee und am nördlichen Tanganjikasee liegen, aus dem Bestand des ehemaligen Deutsch-Ostafrika als Mandat zugesprochen. Dort wohnten als herrschende Schicht die Watussi oder Tutsi, sehr hochgewachsene, selbstbewußte, dunkelhäutige Menschen, die offensichtlich keine Neger, sondern Hamiten sind. Man vermutet,

Seite 82: Zum Hüttenbauen werden gebogene Zweige in die Erde gesteckt, dachziegelartig mit großen Blättern besteckt, und schon ist das leidlich dichte Regendach fertig. Wir dagegen bauten unter Zeltplanen unsere Bettstellen mit Moskitonetzen auf.

daß sie aus Ägypten und Asien eingewandert sind. Diese Watussi sind durch ihre seltsamen, riesenhörnigen Rinder bekannt, die sie kaum melken und nicht schlachten, sondern in gewaltigen Scharen (900 000 Stück im Jahre 1950!) nur halten, weil Viehherden den Reichtum und die Würde eines Mannes ausdrücken. Man findet diese auffälligen Rinder in vielen Zoologischen Gärten. Rwanda-Burundi war schon bei dieser unserer ersten Kongoreise, vor rund zwanzig Jahren, mit seinen 4,1 Millionen Einwohnern — davon nur siebentausend Europäer — eine der dichtest bevölkerten Gegenden Afrikas (damals 75,7 Einwohner je Quadratkilometer, etwa soviel wie in Frankreich. Heutige Zahlen siehe Tabelle Seite 20/21). Die Verwaltung dieses Mandates war von der des Kongo getrennt, in den Orten Kigali und Kitega regierten zwei eingeborene »Mwami« oder Könige, die sehr wohlhabend und europäisch kultiviert waren.

In den Jahren zwischen den zwei Weltkriegen wurden vor allem die Kupfer-, Gold- und Diamantenvorkommen erschlossen, und der Kongo erlebte einen wirtschaftlichen Aufschwung. Trotzdem blieb das Grundschulwesen in den Händen der Missionen, höhere Bildung für Afrikaner war unerwünscht. Belgien hielt an dieser patriarchalischen Regierung auch in den fünfziger Jahren fest, als England und Frankreich begannen, ihre Besitzungen zu entkolonialisieren. Als dann Anfang 1959 Unruhen im Kongo ausbrachen, leitete man überstürzt Verfassungsreformen ein. Schon Anfang 1960 gab Belgien seiner unvorbereiteten Kolonie die Unabhängigkeit. Patrice Lumumba wurde der erste Ministerpräsident. Als die Armee meuterte, wurde er verhaftet, später nach dem abgefallenen Landesteil Katanga ausgeliefert und dort 1961 ermordet. Die reiche Bergbau-Provinz Katanga hatte sich unter Moise Tschombé 1961 für selbständig erklärt, ebenso die Ostprovinz (Stanleyville, Kisangani) unter Gizenga. 1964 übernahm Tschombé auf Einladung des Staatspräsidenten Kasavubu die Zentralregierung in Kinshasa (Leopoldville) und warf mit Hilfe weißer Söldner die Rebellen und die abgefallene Ostprovinz nieder. 1965 wurde er von Kasavubu entlassen. Am 25. 11. 1965 riß Joseph-Desiré Mobutu die Staatsgewalt an sich, setzte Kasavubu ab, ließ sich durch eine Wahl bestätigen, setzte 1967 durch Volksabstimmung eine Präsidialverfassung in Kraft und verwandelte die Bergwerkgesellschaft des Katanga, die internationalem Privatkapital gehört hatte, in eine kongolesische Staatsgesellschaft. Im Sommer 1967 erzwang er auch mit Waffengewalt den Abzug der letzten weißen Söldner. Er änderte später seine europäischen Vornamen und heißt heute Mobutu Sese Soko. Sicher ist es zum erheblichen Teil Mobutus Verdienst, daß der Kongo seitdem immer mehr befriedet worden ist und nicht in Teilstaaten zerfiel, wie es mit Deutschland, dem »Heiligen Römischen Reich Deutscher Nation«, im Laufe der Geschichte mehr und mehr geschehen ist. Rwanda und Burundi, die früher zu Deutsch-Ostafrika gehört hatten, wurden 1962 selbständige Staaten.

VI

WEISSE UND SCHWARZE NASHÖRNER

Krachen, Blitzen, Wasser von oben, von der Seite, ein richtiges Tropengewitter. Wir saßen im Führerhaus unseres Lastwagens, zogen die Knie ein, weil es überall hereintropfte, und lauschten ängstlich dem Klopfen des Motors. Ein Zylinder war schon ausgefallen, der Wagen zog die Berge viel langsamer hinauf. Der Anlasser arbeitete auch nicht mehr; heute morgen hatten uns zwölf Mann mit viel Mühe angeschoben. Wir hatten schon seit acht Stunden den Motor nicht abzustellen gewagt. Die Straße war immer wieder in lange Seen verwandelt, in die wir todesmutig hineinfuhren, ohne ihre Tiefe zu kennen. Wir durften auch nicht langsam fahren, weil wir uns sonst in dem roten Schlamm festgewühlt hätten. Deswegen spritzte das Wasser in Riesenfontänen nach beiden Seiten. Nur ja nicht stehenbleiben, denn das hieße hier mitten in diesem Wolkenbruch übernachten! Wir mußten unbedingt Watsa erreichen, wo die einzige Autowerkstatt in weitem Umkreis lag. Ich malte mir gerade unsere Lage aus, falls wir uns hier wieder überschlagen würden — da fuhr der Wagen auch schon nach rechts, geriet immer mehr ins Schleudern, bis es Michael endlich gelang, ihn im letzten Augenblick zum Halten zu bringen.

Wir atmeten erleichtert auf — doch dann fiel mir auf, daß es so still geworden war. Man hörte nur noch die Wasserwellen aus den Wolken niedergehen. Michael hatte beim Bremsen auch den Motor abgewürgt. Jetzt half nichts als 'raus in die Flut und schieben. Ich drückte und preßte mit dem Boy Hubert zusammen, bis der Wagen sich bewegte, aber wir hätten es nie geschafft, wenn die Straße nicht gleich hinterher bergab gegangen wäre. Klitschnaß und von rotem Schlamm bis an die Hüften überzogen, aber glücklich, stieg ich ein, als der Motor endlich wieder brummte.

Als ich vor dieser Reise noch im letzten Augenblick ein gewöhnliches Stubenthermometer in den Koffer steckte, hatte Michael den Kopf geschüttelt. Aber jetzt konnte ich mich wenigstens damit trösten, daß wir zu Recht zitterten: es waren ganze zwanzig Grad, und in der Nacht ging es gar auf achtzehn Grad herunter. Wir froren wie die Schneider, wenngleich wir unsere Pullover herausholten; gern hätten wir lange Unterhosen mitgehabt. Zwei Tage vorher hatte sich Michael schon geweigert, in eine Badewanne zu steigen, weil das Wasser »eiskalt« sei. Als ich dann nachmaß, hatte es

26 Grad Celsius! Ich entwickelte gerade in Afrika eine Vorliebe für kochendheiße Bäder.

In Watsa gab es sogar eine Telegrafenstation. Ich gab ein Telegramm nach Frankfurt/Main auf; der schwarze Postbeamte schrieb bereits »Frankfurimain« nieder, und ich malte mir aus, wie sich bei der weiteren Übermittlung der Name noch mehr dem afrikanischen Klang angleichen würde. Ob die Nachricht überhaupt jemals an den Main käme? Sie ist aber hingekommen. Zu meiner Verblüffung schickte auch unser Boy Hubert sofort ein Telegramm an seine Frau, oder besser an eine von seinen vier Frauen, nach Stanleyville. Er teilte ihr mit, daß wir »un accident«, einen Unfall, gehabt haben. Später hat er jedesmal telegrafiert, wenn ich es tat, und er hatte übrigens mehrmals »un accident« zu melden. Erst allmählich kam ich dahinter, warum er so kostspielige Nachrichten von sich gab. Hubert konnte nämlich nicht schreiben, und um Briefe abzusenden, muß man das können. Die paar Worte des Telegramms aber kann man mündlich ansagen, der schwarze Telegrafist nimmt sie auf ein Formular auf.

Der Telegrafenbeamte wollte mir nicht verraten, ob in den letzten Tagen ein Telegramm hier durchgekommen war, das sich mit mir befaßte. Als ich ihm aber das Wort GRZIMEK in Druckbuchstaben auf einem Zettel hinschob, ging ein Aufleuchten der Erinnerung über sein dunkles Gesicht. So ein zungenbrechender Name macht nicht nur in Deutschland, sondern auch Schwarzen Kopfzerbrechen. Er bückte sich, wühlte in seinem Papierkorb, holte ein zerknülltes Papier hervor und strich es mit seinen schlanken Fingern auf dem Holztisch wieder glatt: er hatte darauf den Text eines Telegrammes aus Brüssel aufgenommen, ehe er ihn in Reinschrift übertrug. Das Telegramm ging an den Konservator eines ganz besonderen Landflecks im Herzen Afrikas. Die Nachricht, auf die ich schon lange gewartet hatte, wies den Verwalter des Garamba-Nationalparkes an, mich in diesen streng gesperrten Bezirk von 5000 Quadratkilometern an der Grenze des Belgischen Kongo zum Sudan eintreten zu lassen. Es ist die einzige Stelle im Kongo, an der Weiße Nashörner leben.

Wissen Sie, was ein »Weißes« oder Breitlippen-Nashorn ist? Es ist das zweitgrößte Landtier der Welt, nach dem Elefanten. Sein Rücken kann fast zwei Meter hoch werden, es ist dann also noch ein ganzes Stück höher als wir selbst, dazu bis fünf Meter lang und zweitausend Kilo, also vierzig Zentner, schwer. Noch im vorigen Jahrhundert hat es fast überall in Südafrika und auch in Mittelafrika in großer Zahl gelebt. Im Vertrauen auf ihre gewaltige Kraft waren diese Landriesen auch recht gutmütig und arglos, sie hatten es nie notwendig gehabt, vor irgendeinem Wesen wegzulaufen. Deswegen konnte man sie herrlich niederschießen, und man tat das auch. Im letzten Augenblick haben die Südafrikaner im Zululand, unweit der Grenze von Mozambique, ein 160 Quadratkilometer großes Schutzgebiet am Umfolosi-Fluß eingerichtet, in dem sich einige wenige, noch übriggebliebene Weiße Nashörner neuerdings wieder vermehrt haben. 1972 waren es über zweitausend geworden. Außerdem gibt es dort noch welche im Hluhluwe-Reservat. Augenblicklich sind sie für das kleine Schutzgebiet viel zu zahlreich geworden. Man gibt gern welche an

Nationalparks und an Zoologische Gärten ab. Später kam man dahinter, daß auch in Zentralafrika noch Weiße Nashörner leben, und zwar besonders im südlichen Sudan. Dort, wo er an das englische Uganda anstößt, gab es weitere dreihundert von ihnen in einem Schutzgebiet, und im belgischen Garamba-Park damals etwa fünfhundert. Von dieser friedfertigen Tierart, die noch zu Zeiten unserer Großväter zu Hunderttausenden in weiten Teilen Afrikas lebte, grasten also jetzt im ganzen Erdteil noch ganze 2500.

Die ganze Gegend sprach hier noch von einem Erlebnis, das der Kommandant der Elefanten-Zähmungsstation, Herr Lefebvre, vor ein paar Wochen nachts auf der Landstraße gehabt hatte. Er war mit seinem Adjutanten im Personenauto auf dem Heimweg, als sie im Scheinwerferkegel dicht an der Straße zwei Weiße Nashörner sahen. Der Kommandant hielt sofort den Wagen an, als die Nashörner auch schon die Köpfe senkten, was sonst durchaus nicht ihre Art ist. Zum Glück hatte der Wagen auch hinten starke Scheinwerfer, so daß der erschreckte Autofahrer sie nur einzuschalten und mit Vollgas zurückzufahren brauchte — er hätte es bestimmt nicht geschafft umzudrehen. So entzog er sich den Nashörnern im 30-Kilometer-Tempo immer wieder ohne größere Schwierigkeit, obwohl sie zeitweise bis auf zwei Meter herankamen. Doch wenn er anhielt und das Licht ausschaltete, weil er glaubte, sie hätten die Jagd aufgegeben, dann griffen sie von neuem an. Im ganzen haben sie ihn fast sechs Kilometer verfolgt, von Straßenkilometer 971 bis 977.

In unserem Auto waren unwahrscheinlich viele Dinge entzwei, Teile, von deren Vorhandensein oder Notwendigkeit man für gewöhnlich gar nichts ahnt. Der Anlasser war so gut wie hin, der Verteiler nicht mehr zu reparieren, es mußte ein neuer eingebaut werden. Einen Ersatzzylinder für diese Marke hier zu besorgen, war ganz ausgeschlossen. Der Garagenbesitzer zeigte uns einen zweiten Wagen unseres Typs; er stand schon seit vier Monaten auf dem Hof, weil die telegrafisch bestellten Ersatzteile nicht eintrafen. Dieser Herr fand sich nur bereit, unseren Zylinder zu schweißen, und er sagte gleich dazu, daß die Schweißstelle vielleicht 5000 Kilometer, vielleicht aber auch nur zweihundert halten würde. Beides erwies sich nachher als nicht richtig: sie ging nach fünf Kilometern wieder entzwei.

Da die Flickerei ein paar Tage dauern sollte, lieh er uns einen Wagen mit Fahrer. Es war etwas beunruhigend, daß ich in einem langen französischen Text nach seinem Diktat versichern mußte, gegen ihn als Fahrzeughalter keine Haftansprüche zu stellen. Außerdem mußte ich ihm genau sagen, an welchem Tag und zu welcher Stunde ich spätestens zurück sein wollte. Wären wir dann nicht wieder da, so würde er ein anderes Auto ausschicken, um uns zu suchen...

Natürlich hatte der brave Mann behauptet, wir hätten uns mit unserem blauen International übers Ohr hauen lassen. Sein Wagen aber hatte noch merkwürdigere Eigenschaften. Wenn der schwarze Fahrer das Steuerrad nach links einschlug, hupte er, und zwar so lange, bis er wieder geradeaus fuhr. Das war zunächst recht erheiternd, auf die Dauer aber machte es kribbelig. Der Fahrer bemühte sich, die geheimnisvolle Verbindung zwischen Lenker und Hupe abzustellen, doch dies mißlang.

Im Gegenteil, die Hupe hörte jetzt überhaupt nicht mehr auf. So schraubte er das Kabel, welches zu ihr führte, kurz entschlossen ganz ab. Ein Mann auf dem Fahrrad, dem wir uns auf diese Weise ohne Warnlaut von hinten näherten, erschrak so, daß er wie wild einen Abhang hinunterfuhr und wohl fünf Meter weit in einer Art Hechtsprung über die Lenkstange schoß. Ein Bild, bei dem sich Hubert und der schwarze Fahrer kranklachten, obwohl der Mann kaum wieder aufstehen konnte.

Der Deckel des Benzintanks fehlte an diesem Auto. Statt dessen war ein Knäuel Packpapier als Verschluß hineingeklemmt, was den Fahrer nicht hinderte, dicht dabei zu rauchen. Als wir den Auspuff verloren, suchte er vergeblich nach einem Stück Draht oder Schnur, klappte dann einfach die Motorhaube auf, lieh sich von mir das Taschenmesser aus, schnitt kurz entschlossen eines der vielen Kabel heraus und band damit den Auspuff wieder fest. Dem Auto machte das fehlende Kabel im Motor nichts aus, es lief trotzdem weiter. Ich hatte schon immer vermutet, daß manches in seinem Innern doch überflüssig war.

Die Einfahrt zum Garamba-Park bog ganz unauffällig von der Straße ab, ohne jedes Schild. Neugierige sollten gar nicht verlockt werden, in die fünf Kilometer lange Seitenstraße einzubiegen und zum Hause des Konservators zu fahren. Das war eine moderne, geräumige Villa, die erst seit zwei Jahren stand. Der Ort hieß nach der Sprache der Asandeh »Nagero«, das ist »Mutter der Gerobäume«, großer, schattiger Bäume, die hier eine Quelle beschatten. Ein schöner Bau, der dem Landhaus des Konservators gegenüberlag, beherbergte ein regelrechtes Museum: alle Tiere der Umgebung, Vögel, Eidechsen, Mäuse, Hamster waren da ausgestopft, beileibe nicht für Besucher, sondern für die schwarzen Wildhüter. Wollte man ihnen eine Anweisung geben, dies oder jenes Tier zu fangen oder zu beobachten, gab es immer wieder Zweifel, welches Tier gemeint war. Wenn man es aber ausgestopft zeigte, war alles klar.

Der Konservator war schon seit Stunden im Schutzgebiet. Seine schwarzen Angestellten richteten uns aus, daß wir nachkommen sollten. So setzten wir auf einer Fähre über den Dungufluß. Sie schwamm auf leeren Benzintonnen — wieder eine neue Verwendung für diese Tonnen. Sie sind geradezu ein unentbehrliches Bau- und Konstruktionsmaterial in Afrika. Aufgeschnitten dienen sie zum Decken von Dächern und zu jedem Zweck, zu dem man Eisenbleche brauchen kann. Mit Zement ausgegossen, sind sie Teile dicker Säulen, an beiden Enden mit Haut überspannt riesige Trommeln zum Herbeirufen schwarzer Arbeiter. Sie sind Öfen, Wasserbehälter, Blumenkübel, Röhren, um Brücken über Chausseegräben zu bauen — einfach alles.

Der Garamba-Park war in einer Richtung 120 Kilometer lang, davon konnte man die ersten vierzig Kilometer leidlich gut auf einer Spur fahren, weil der Konservator sie jeden Tag mindestens einmal benutzte.

Der schwarze Wildhüter, der uns begleitete, legte die Hand auf meinen Unterarm. Wir hielten ganz sacht an. Von rechts kamen vier Giraffen herangaloppiert, die neugierig das Auto besehen wollten. Sie blieben in etwa achtzig Metern Entfernung stehen. Michael und ich waren bis dahin nur in West-Afrika, in Guinea, der Elfenbeinküste und Obervolta gewesen. Das waren die ersten freilebenden Giraffen, die wir in unserem Leben sahen.

In diesem Augenblick mußte ich doch den Atem anhalten, mein Herz schlug höher. Ich sah seitlich nach hinten, und siehe da, mitten im Gras stand eine ganze Schar von Kuhantilopen, diesen merkwürdigen Gestalten mit den unwahrscheinlich langen Köpfen und den komisch wirkenden Hörnern. Sie sind am neugierigsten von allen, anscheinend haben sie überall Wachtposten, und sie weichen viel später als die anderen Tiere zurück, wenn man sich ihnen nähert. Vorsichtig bewegten wir uns über die holprige Steppe weiter. Vor uns liefen an die zwanzig Perlhühner mit Nakkenkrausen, ohne sich über uns aufzuregen. Ein Warzenschwein-Eber stand mit hochaufgerichtetem Schwanz seitwärts der Straße und beäugte uns lange, bis er verschwand. Hundert Meter weiter trafen wir die Sau inmitten einer Schar halbwüchsiger Kinder. Warzenschweine wirken nur so unschön, wenn man ihren seltsamen Kopf aus der Nähe besieht. Hier, aus der Entfernung, fiel mir ihre schlanke, hochgestellte, fast antilopenartige Gestalt auf. Weil sie als »schädliche« Tiere fast überall unbegrenzt gejagt werden dürfen und weil sie dazu als Tagtiere leben, sind sie recht scheu. Immer kann man sich aber darauf auch nicht verlassen. In Uganda traf im letzten Jahre ein Wildaufseher auf eine Warzenschweinfamilie. Vater und Mutter verschwanden im Gebüsch — die Jungen aber blieben einfach platt und »leblos« im Gras liegen. Der Mann nahm einen der drei Frischlinge auf, doch sofort zappelte dieser und quiekte schrill, worauf die Mutter schnaubend aus der Deckung angerannt kam, der Aufseher das Junge fallen ließ, die Schweinekinder mit ihren Eltern in einer Richtung das Weite suchten — und der Aufseher in der anderen. Unsere Warzenschweine im Zoo waren auch nicht gerade liebenswürdig. Als ihr Wärter Urlaub hatte, banden seine Vertreter lange Drähte an die Türen, um sie von außen zuzuziehen, und machten dann mit Bretterschildern und Besen schüchterne Vorstöße ins Gehege, um die Schweine für die Nacht in den Stall zu treiben. Die Warzenschweine wiesen alle diese Angriffe mit sichtlicher Begeisterung und erhobenen Schwänzchen mühelos zurück. Ich war recht beeindruckt, als der zurückgekehrte alte Wärter ganz selbstverständlich zu ihnen in den Auslauf ging, sie mit vorwurfsvollen Reden vor sich hertrieb und ihnen dabei auch noch Klapse auf den Hintern gab.

In der Ferne standen Elefanten. Nach zehn Kilometern wieder eine Überraschung. Mitten auf dem Weg saß ein kleiner Löwe und sah uns verwundert an. Wir hielten und entdeckten fünf Meter neben uns eine Löwenmutter mit drei weiteren Kindern. Sie kamen interessiert fast bis an den Kühler. Ich hatte schon die Rollei schießfertig umgehängt und glitt seitwärts aus dem Wagen heraus, um schnell zu knipsen. Aber die Löwin wich zurück und ging hinter niedrigen Büschen in Deckung, so daß ich immer nur ein Ohr oder ein Auge sah. Der Löwenvater saß ein Ende weiter und sah mir interessiert zu. Erst als ich wieder im Auto saß, wurde mir klar, wie leichtsinnig ich eben gewesen war. Wenn man täglich zu Hause mit Raubkatzen umgeht und sie so zahm sind, daß man sie streicheln kann, dann bildet man sich unwillkürlich ein, daß man alle so behandeln kann.

Tief im Park trafen wir den Konservator.

Direktor eines Zoologischen Gartens zu sein ist gewiß ein schöner Beruf. Aber sicher würde kein Konservator mit mir tauschen. Er ist allein in seinem Riesenreich mit fünfhundert Weißen Nashörnern und dreitausend Elefanten. Keine Besucherscharen laufen darin herum, die jedes Tier streicheln oder ihm Zuckerstückchen geben möchten, aufregend törichte Fragen stellen und überall leere Zigarettenpackungen und Butterbrotpapier um sich streuen. So ein Konservator wie hier im Garamba-Park ist etwas Ähnliches wie ein Erzengel Gabriel, der mit flammendem Schwert am Tor des Parkes steht und seine friedlichen Insassen verteidigt.

Zu uns war dieser »Engel« sehr freundlich. Gleich neben dem Weg zeigte er mir ein »Cabinet de Rhino«. Ich erfaßte nicht gleich, was das heißen sollte, aber in diesem Fall mußte man Cabinet wörtlich mit »Örtchen« übersetzen, das Ganze war ein »Nashornklosett«. Nashörner haben es nämlich an sich, ihren Kot gern immer wieder auf demselben Platz abzusetzen, und sie verstreuen ihn dort auch noch mit ihrem Horn. Sicherlich dient das dazu, ihr Revier zu kennzeichnen, also jedem Fremdling zu zeigen, daß dieses Stück Land bereits einem Nashorn gehört.

Die Schwarzen allerdings haben eine andere Erklärung dafür. Als nämlich Gott die Tiere schuf, gab er dem Nashorn eine Nähnadel und den Auftrag, sich selbst die Haut passend an den Körper zu nähen. Das Rhinozeros ließ die Nadel fallen und fand sie nicht wieder, weswegen es sich mühsam mit einem durchlöcherten Dorn abquälen mußte. Als ihm das gar zu bunt wurde, kam es auf den Gedanken, daß es die Nadel vielleicht verschluckt haben könnte, während es sie beim Stopfen im Mund gehalten hatte. Deswegen breitet das Nashorn heute noch jedesmal seinen Kot auseinander und stochert mit dem Horn darin herum.

Auf dem Autoweg waren auch Weiße Nashörner marschiert. Man sah sehr schön ihre Fußtapfen und dazwischen bogenförmige Schleifspuren. Niemand hat bisher herausfinden können, womit die Rhinozerosse diese Kratzer machen — wahrscheinlich wohl mit den Füßen. Sicher jedenfalls nicht mit dem Horn, wie man oft erzählt hat, denn dann müßten sie den Kopf ganz unnatürlich nach unten gebogen tragen. Es erübrigt sich fast zu betonen, daß die Weißen Nashörner nicht weiß sind, sondern genauso grau wie die »Schwarzen« Nashörner. Es wird wohl nie geklärt werden, wie sie zu diesem merkwürdigen Namen kamen. Vielleicht hat der Bure, der ihnen einstmals diesen Namen anhängte, zufällig zum erstenmal welche getroffen, die sich im hellen Lehm gewälzt hatten. Besser sagt man zu dem Schwarzen Nashorn »Spitzlippen-Nashorn«, weil es an der Oberlippe eine Art Greiffinger hat, und zu unserem »Weißen Nashorn« Breitlippen-Nashorn.

Der Konservator zog mich etwas beiseite und fragte mich, ob unser Begleiter ein »intellektueller Schwarzer« wäre. Erst dadurch fiel mir auf, wie sich unser Boy Hubert heute zurechtgemacht hatte: schneeweißes Hemd, braune, neue Halbschuhe,

Seite 91: Es stimmt nicht, daß die Zwergmenschen mit Bildern nichts anzufangen wüßten. Sie erkannten die Tiere, und sogar mich selbst, in einem meiner Bücher.

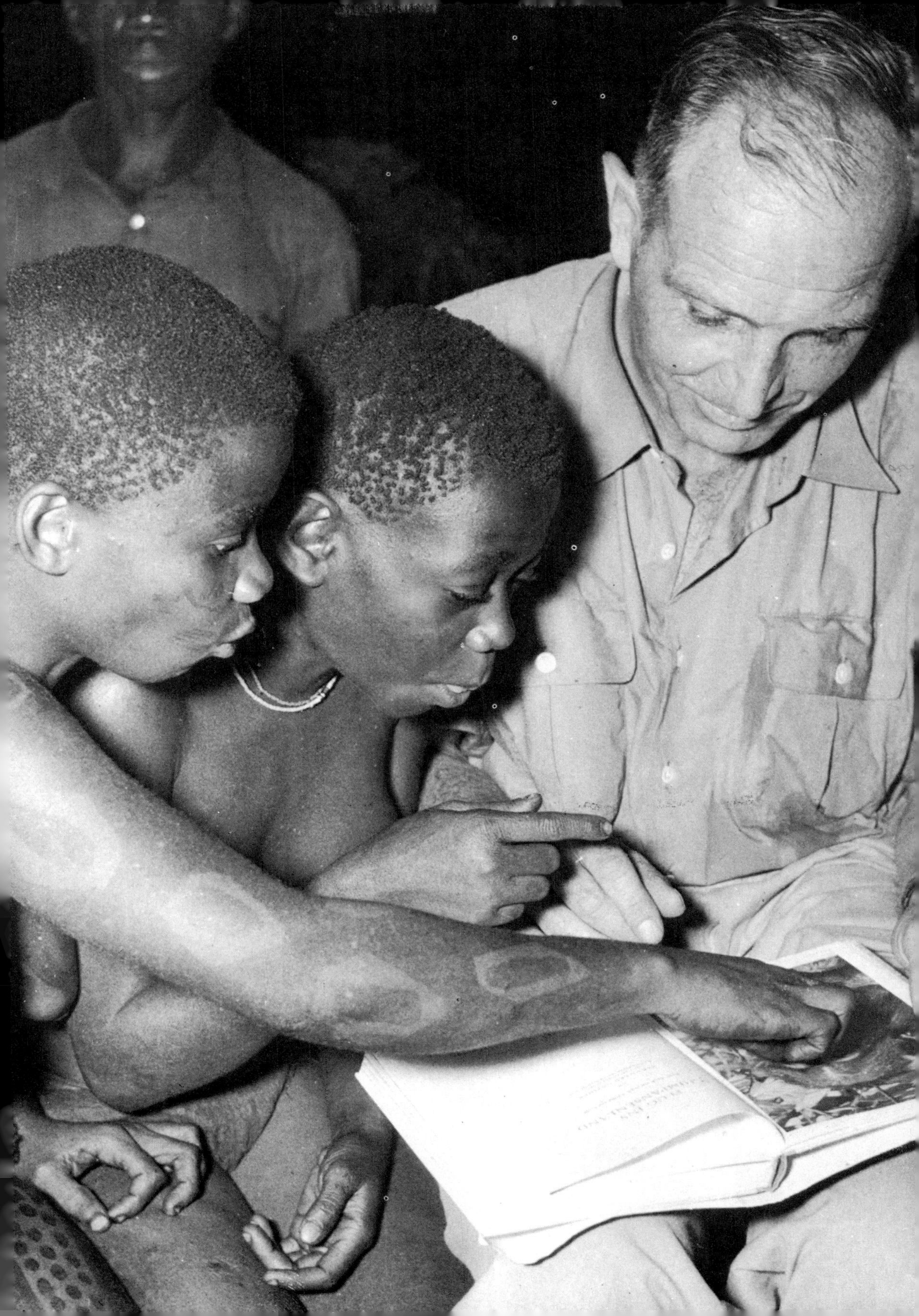

lange braune Hosen, blaue Brille, Hut — er sieht geradezu vornehm aus. Kürzlich kaufte er sich zwei Büchsen Ölsardinen, ließ sich diese aber von einem Boy des Kaufladens auf der Straße hinterhertragen. Er trat überhaupt sehr überlegen auf und verteilte an andere großzügig Trinkgelder. Das sind zum Beispiel die leeren Aluminiumdosen von den Adoxfilmen. Er hob alle solche Dinge auf, die wir als wertlos wegwarfen, und machte wirklich in entlegenen Gegenden einfache Gemüter damit glücklich. Übertrieben »intellektuell« war er aber auch wieder nicht. Wenn ich ihn fragte, wie alt er ist, dann meinte er »vielleicht fünfzig, vielleicht zwanzig«, und er wußte auch nicht, wie lange er verheiratet war.

Der Konservator beschäftigte dreißig schwarze Wildhüter, die das Riesengebiet immer wieder ablaufen mußten. In den letzten sieben Jahren war kein einziger von ihnen durch Schlangenbisse umgekommen, obwohl sie alle barfuß oder doch wenigstens mit nackten Beinen Tag für Tag im Gebüsch herumlaufen. Niemals hatte eines der Nashörner angegriffen, man konnte um sie herumgehen und sich ihnen auch nähern. Dagegen waren drei dieser Buschläufer von wilden Elefanten getötet und zwei schwer verletzt worden. Besonders jetzt in der Regenzeit, sobald das Gras mehrere Meter hoch gewachsen war, waren Elefanten und Menschen oft sehr überrascht, wenn sie einander trafen. Elefanten greifen dann gern an. Saß man im Auto, so brauchte man nur Gas zu geben und war schnell entkommen. War man aber zu Fuß, so half Flucht nichts.

Einem Tier kann nichts Schlimmeres passieren, als daß der menschliche Aberglaube sich an es heftet. So sind die Steinböcke in der Schweiz überall trotz strenger Schutzgesetze ausgerottet worden, die man schon vor vierhundert Jahren für sie erlassen hatte. Die Quacksalber behaupteten, daß Steinbocknieren gegen menschliche Nierensteine halfen, weil ja der Steinbock immer auf Steinen herumläuft! Murmeltiere wurden vernichtet, weil ihr Fett gegen Tuberkulose wirken sollte, und ähnlich ging es den Saigaantilopen in Osteuropa. Den Nashorn-Hörnern sagt man nach, daß sie jedes Gift aufschäumen lassen. Wer also Angst hat, umgebracht zu werden, braucht nur einen Trinkbecher zu benutzen, der aus dem Horn eines Nashornes geschnitzt ist. Noch schlimmer aber ist es, daß die chinesischen Apotheken das Nashorn-Horn als Liebesanregungsmittel preisen. Alternde chinesische Mandarine schneiden hauchdünne Scheiben davon und brühen sie im heißen Tee auf. Diesem Unsinn sind schon fast alle asiatischen Nashörner zum Opfer gefallen. Es steht uns Europäern keineswegs zu, über solchen Aberglauben erhaben zu lächeln, denn erst vor zwei Jahren schworen bei uns viele Leute auf leicht angebrütete »Tropon-Eier« als Heilmittel gegen alle Gebrechen, und andere lassen ihre Leiden mit Wünschelruten und

Seite 92 oben: Jede Beute, auch dieses gefangene Krokodil, wird zwischen allen Angehörigen der Zwergmenschen-Sippe brüderlich geteilt.

Seite 92 unten: Wegen der Krokodile sind die Zwerge beim Baden sehr vorsichtig; sie halten sich nur in bestimmten Buchten auf.

Augendiagnosen ermitteln. Rhinohörner werden auch aus Afrika im großen Umfange nach Ostasien ausgeführt, und weiße Jäger waren sich nicht zu gut dafür, um des hohen Preises der Nasenhörner willen viele dieser riesigen Tiere für den ostasiatischen Aberglauben niederzuknallen. Wo so hohe Preise locken, helfen keine Schutzgesetze, und die besonders gefährdeten asiatischen Nashornarten könnten wohl nur dadurch erhalten werden, daß man den Aberglauben durch einen Aufklärungsfeldzug lächerlich macht. Bricht einem Nashorn, etwa im Kampf mit einem Artgenossen, ein Horn ab, so gibt es nur eine schwach blutende Wundstelle auf der Nase. In rund einem Jahr wächst dann ein neues Horn. Die Nasenhörner sitzen nämlich nicht etwa wie die Hörner einer Kuh oder einer Ziege als Hornscheide über einem langen Knochenzapfen, sondern sie sind einfach Verdickungen der Haut, gewissermaßen eng zusammengewachsene, fest miteinander verbundene Haare. Bei unseren freundlichen, großen Nashörnern im Frankfurter Zoo kann man leicht feststellen, daß so ein Nasenhorn auf der Unterlage leicht verschiebbar ist und ein wenig wackelt.

Rhinozerosse sind in Jägerbüchern meistens als besonders gefährliche Bestien geschildert. Man ist immer wieder entwaffnet, mit welch kindlicher Entrüstung einem Tier übelgenommen wird, daß es sich nicht widerspruchslos totschießen läßt, sondern nach Möglichkeit den Spieß umkehrt. Es ist dann »tückisch, hinterhältig, eine niederträchtige Bestie, stupide, boshaft« und ähnliches, wie in Großwildjäger-Memorien nachzulesen ist. Würde es wie ein Reh oder ein Hirsch auch schwer verwundet nur immer weglaufen, dann wäre es »ein edles Wild«.

Tiere, deren Vorfahren sich Jahrmillionen lang vor niemandem zu fürchten brauchten, ändern ihre angeborenen Triebe nicht innerhalb eines Jahrhunderts, weil wir Menschen inzwischen Feuerwaffen erfunden haben. Nashörner haben einen festen Schlaf, sie brauchen nicht besonders wachsam zu sein. Wenn die vermutlich kurzsichtigen Tiere sich gestört glauben, dann schnauben sie laut, stampfen mit den Beinen auf und machen Erkundigungsvorstöße, um den vermeintlichen Feind zu verjagen oder kennenzulernen. Es gibt besonders mutige Schreiber, die behaupten, man sollte die Kolosse ruhig auf sich zusausen lassen und dann im letzten Augenblick einen Schritt beiseite treten wie die Stierkämpfer. Tatsächlich sind die meisten dieser Angriffe nicht ernst gemeint. So ist zum Beispiel im Jahre 1951 im Hluhluwe-Schutzgebiet Südafrikas ein berühmter alter Nashornbulle gestorben, der ausgerechnet den Namen Mathilde führte. Er wai wohl das meistfotografierte Wildtier der Welt. Wenn ihm die zahlreichen Touristen mit ihren Kameras gar zu sehr aufs Fell rückten, dann nahm er sie plötzlich an und jagte sie in wilde Flucht. Noch niemals aber hatte er seit 1922 einen davon verletzt. Oskar Koenig dagegen erzählt von einem anderen, der innerhalb weniger Tage drei Personenautos und zwei Lastautos auf der Straße umwarf. Das Tier stand geradezu an der Route und wartete auf das nächste Opfer. Es schlug auch zwei Hütten völlig zusammen und verletzte einen Mann und dessen Frau schwer. Koenig gestand dem empörten Konservator, der das Tier dann endlich schoß, auch ein, wer es ein paar Tage vorher am Hinterschenkel verwundet hatte:

nämlich er selbst. Der Bulle hatte am Wege gestanden, die Durchfahrt versperrt und sich weder durch Geschrei, Knallen noch durch ohrenbetäubenden Lärm mit Kochtöpfen und Topfdeckeln dazu bewegen lassen, die Straße freizugeben. So hatte ihm Koenig dann, was er gleich hinterher sehr bereute, einen »Denkzettel« gegeben. Das erschrockene und empörte Nashorn hatte nun, was verständlich ist, dieses merkwürdige neue, benzinstinkende vierbeinige Tier mit dem kurzen Kühlerkopf und den großen Scheinwerferaugen künftig böse angenommen, wie das ja auch richtig gegenüber solchen fremden Nashörnern ist, die es arglistig in den Hintern beißen.

Nashörner sind Neuerungen sehr oft abhold. Im Hluhluwe-Schutzgebiet kam eines immer ausgerechnet in den Garten des Konservators und vernichtete sorgfältig alle ausländischen Zierpflanzen wie etwa Oleander und Dahlien. Die einheimischen Pflanzen ließ es unberührt. Auch neue Zaunpfähle werden von Nashörnern oft mühsam mit den Hörnern aus der Erde geholt und manchmal fünfzig Meter weit wegbefördert.

Eines Tages ging eine große Nashornkuh dem Auto des Wildhüters entgegen, schob ihren Kopf unter den Vorderteil und hob das Gefährt an, ganz offensichtlich ohne besonders böse Absicht, mehr aus Spiel. Der Wildhüter stieg mit beachtlichem Mut und Geistesgegenwart aus dem Wagen und schlug das Rhinozeros mit seinem Gürtel, an dem zwei Handschellen hingen, über den Kopf. Ganz überrascht über diesen Angriff wich das Nashorn zurück und wurde dazu noch weiter dadurch angetrieben, daß ihm der Wildhüter seinen Gürtel nachwarf, der ihm über dem Horn hängenblieb. Es lief eine lange Strecke mit den Handschellen an seinen Hörnern davon. Das Auto war übrigens in keiner Weise beschädigt worden.

Die seltenen Breitlippen-Nashörner galten noch um 1950 als unerreichbar für Zoologische Gärten. 1947 fand man aber bei einer toten Nashornkuh ein Kalb, es griff wütend die Geier an, die seiner toten Mutter immer näherrückten. Man fing dieses Tier ein und brachte es in den Zoologischen Garten von Pretoria. Es wurde sehr zahm. Es war ein großer Glücksfall, daß kurze Zeit danach wieder ein verwaistes Breitlippen-Nashornkalb aufgefunden wurde, welches sogar im Geschlecht paßte. Die Beförderung allerdings war schwierig. Um das kleine Rhinozeros auf der weiten Fahrt zu ernähren, die zeitweise über rauhe Gebirgsgegenden mit Frost führte, nahmen die Zooleute eine Milchkuh mit. Der Findling wurde aus einer Gegend geholt, deren Rinder stark verseucht sind, weswegen die Veterinärpolizei niemals eine Kuh aus diesem Bezirk herausläßt. Die Milchkuh mußte also an der Grenze getötet werden. Erst in den vierziger Jahren ist zum erstenmal ein Paar Breitlippen-Nashörner lebend aus Afrika herausgekommen, und zwar in den Zoo von Antwerpen. Sie stammten nicht aus dem Belgischen Kongo, wie man hätte annehmen können, sondern aus dem englischen Sudan. Die beiden Tiere haben damals einschließlich Transport etwa 80 000 Mark gekostet. Nashörner haben in Zoologischen Gärten bisher nur selten gezüchtet werden können, in Europa zum erstenmal bei uns im Frankfurter Zoo, und zwar Spitzlippen-Nashörner.

VII

MENSCHENFRESSERLAND

Wie sich ein Land im Laufe eines Menschenalters verändern kann! Als der erste Europäer, Georg Schweinfurth, 1869 in die Gegend kam, in der wir jetzt reisen, war mein eigener Vater ein Junge von dreizehn Jahren. Über seine oberschlesische Heimat ist inzwischen eine Völkerwanderung hingegangen; es wohnen heute andere Menschen dort. Unter dem Balken in der Halle unseres Gutshauses, der den Namen meines Urahnen und die Jahreszahl 1730 trägt, wird heute eine andere Sprache gesprochen. Aber ich glaube, daß dieses Land hier am Oberen Uele sich in der gleichen Zeit noch mehr verändert hat, obwohl noch immer die Kinder der gleichen Asandeh hier wohnen.

Ein Maiskolben, eine Hühnerfeder und ein Pfeil waren so, daß man sie nicht übersehen konnte, über dem Fußpfad aufgehängt, auf dem die Karawane damals nach Süden vordrang. Das war nicht mißzuverstehen: Wenn ihr in unserem Lande auch nur einen Maiskolben umbrecht oder ein Huhn tötet, dann werdet ihr durch unsere Pfeile sterben! Fast genau die gleiche Warnung hatte schon der große Perserkönig Darius vor über zweitausend Jahren vorgefunden, als er in das Land der Skythen eindrang. Schweinfurth hatte sich im türkischen Sudan einem Elfenbein-

Seite 97: Der Serval (Leptailurus serval) zählt schon zu den mittelgroßen Katzen. Er ist aber ans Wasser gebunden und benötigt in seinem Eigenbezirk Wasserstellen oder Flußläufe. Die Weibchen sind bis zum vierzehnten Lebensjahr fruchtbar.

Seite 98: Hier hat ein Bambuti einen Potto gefangen, einen Halbaffen mit faultierartig langsamen Bewegungen.

Seite 99 oben: Die Zwerge tragen unser Gepäck auf schmalen Waldpfaden bis zu ihrem Lager.

Seite 99 unten: Wenn sie ein Tier fangen, schlagen sie es leider immer gleich tot.

händler angeschlossen, der mit einem Heerzug nubischer Soldaten und schwarzer Träger bis an die Grenze der damals bekannten Welt nach Süden in das Innere Afrikas vordrang, um mit den »Niam-Niam«, den »Vielfressern« oder »Menschenfressern«, wie die Asandeh von ihren Nachbarn benannt wurden, Handel zu treiben. Schon im Sudan wurden über dieses Volk, das an der Wasserscheide zwischen Nil und Kongo lebt, schaurige Dinge erzählt: sie sollten Halbteufel sein, aus der Paarung von Hexen und Kobolden entstanden. Der Araber Mohamed aber hatte in den letzten Jahren mit einem ihrer Fürsten Freundschaft geschlossen und Handel zu treiben begonnen, noch mehr aber mit dem König der Mangbetu, einem noch weiter südlich wohnenden, hellhäutigeren Volk, das wohl die höchste Kultur von allen zentralafrikanischen Völkern hatte und zugleich am ausgeprägtesten kannibalisch war. In ihrem Land hatten wir uns vor kurzem mit unserem Lastwagen überschlagen.

Diese Asandeh — Schweinfurth schätzte sie damals, sicherlich zu hoch, auf etwa zwei Millionen Menschen — waren ein Gemisch aus tierischer Wildheit, kriegerischer Entschlossenheit und zutrauenerweckender Offenheit. Der Mund überragte selten die Nasenbreite, der Oberkörper war länger als die Beine, und sie neigten alle etwas zur Fettbildung. Die Haut trug den matten Glanz der Tafelschokolade, und die Männer feilten die Schneidezähne spitz zu, um bei Ringkämpfen besser in die glatten Arme des Gegners beißen zu können. Das trifft alles heute noch zu, nur trugen die Krieger damals die bunten Felle der Leoparden, Servale, Tüpfelhyänen und keine gewebten Stoffe; und sie hatten Halsketten aus Tier- und Menschenzähnen, keine Perlen. Berühmt waren ihre kunstvollen Haartrachten. Eine davon bestand aus einem zylinderförmigen Strohhut mit Federn darauf. Die Haare aber waren unterhalb des Hutrandes in unzählige feine Strähnen geflochten und an einen Reif geknüpft, der in Abstand um den Kopf herumging. So entstand eine Art Heiligenschein oder eine Hutkrempe — und die ganze Pracht wurde aus Trauer um einen guten Freund rücksichtslos abgeschnitten!

Die Asandeh warfen mit bumerangartigen Eisen, eigentümlichen Gebilden, die wie Blattgerank oder Arabesken aussahen. Sie konnten schon vor achtzig Jahren, und sicher schon seit altersher, ein schönes, klares, rotbraunes Bier brauen, während

Seite 100 oben: Der Gepard erreicht mühelos Geschwindigkeiten von 75 km/h; in Florida wurden auf einer Rennbahn bei dressierten Geparden bis zu 90 km/h gemessen. Die Höchstgeschwindigkeit dürfte bei 100–110 km/h liegen; der Gepard hält sie allerdings nur über Strecken bis fünfhundert Meter durch. Ursprünglich war der Gepard über ganz Afrika mit Ausnahme des Kernes der Sahara und des Regenwaldes verbreitet. In Indien, Pakistan und Vorderasien, wo er auch vorkam, ist er heute bereits ausgerottet, ebenso in großen Teilen Afrikas.

Seite 100 unten: Werden Flußpferde erschreckt, so laufen sie meistens schnell dem Wasser zu. Dann zwischen ihnen und dem Wasser zu sein, bedeutet Lebensgefahr.

die gegorenen Getreidegetränke anderer afrikanischer Völker nicht viel besser als gesäuerter Kleister schmecken. Jede Familie hat drei Kornspeicher, und davon enthalten nur zwei das zur Mehlkost erforderliche Korn, während der dritte mit gemalztem Korn angefüllt ist. »Man darf die Asandeh getrost als ein Volk von Menschenfressern bezeichnen, und sie sind es ganz und ohne Scheu, um jeden Preis und unter jeder Bedingung. Diese Menschenfresser rühmen sich selbst vor aller Welt ihrer wilden Gier, tragen die Zähne der von ihnen Verspeisten auf Schnüre gereiht wie Glasperlen am Halse und schmücken die ursprünglich nur zum Aufhängen von Jagdtrophäen bestimmten Pfähle bei den Wohnungen mit Schädeln ihrer Opfer«, berichtete Schweinfurth. Ganz allgemein wird das Fett von Menschen verwertet. Größeren Mengen davon schreiben die Asandeh eine berauschende Wirkung zu. Verspeist werden im Krieg Leute jeden Alters, ferner Menschen, die eines plötzlichen Todes sterben und keinen Anhang zurücklassen. »Es ist dies jene Klasse von Menschen, die bei uns der Anatomie verfallen.« Manche Häuptlinge allerdings verabscheuten auch damals schon den Genuß von Menschenfleisch.

Diese Häuptlinge hatten ein ungemein herausforderndes und einschüchterndes Auftreten. Sie unterhielten Hunderte, in manchen Fällen Tausende von Frauen, hatten ganze Lagerhäuser voll Kupfer, Schmuck, Fellen, Tanzmasken und verzierten Waffen für ihre Leibtruppe. Einige litten an Wutanfällen oder täuschten absichtlich solche vor, griffen willkürlich aus der Menge Opfer heraus, denen sie mit einer Hand die Schlinge um den Hals warfen und ihnen alsdann mit dem hakigen Säbelmesser einen tödlichen Hieb in den Nacken versetzten. So bewiesen sie dem Volk ihre Macht über Leben und Tod und verbreiteten Furcht und Schrecken in ihrer Umgebung. Sie zogen die Hälfte allen Fleisches von der Jagd ein und wurden durch den Verkauf von Sklaven reich, die aus den unterworfenen Völkern stammten. Allerdings bekamen die Eltern der verkauften Kinder die Hälfte des Erlöses. Diese Fürsten führten ihre Krieger, die mit zackigen Lanzen, bunten Fellen um die Hüften, Zöpfen im geflochtenen Haar und den bemalten Schildern wild genug aussahen, selbst in den Kampf. Die Häuptlinge kämpften jedoch kaum jemals selber, sondern verfolgten von einem hohen Hügel oder einem Termitenbau aus aufgeregt die Schlacht und brachten sich rechtzeitig mit ihren Frauen irgendwo in Sicherheit, wenn die Sache schiefging. Das Fleisch der Gefallenen wurde auf dem Schlachtfeld gedörrt. Vom König Munsa, bei dem Schweinfurth und Mohamed lange Zeit zu Gast waren, hieß es, daß er täglich kleine Kinder äße, die in den Sklavenfamilien ausgesucht wurden. Schweinfurth kam selbst dazu, wie drei Weiber die untere Hälfte eines Menschenkörpers im kochenden Wasser brühten, wodurch die schwarze Farbe sich in Grau verwandelt hatte. Sie schabten die Haare ab. Ein anderes Mal fand er einen Menschenarm zum Räuchern über dem Feuer hängen.

Die Asandeh grüßten sich, wenn sie sich untereinander trafen, durch Aufheben der Hand, eine Grußart, die vom Mittelmeer an nach Süden hin verbreitet ist und in unseren Tagen als römischer und später als Hitlergruß noch politisch bedeutsam geworden ist. Heute grüßen hier übrigens viele Asandeh stramm militärisch, indem sie die

Hand an den Kopf anlegen. So wurde das von den Belgiern bei den soldatenähnlich gedrillten Elefantenjägern eingeführt, und die anderen haben diesen kriegerischen Gruß mit Vergnügen übernommen.

Die Asandehfrauen waren ihren Männern sehr treu, Untreue wurde mit dem Tode bestraft. Kinderlose Frauen ergriffen als »Nsangah« einen Beruf, den es offenbar bei allen Völkern und in allen Kulturstaaten gegeben hat. Die Asandeh hingen mit großer Liebe an ihren Frauen. Als die Schweinfurth-Expedition sich für einen Überfall rächte und dabei auch ein paar Frauen fing, schallte der Wald ständig wider von klagenden Rufen der zugehörigen Männer, welche die Namen der Geraubten ausstießen.

Um so zudringlicher waren die Frauen der südlicher wohnenden Mangbetu. In der ganzen Gegend hatte sich die Wundermär von den Schuhen herumgesprochen, die Schweinfurth an den Füßen trug. Die Leute glaubten, er habe Bocksfüße und die Lederdinger seien mit seinen Beinen verwachsen. Er hätte ständig die Schuhe ausziehen und seine Brust entblößen müssen, um zu zeigen, wie weiß er am ganzen Körper war. Wenn er das Hemd öffnete, brach die Menge in Ausrufe des Erstaunens aus. Sein Haupthaar wurde immer wieder mit dem eines Ziegenbockes verglichen. Da Schweinfurth die Sache allmählich über hatte und sich weigerte, künftig seine Schuhe auszuziehen, bekam das Gerücht, sie seien wie die Hufe eines Zebras angewachsen, erneut neue Nahrung. Diese Neugier war ihm furchtbar lästig. Wo er hinging, folgten ihm etwa hundert Frauen, die auch unmißverständlich zudringlich wurden. Wenn er auf einem Spaziergang ein Gehöft oder ein kleines Dorf passierte, wuchs sein Gefolge an. Warf er einige Worte, die er von ihrer Sprache aufgeschnappt hatte, unter die Menge, so wurden sie wie eine Parole mit Begeisterung von Mund zu Mund getragen. Selbst schwierige deutsche Worte gab er ihnen zum besten und ergötzte sich daran, wie gewissenhaft sie diese zungenbrechenden Laute viertelstundenlang einhellig nachsprachen. Wenn er badete, waren alle Gebüsche im Umkreis von schaulustigen Mangbetufrauen besetzt, die ihn nackt bewundern wollten.

Seine Zeichenkünste verblüfften diese Schwarzen, weil sie keine Bilder kannten. Selbst dem König, der etwas Neroisches, Grausames, einen Zug von Überdruß und Übersättigung im Gesicht trug, entfuhren Ausrufe des Erstaunens, als er zum erstenmal sein gezeichnetes Bild sah. Dieser König benutzte geflochtene Holzgebäude von der Größe einer Bahnhofshalle, etwa fünfzig Meter lang, zwölf Meter hoch und gegen zwanzig Meter breit. Die Möbel in seinen Schlafzimmern waren bunt bemalt in den drei einzigen Farben, welche die Mangbetu kannten: Schwarzrot aus Blut, Gelb von Eisenocker und Weiß von Hundekot.

Dieser König, namens Munsa, der übrigens ein paar Jahre später ermordet wurde, wollte durchaus einen der beiden Hunde geschenkt haben, die Schweinfurth aus einer anderen Gegend Afrikas mitgebracht hatte. Sie waren größer als die kleinen Hunde der Mangbetu, welche übrigens ihre Hunde mästeten und mit Leidenschaft aßen. Vergeblich beteuerte Schweinfurth, die Hunde seien ihm ans Herz gewachsen, es wären seine Kinder, um keinen Preis seien sie ihm feil, lieber wollte er ihm die

Haare von seinem Kopf schenken. Es half nichts, König Munsa hatte es sich einmal in seinen Kopf gesetzt, die Hunde müsse er haben, nicht einmal als Leckerbissen, sondern um sie bei sich zu behalten. Täglich schickte der König allerlei absonderliche Geschenke ins Zelt, die jedoch Schweinfurth nicht erweichten. Als aber sogar Sklaven und Sklavinnen vorgeführt wurden, brachten ihn diese auf einen neuen Gedanken. Er beschloß nachzugeben und dafür einen Pygmäen einzutauschen. Er hatte als wohl einer der ersten Europäer hier bei den Mangbetu einige dieser Zwerge aus den noch südlicheren Kongo-Urwäldern angetroffen. Von diesen Zwergen hatten schon die alten Griechen geschrieben, aber man hatte sie immer als Fabelwesen wie die Zentauren und die Satyre angesehen, und auch jetzt glaubte in Europa noch niemand so recht an ihr wirkliches Vorhandensein. Schweinfurth wollte ihn als lebenden Beweis mitbringen. Der König ging auch sofort auf den vorgeschlagenen Tausch ein und schickte ihm zwei Pygmäen für einen der Hunde. Schweinfurth konnte den Trennungsschmerz bei dem einen Zwerg, den er mitnahm, durch reichliches Essen rasch beheben. Er behielt den Kleinen stets bei sich und räumte ihm so viel Vorrechte ein, daß es bald hieß, er sei sein Sohn. Leider starb der junge Mann jedoch in Ägypten noch vor der Rückreise nach Europa.

Die Asandeh töteten damals die Elefanten, indem sie bei ihren Steppenbränden hohe und dichte Bestände von Elefantengras sorgsam verschonten und aussparten. Dort hinein trieben sie dann die Elefantenherden, verwirrten sie durch Geschrei, zündeten das Gebüsch an und töteten die verängstigten und halb verbrannten Tiere. Das Schicksal befragten sie mit Hühnern oder mit dem Orakelhobel. Das ist eine Art winziger Tisch mit einer glatten Oberfläche und ein zweiter, umgekehrter, der darauf gerieben wird. Man tut Wasser zwischen die beiden Holzflächen, drückt sie zusammen und versucht sie hin- und herzuschieben. Wenn sie leicht gleiten, dann ist das ein gutes Zeichen. Kleben sie aber gewissermaßen aneinander fest und sind sie nur schwer oder gar nicht mehr zu verschieben, so bedeutet das Unheil. Ein Huhn, das die Zukunft weissagen soll, bekommt giftige Körner. Erholt es sich davon, dann ist die Sache gut, stirbt es, dann steht sie faul. Noch rascher kann man die Zukunft ermitteln, indem man ein Huhn unter Wasser hält, bis es fast ertrunken ist und sich nicht mehr regt. Sofern es hinterher wieder lebendig wird, steht das Unternehmen günstig. Solcher Aberglaube braucht gerade *uns* nicht komisch vorzukommen — uns, die wir in unseren Zeitungen astrologische Anleitungen abdrucken und nachsehen, ob wir als »Stier« oder »Steinbock« in den nächsten acht Tagen gute Aussichten für Geschäftsunternehmungen oder Flirts haben.

Das Huhn, mit welchem die Asandeh Schweinfurths Aussichten ermitteln wollten, hat ihm übrigens wirklich Glück gebracht. Weil es nämlich am Leben blieb, sahen die Menschenfresser ein, daß sie doch nichts würden gegen ihn ausrichten können. Umgekehrt war das Huhn eines Asandehkönigs, der fast zehntausend Krieger aufbot, um Mohamed und Schweinfurth zu vernichten, zum Glück gestorben. Der König hatte daher Angst, er würde in diesem Feldzug umkommen, und wagte also nie, selbst anzugreifen oder wirklich entscheidend vorzugehen.

Einer der Asandeh-Stämme empfing den Araber Mohamed, einen jungen und mutigen Mann, mit seiner Karawane sehr freundlich. Mohamed hatte, um seine friedlichen Absichten zu bekräftigen, sogar seine Pistole zurückgelassen. Während er gerade verhandelte, hob einer urplötzlich die Lanze und stieß sie ihm mit den Worten in die Seite: »Die Leute von Juru wollen Frieden mit dir, wir aber wollen Krieg!« Im gleichen Augenblick lagen Mohameds kleine Gewehrträger, durchbohrt von Lanzen, die ihnen durch den Rücken gefahren waren, wimmernd auf dem Bauch. Mohamed selbst aber hatte eine Seitenwendung gemacht, die ihm das Leben rettete. Die gewaltige Lanze saß tief in seinem Fleisch, er hatte jedoch augenblicklich nach ihr gegriffen und sogar noch mit kraftvoller Faust die Wurfwaffe auf den fliehenden Attentäter zurückgeschleudert. Das Herausreißen der Lanze, die mit zollangen Widerhaken versehen war, hatte die Wunde um das Doppelte vergrößert. Man konnte die ganze Hand in sie legen, und aus dem klaffenden Fleisch schaute die eine Niere hervor. Zum Glück trug Schweinfurth gerade eine Schachtel mit Insektennadeln bei sich. Er stieß die längsten davon durch die Wundränder, umwickelte sie mit Garn und zog die klaffenden Teile auf diese Weise zusammen. Sie heilten später ohne große Eiterung ziemlich rasch.

Im nächsten Augenblick hatten die Leute Mohameds alle umliegenden Häuser und Dörfer angezündet, griffen die Schwarzen wütend an und brachten ihrem schwerverletzten Führer sechs abgeschnittene Köpfe, um ihn mit dieser Rache zu trösten. Schweinfurth hat diese Köpfe übrigens sorgsam gekocht. Das Fleisch davon, das er aus seiner Hütte warf, wurde von den Hunden gemieden, während sich die Träger aus menschenfressenden Stämmen darum rissen.

Schweinfurth hatte schon vorher bei den Mangbetu und bei anderen Stämmen der Asandeh eine Sammlung von Schädeln zusammengebracht, die frisch aus Kochtöpfen kamen. Die Frauen brachten ihm zweihundert Schädel, denen jedoch meistens die Zähne fehlten. Vierzig davon sind im Anatomischen Museum von Berlin eingereiht worden. Besonders wertvoll war an ihnen, daß die Frauen immer genau angeben konnten, wo sie herstammten, ob die Träger männlich oder weiblich und wie alt sie gewesen waren. In dieser Gegend traf Schweinfurth eines Tages in einem Eingeborenengehöft eine alte Frau damit beschäftigt, Kürbisse zu einer Mahlzeit zu zerschneiden, wobei einige Knaben und Mädchen sie unterstützten. Ihr gegenüber, vor einer anderen Hütte, spielte gleichgültig ein Mann auf einer Harfengitarre. Zwischen beiden, auf einer Matte hingestreckt, lag unbedeckt in dem glühenden Strahl der Mittagssonne ein neugeborenes Kind. Es konnte erst in der vergangenen Nacht das Licht der Welt erblickt haben und war, wie alle neugeborenen Schwarzenkinder, noch so hell und rot wie das frische Fleisch der inneren Leibesteile. Alle paar Minuten gab es einen schwachen Atemzug von sich. Es war die Leibesfrucht einer auf der letzten Raubjagd erbeuteten Sklavin, die man zu einem anderen Platz gebracht hatte, nachdem ihr das Kind abgenommen worden war. Das Würmchen war dazu bestimmt, als Leckerbraten Verwendung zu finden.

Junker, der die hiesige Gegend fünfzehn Jahre später bereist hat, erlebte, daß man eine Frau umbrachte, die man der Zauberei und Hexerei angeklagt hatte. Die Unmenschen schnitten der noch lebenden Frau den Leib auf und suchten darin die Gallenblase, die sie herausrissen und verbrannten, da in ihr das Hexentum enthalten sein sollte. Das arme Weib trug eine fast reife Leibesfrucht bei sich. Die freundlichen Menschenfresser brachten dem Forschungsreisenden einen gekochten Fuß dieser Frau in Bananenblätter eingewickelt. Er war entfärbt und in der Sohle stark gekrümmt, die Nägel waren beim Kochen abgefallen. Das Menschenfleisch wird mit der Haut zusammen gekocht, doch werden die Hauthaare erst über dem Feuer abgesengt — auch hier ist hinzuzufügen, daß bei uns in Deutschland die letzte »Hexe« noch hingerichtet wurde, nachdem Goethe bereits Werthers Leiden geschrieben hatte.

Die Karawane Mohameds zog damals rachedürstend durch das Land, erwischte aber kaum noch Asandehleute, nur einige kleine Hunde, die ahnungslos in den Dörfern herumliefen. Sie wurden unbarmherzig mit den Lanzen aufgespießt. »Es gewährte wirklich einen herzzerreißenden Anblick, die armen Tierchen, aufgespießt wie Käfer in einer Insektensammlung, an der Lanze zappeln zu sehen, denn meines Erachtens beansprucht in diesem Lande der Hund weit mehr Mitgefühl als der Mensch.«

Die Asandeh hielten Mohamed, der schwerverwundet im Zelt lag, für tot. Sie standen daher auf Termitenhügeln, die aus dem Grasmeer herausragten, im weiten Umkreis und schimpften außer Schußweite aus Leibeskräften: »Alle Türken sollen umkommen, keiner soll aus dem Lande hinaus, sie sollen nie wiederkommen, in den Kochtopf mit den Türken! Fleisch! Fleisch!« Schweinfurths harmlose Betätigung, seine Bildermalerei und die unverständliche, aber friedliche Leidenschaft, Pflanzen zu sammeln, hatten ihn jedoch offensichtlich beliebt gemacht, denn die Asandeh riefen auch: »Der weiße Mann, der zum erstenmal zu uns gekommen ist, darf allein abziehen, ihm tun wir nichts zuleide!«

Die Belgier haben im Kongo Menschenopfer und Menschenfressen rücksichtslos mit dem Tode bestraft. Man mag über die letzten Auswirkungen der Kolonisation manchmal geteilter Ansicht sein. Aber wenn man gerecht bleiben will, darf man auch nicht vergessen, was manche schwarzen Stämme vorher von ihren eigenen Herrschern durch Sklaverei, Ausbeutung, nie endende Kriege, durch Aberglauben und Kannibalismus zu erleiden hatten.

VIII

WETTLAUF MIT DER RINDERPEST

Jetzt in der beginnenden Regenzeit schoß hier das Gras in der Savanne so in die Höhe, daß man ihm bald zusehen konnte. Es ging unseren Pferden bis an den Rücken. Alles war so frisch und grün wie bei uns im Mai — ganz anders, als ich Afrika auf meinen früheren Reisen kennengelernt hatte. Wir ritten geradewegs auf eine Gruppe von vier hohen Bäumen zu. In ihrem Schatten lag ein Grab mit einem Holzkreuz darauf. »Dr. Gudberth Christi 1932« stand darauf. Das Kreuz war sichtlich erst vor ein oder zwei Jahren erneuert worden. Herr Marinos, unser Führer und Begleiter, stieg ab und räumte einen verdorrten Zweig beiseite, der auf den Hügel gefallen war. »Es war ein Arzt, der hier Büffel jagte«, so erzählte er. »Er war mit einem schwarzen Gewehrträger allein unterwegs, schoß einen Büffel an und wurde von dem Tier angegriffen. Der Schwarze war sofort tot, während Dr. Gudberth schwer verwundet wurde, aber das wütende Tier mit weiteren Schüssen vollends töten konnte. Gudberth lag jedoch selbst hilflos mit zerrissener Bauchdecke und zerfetzten Därmen auf der Erde. Weil er als Arzt sehr wohl wußte, daß es für ihn hier, fern von jedem Chirurgen, mit offener Bauchhöhle keine Rettung gab, schoß er sich selbst eine Kugel in den Kopf. Sein Grab hat hier schon mancher Jäger besucht.«

Wir ritten schweigend weiter, den Büffelherden entgegen, die dort etwa zwanzig Kilometer weiter stehen sollten. Ich saß seit acht Jahren zum erstenmal wieder auf einem Pferd. Früher war ich viel geritten, und deswegen wußte ich, daß ich morgen einen gehörigen Muskelkater haben würde, und noch mehr Michael, der vorher kaum jemals auf einem Pferd gesessen hatte. Es war überhaupt erstaunlich, daß ich ausgerechnet hier im Mittelpunkt Afrikas wieder in den Sattel gestiegen war. Denn gerade hier sind Pferde eine sehr große Seltenheit. Das liegt an der Naganaseuche, einer Tierkrankheit, die genau wie die Schlafkrankheit der Menschen von Tsetsefliegen übertragen wird. Sie wird auch bei den Tieren von einem Erreger (Trypanosoma brucei), einem Geißeltierchen oder Flagellaten, verursacht, das dem der Menschenschlafkrankheit sehr ähnlich und verwandt ist. In meinem Buch »Wir lebten mit den Baule« habe ich beschrieben, wie diese Krankheit entdeckt, erforscht und bekämpft wurde. Der Nagana ist es zu verdanken, daß man bisher fast überall im mittleren, tropischen Teil Afrikas keine europäischen Haustiere, keine Rinder, Schafe, Pferde, halten kann, so wie man das etwa in Südamerika tut. Wo Riesenherden von Rindern weiden, da sind die Hyänen, Löwen und Leoparden von den Farmern bald ausgerottet, und die Antilopen, Giraffen und Nashörner folgen nach, teils weil sie den Kühen nichts wegessen sollen, teils weil man ihr Fleisch gern braucht, um schwarze Farmarbeiter damit zu ernähren. Die Nagana-Trypanosomen leben zwar auch in den wilden Tieren, diese werden aber nicht krank. So ist es der Tsetsefliege zu verdanken, daß in weiten Teilen Afrikas heute noch wilde Tiere leben. Dieses vielgehaßte Kerbtier schützt mit seinen gläsern durchsichtigen Flügeln noch immer große Gebiete Afrikas davor, daß der Mensch sie zerstört und verödet.

Aber auch das ist bald vorbei. Die drei Pferde, auf denen wir durch die Savanne ritten, waren der beste Beweis dafür. Man hatte ihnen ein neues chemisches Mittel eingespritzt, das Antrycid, welches die Engländer in den letzten Jahren entwickelt hatten. Die Tiere, welche es bekommen haben, werden dadurch fast ein Jahr unempfänglich für die Nagana.

Wir fielen ein Stück in Galopp — und schon hatte ich Hemd und Gesicht voll Klumpen schmierigen Schlammes vom letzten Nachtgewitter; das Pferd vor mir hatte sie mit seinen Hufen emporgeschleudert. Ich hatte keine Reithose an, was soll man schließlich auch noch alles nach Afrika mitschleppen. Und so war ich in Sorge, ob meine rückwärtige Haut den ungewohnten, langen Ritt aushalten würde. Galopp ist viel schonender als dieser ständige Trab.

»Mir wäre es vor zwei Jahren beinahe genauso gegangen wie dem armen Dr. Gudberth«, sagte Herr Marinos, als wir nach zwei Stunden endlich einmal ein wenig Rast machten. Er zog sein Hemd aus der Hose heraus und zeigte drei schwere Narben, die er in der Seite hatte. Es war auch hier in der Gegend geschehen. Marinos war mit vier Schwarzen unterwegs, um Büffel zu schießen, und es glückte ihm auch, eine Kuh zu treffen. Sie konnte sich noch in einen kleinen Wald retten. Obwohl er wußte, daß angeschossene Büffel recht unangenehm werden können, nahm er doch an, daß das Tier schon in ganz kurzer Zeit verendet sein müsse. So ließ der die Schwarzen ausgeschwärmt auf den Wald zugehen und schärfte ihnen ein, bei dem geringsten Angriff sofort auf Bäume zu klettern. Er selbst drang auf der Spur der Büffelkuh in den Wald ein. Zunächst traf er einen halbwüchsigen Büffel, der offenbar das Kind der angeschossenen Kuh war. Der Jungbüffel drehte um und flüchtete aus dem Wäldchen heraus, blieb aber drei- oder viermal stehen und sah sich nach seinem Feind um.

Seite 109: Die Pygmäen leben fast immer in Einehe. Sie »kaufen« ihre Frauen auch nicht, im Gegensatz zu ihren großen, schwarzen Nachbarn.

Seite 110/111: An kaum irgend einem anderen Punkte Afrikas findet man so viele Pelikane zusammen, die gleichzeitig so zutraulich sind, wie bei Vitshumbi im Virunga-Nationalpark an der Küste des Eduard-Sees.

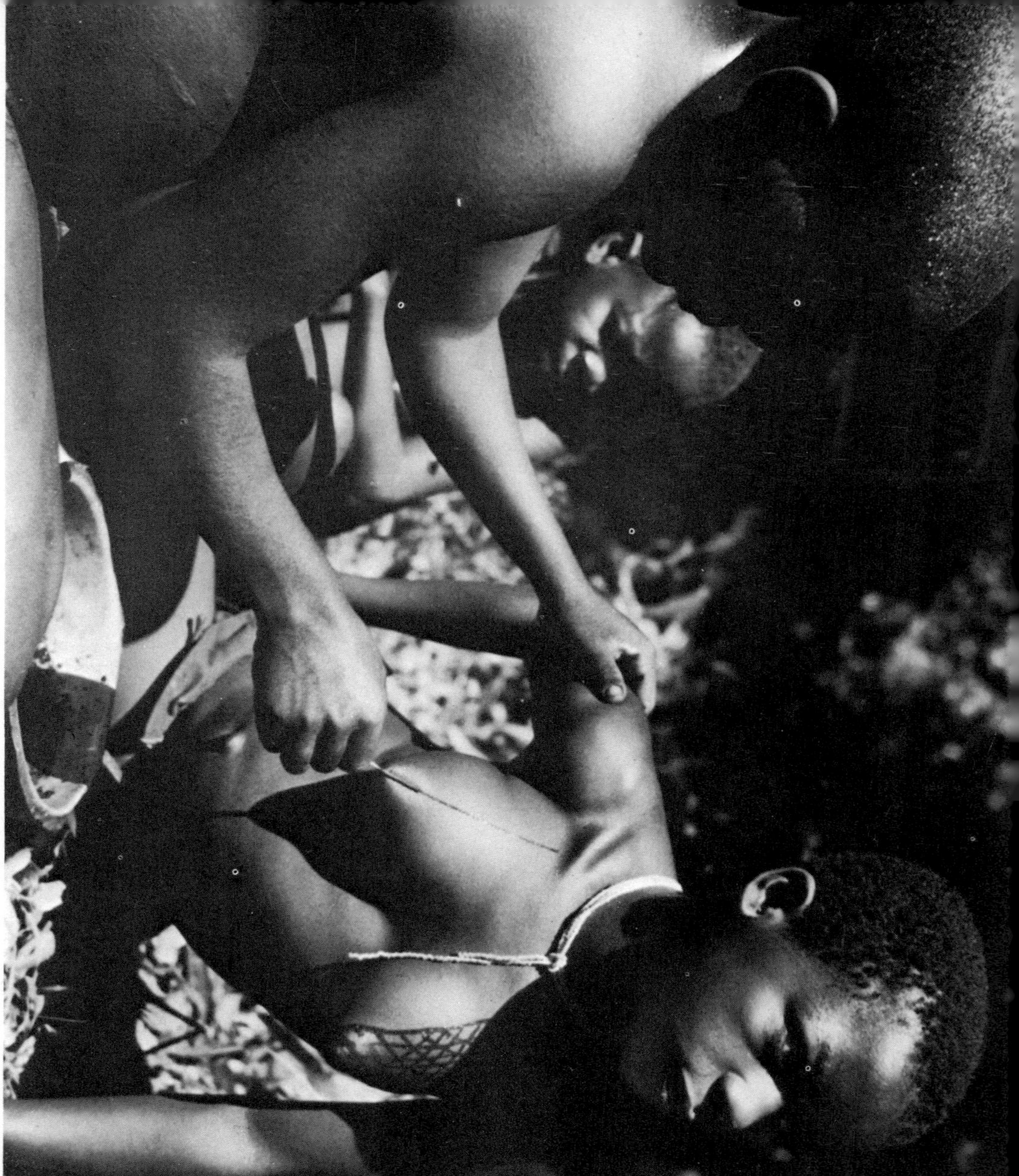

Plötzlich griff die Kuh an. Marinos schoß zweimal, aber zu hastig und ängstlich, er zielte nicht gut. Nun unterscheiden sich verwundete Büffel von den meisten anderen wilden Tieren. Ein Elefant zum Beispiel, der in den Kopf getroffen wird, dreht meistens um und läuft davon. Ein Büffel aber greift an, bis er tot zusammenbricht. Löwen machen es übrigens ähnlich.

Marinos wußte, daß es jetzt sein Leben galt. Er rannte weg, stolperte, fiel schließlich, und der Büffel warf ihn mit den Hörnern in die Luft. Marinos fiel auf den Kopf des Büffels zurück, und dieser warf ihn nochmals empor. Beim zweitenmal landete Marinos dicht neben dem Kopf des Büffels, er rutschte am Hals ab, packte aber mit beiden Händen die Hörner. Auch der verwundete Büffel brach zusammen und blieb mit dem Hals quer auf der Brust von Marinos heftig schnaufend liegen. Beide keuchten erst einmal und rangen nach Luft. Dann fing Marinos an, laut um Hilfe zu rufen. Als seine Leute antworteten und vorsichtig näher kamen, raffte sich die Büffelkuh auf und rannte davon. Während die Schwarzen noch jammerten, kam aber das wütende Tier wieder zurück. Die anderen verschwanden erneut blitzschnell auf Bäumen, Marinos aber konnte sich nur notdürftig hinter einen Stamm schleppen. Gerade als die Büffelkuh sich wieder mit ihm beschäftigen wollte, schoß sie der eine Schwarze mit zwei Schüssen tot. Sie hatte im ganzen sieben Kugeln bekommen.

Marinos lag halb bewegungsunfähig auf der Erde. Auch sein rechter Arm gehorchte ihm nicht mehr. »Jetzt mußt du sterben, und was wird dann aus uns werden?« weinten seine Schwarzen. Marinos wußte, daß es nun um sein Leben ging. Er mußte es schaffen, ganz schnell in ärztliche Pflege zu kommen. So ließ er von seinen Begleitern einen langen Ast zurechtschlagen und einen Bogen aus Lianen daranbinden. Dort hinein hoben sie ihn und trugen ihn abwechselnd. Mit dem noch brauchbaren Arm hielt er sich an dem Stamm fest, damit er nicht aus der Lianenschlaufe herauskippte. Zugleich hatte er mit der Hand noch einen belaubten Ast gefaßt, der die gröbsten Sonnenstrahlen von ihm abhielt. So trugen ihn seine Begleiter drei Stunden durch die übelste Mittagsglut bis zu dem Auto. Leider aber konnte keiner von ihnen fahren. So faßte er mit einer Hand das Steuer und lenkte, während einer der Schwarzen neben ihm sitzen, ihn stützen und vorsichtig Gas geben mußte.

»Sehen Sie, mir hat nur das Auto das Leben gerettet«, sagte Marinos. »Wäre mir die Sache zwanzig Jahre früher passiert, dann hätten mich die Schwarzen zwei, drei Tage bis ins Hospital tragen müssen, und ich wäre unterwegs schon lange tot gewesen.«

Denn es stellte sich heraus, daß er ein Loch in der Lunge hatte. Das Büffelhorn war ihm noch weiter durch das Zwerchfell gegangen und bis in die Bauchhöhle eingedrungen, so daß sich dort Luft und Blut angesammelt hatten. Dank Einspritzun-

Seite 112 links: So wird bei den Bambuti-Zwergen der Körper mit Verzierungen bemalt.

Seite 112 rechts: Zwillinge findet man bei Pygmäen nie. Vermutlich bringen sie immer eines der beiden Kinder um.

gen mit Penicillin war er aber nach drei Wochen bereits so weit wieder genesen, daß er das Hospital verlassen konnte.

Der Schädel der Büffelkuh hängt heute im Zimmer von Marinos, und ich habe ihn mir nachdenklich besehen. Es war gar kein besonders großes Tier: Die Köpfe der männlichen Kafferbüffel mit ihren breiten und fast undurchdringlichen Stirnschilden sind viel eindrucksvoller.

Marinos ist ein sehr tatkräftiger und dabei überlegter Mann, ein gebürtiger Grieche. Er steht als Wildoffizier in Diensten der Kongoregierung. Sein Französisch ist wundervoll, und er war der einzige während meiner Reise, der auf meine Bitte wirklich meine Fehler in der Unterhaltung verbesserte.

Unsere Pferde waren schon zweimal klatschnaß geschwitzt und in der Sonnenglut wieder getrocknet, als Marinos neben einem Gebüsch verhielt und auf schwarze Punkte in dem flimmernden grünen Meer verwies. Büffel. Wir ritten im Schritt vorsichtig im weiten Bogen auf die kleine Herde zu. Es waren wohl zwanzig, soweit man sie in dem tiefen Gras zählen konnte, schwarze, glänzende Tiere mit ihren gefährlichen, aufwärts gebogenen Hörnern. Wieder das prickelnde Spiel. Knipsen, filmen — denn im nächsten Augenblick könnten sie ja weglaufen, und dann ärgern wir uns, daß wir sie noch nicht im Kasten haben. Nach der zweiten oder dritten Aufnahme findet man, daß es eigentlich zu weit weg und schade um den Film sei. Man geht vorsichtig ein paar Schritte näher, um das Tier größer und schärfer aufzunehmen oder den richtigen Hintergrund und die richtige Sonnenstellung zu bekommen. Wenn sich die Tiere das gefallen lassen, ärgert man sich wieder, warum man nicht *noch* näher herangegangen ist, und das Spiel geht von neuem los. Man schwankt immer zwischen Angst und Fotodreistigkeit. Die Füße wollen schon kehrtmachen, statt dessen tun sie noch ein paar und immer noch ein paar Schritte nach vorn. Immerhin haben wir auf diese Weise auf vielen tausend Metern Film mutige, gutgelaunte und ungnädige Tiere »geschossen«.

»So besonders gefährlich sind die schwarzen Kerle gar nicht«, beruhigte Marinos. »Daß mich einer aufgespießt hat, ist ihm nicht übelzunehmen. Ich glaube, auch die meisten Hausrinderbullen in Europa würden es ebenso machen, wenn man sie anschießt!« Wie viele weiße Kuhreiher um die Büffel herum standen und auf ihrem Rücken saßen! Zwei waren ganz bekleckert davon. Ich überlegte oft, warum sie mir im Zoo nie den Gefallen tun wollten, sich auf Großtiere zu setzen. Ich hatte es nach Jahren fertiggebracht, diese kleinen weißen Reiher nach Frankfurt zu bekommen, sie hielten sich da gut, und einige von ihnen waren sogar in Wien aus Eiern ausgebrütet worden, die ein Zoologe aus Afrika mitgebracht hatte. Vielleicht wollen sie deswegen von Zebras, Antilopen und Nashörnern nichts wissen, weil wir zu wenig Fliegen und Insekten haben und weil wir die Reiher selber zu gut füttern.

Selbst Jäger werden immer wieder gerührt, wenn Büffel sich bemühen, einem angeschossenen Gefährten zu helfen. Sie stoßen ihn mit der Nase in die Flanken, unter den Bauch, suchen ihn von hinten vorwärtszuschieben. Bricht er zusammen, so bleiben sie bei ihm stehen, und es ist dem Jäger gar nicht möglich, sich dem geschossenen Tier zu nähern. Elefanten benehmen sich übrigens oft ganz ähnlich. Zum Eduardsee, an dem wir uns lange aufgehalten haben, stiegen die Büffel während der heißen Tagesstunden oft hinunter und gingen tief ins Wasser, bis nur noch der Kopf heraussah. Sie werden dort wohl am wenigsten von Insekten geplagt, und sicherlich lesen ihnen die Fische noch welche vom Körper ab. Die Büffel liegen dabei ganz friedlich mitten zwischen Flußpferden; diese beiden Tierarten scheinen sich gut miteinander zu vertragen. Gelegentlich läuft in diesen verlorenen Gegenden einem Auto oder Fußgänger ein Büffelkalb in den Weg, das aus irgendeinem Grund von der Mutter verlassen worden ist. Solche Tierkinder sind ja oft noch völlig furchtlos, sie folgen dem Menschen hartnäckig und saugen auch gleich an der Hand, die man ihm hinhält. Tierfreundliche Leute haben verwaiste Büffelkälber mit angerührter Trockenmilch oder mit Hilfe einer Hauskuh großgezogen. Die kleinen Büffel sind zunächst immer sehr zahm, sie werden aber mit anderthalb bis zwei Jahren angriffslustig, und sobald sie groß sind, kann man ihrer nur noch sehr schwer Herr werden. In der Elefantenstation brach während unseres Aufenthaltes ein gerade ausgewachsener, zahm aufgezogener Büffelbulle durch den Zaun, riß zwei Hauskühen die Bauchdecke auf, so daß man sie schleunigst schlachten mußte, und brachte einer dritten mit den Hörnern so scheußliche tiefe Wunden bei, daß man bei ihrem Anblick ihr Überleben bedauerte. Dabei war dieser Bulle zum Menschen noch leidlich freundlich.

Marinos zeigte uns während des Rittes immer wieder ausgebleichte Knochen, hier und da auch einen Büffelschädel. Dann sahen wir auf einem kahlen Baum zwei Marabus sitzen, die vor uns abstrichen, im Segelflug zum nächsten Baum glitten und sich dann endlich hoch in die Luft schraubten. Weiter hinten kreisten Geier. Wir ritten hin und fanden — der Gestank wies uns den Weg — die Überreste eines toten Büffels, eigentlich nur noch Knochen und Haut. »Rinderpest!« sagte Marinos. Er sagte das deutsche Wort, denn es ist als Fremdwort in vielen Sprachen gebräuchlich.

Obwohl ich das scheußlich fand, wurde mir ganz feierlich zumute. Ich bin ja Tierarzt, und das war der erste Fall von Rinderpest, den ich im Leben sah. Rinderpest ist für uns eine klassische, eine ehrfurchtgebietende, eine fürchterliche Seuche, deren Anzeichen der angehende europäische oder amerikanische Tierarzt nur aus Büchern und von Bildern lernt. Sie war überhaupt der Anlaß, daß man vor über zweihundert Jahren an den verschiedensten Stellen Europas Ausbildungsstätten für Tierärzte gründete. Immer wenn es in Europa drunter und drüber ging, wenn Karl der Große oder andere Kriege führten, dann brach sie aus. Dschingis Khan brachte sie mit seinen Mongolen abermals nach Westeuropa, und Napoleon, dessen Heere kreuz und quer herummarschierten, verbreitete sie erst recht. In Deutschland sind allein im 18. Jahrhundert etwa dreißig Millionen Rinder durch sie gestorben. England konnte sich hundertzwanzig Jahre lang seuchenfrei halten, dann brachten Schiffe ein paar kranke Rinder aus Finnland mit auf den Londoner Markt, und während anderthalb Jahren gingen auf der Insel 500 000 Rinder kläglich zugrunde.

Afrika war immer davon frei geblieben. Wohl war die Seuche um 1840 und dann wieder 1863 zweimal von Kleinasien aus nach Ägypten eingeschleppt worden, und beim zweitenmal starben vier Fünftel aller Rinder am Nil. Erst bei einem späteren Seuchenzug im Jahre 1883 ging der Rinderpest-Tod von den Kamelen Ägyptens aus weiter. Die armselig kleinen Kühe der Einheimischen mit den Zebubuckeln zwischen den Schultern waren ihm langweilig geworden, denn er konnte die Sense weit ausholen und hineinschlagen in ein üppiges Tierleben der weiten Steppen und Savannen, wie wir es uns heute schon nicht mehr vorstellen können. Gnus begannen zu fiebern, zu zittern und zu schwanken, sie eilten durstig an die Tränken, und wenn die Gazellen, die Riedböcke, die Situtunga, die Buschböcke und Impalas mit ihrem Speichel in Berührung kamen, dann brach die Krankheit auch bei ihnen nach drei bis vier Tagen aus. In wenigen weiteren Tagen waren sie tot.

Die Kaffernbüffel, welche sich sonst um Menschen kaum kümmern, solange man sie ungeschoren läßt, wurden im Fieber der Krankheit auf einmal angriffslustig. Schwarze, die ahnungslos ihres Weges zogen, wurden angenommen und mußten schleunigst flüchten. Wahrscheinlich hatten auch andere wilde Tiere unter der schlechten Laune der fiebergequälten Büffel zu leiden. Die Löwen und die Geier, die Hyänen und die Hyänenhunde hatten ein übermütig sattes Leben, denn überall roch es verlockend nach Aas, und wo sie nur hinsahen, schwankten hilflose Gestalten einher. Besonders leicht fielen die riesigen Elenantilopen, die Büffel, die Wildschweine und Giraffen der schrecklichen Seuche zum Opfer, denn noch keine Tierart hatte eine innere Widerstandskraft dagegen entwickeln können. Für die Raubtiere, die sich im Überfluß so üppig vermehrten, sollte ein noch schlimmeres Schicksal folgen, der viel langsamere Hungertod, nachdem die Steppe leer geworden war.

Immerhin dauerte es über zehn Jahre, bis die schreckliche neue Seuche sich quer über den Erdteil gefressen hatte und nach Südafrika, an die Ufer des Sambesi-Flusses, schwelte. Als sie ihn übersprungen hatte, breitete sie sich mit großer Leichtigkeit in Transvaal, dem Oranjefreistaat und Basutoland aus. Die Regierung des Kaplandes zog einen zweifachen Stacheldrahtzaun als Sperre gegen das verseuchte Gebiet und ließ ihn von mehreren tausend Polizisten bewachen, damit keine Eingeborenen und vor allem kein Eingeborenen-Vieh herüberkam. Wo sich auf der eigenen Seite unter dem Vieh der Buren und der Kaffern etwas Verdächtiges zeigte, wurde gleich die ganze Herde ausgerottet. Außerdem aber schickte die Regierung des Kaplandes einen Brief an das Kaiserliche Gesundheitsamt in Berlin. Und so ging der alte Jugendtraum eines großen Mannes wieder einmal in Erfüllung.

Als Schüler hatte er sich einst gewünscht, ein Reisender in unbekannte Erdteile zu werden, als Student der Medizin waren seine Wünsche schon bescheidener geworden, wenigstens als Schiffsarzt wollte er fremde Meere befahren oder als Stabsarzt sich im Felde bewähren. Doch seine Braut rang ihm das Versprechen ab, zu Hause zu bleiben, und so hat Robert Koch in pommerschen Dörfern Scharlach und Masern bekämpft, Bauernkindern ins Leben geholfen und zu Hause bei der Petroleumlampe im Hinterzimmer mit milzbrandkranken Mäusen Versuche zu machen begonnen. Gerade diese stille Gelehrtenarbeit auf dem Drehsessel vor dem Mikroskop aber führte ihn über Breslau nach Berlin, und als er durch die Entdeckung des Milzbranderregers und des Tuberkulosebakteriums in der ganzen Welt berühmt geworden war, brachte ihn die neue Wissenschaft der Bakteriologie nun doch in die Länder seiner Jugendsehnsucht. In Ägypten entdeckte er den Erreger der Cholera, in Indien dämmte er Pestausbrüche ein — und 1896 fuhr er nach Südafrika, um der breiten Riesenflut der Rinderpest von Süden her als einzelner, unscheinbar aussehender Mann entgegenzutreten.

In Kimberly schlug er am 1. Dezember 1896 in einer Farm sein Hauptquartier auf. In seinen Berichten an die Regierung des Kaplandes, die in einem dünnen vergilbten Bändchen vor mir liegen, schildert er den geborgten Eisschrank, den petroleumgeheizten Bakterienbrutschrank, die Lorenbahn, welche von den Viehställen bis auf einen Hügel führte. Dort war ein acht Meter tiefer Graben ausgehoben und davor ein Schuppen gebaut, in dem man bei gutem Licht die toten Tiere zerlegen konnte. Ihre Überreste ließ Koch dann in die Grube werfen und mit Kalk und Erde bedecken. In knapp vier Monaten war das Hauptproblem gelöst. Die Macht der Seuche war gebrochen, die jahrtausendelang die Menschen in Hungersnöte getrieben hatte.

Zunächst prüfte Koch die Kulturen von Bakterien nach, die der Regierungsarzt Dr. Edington für die Erreger der Rinderpest hielt. Er spritzte sie gesunden Rindern ein — und sie wurden nicht krank. Nun hätte es ja sein können, daß diese Versuchstiere zufällig die Krankheit schon überstanden hatten und für die Seuche unempfänglich geworden waren. Deswegen infizierte Dr. Koch ihnen acht Tage später Blut von pestkranken Rindern, und siehe da, jetzt begannen die Versuchstiere nach vier Tagen zu fiebern und waren nach weiteren vier Tagen tot. Die Bakterien des Dr. Edington waren also sicher nicht die Erreger der Rinderpest. Wie oft hat man damals, und noch Jahrzehnte später, aus kranken Menschen und Tieren irgendwelche Erreger herausgeholt, gefärbt, im Mikroskop betrachtet und geglaubt, sie müßten nun auch die Ursache der Krankheit sein. Aber erst, wenn man mit diesen Erregern bei gesunden Versuchstieren die Seuche neu erzeugen kann, ist man der Entdeckung einen Schritt nähergekommen.

Als diese Fragen in den drei Zimmern des verlorenen Farmgebäudes an der Grenze des Kaplandes geklärt waren und als man auch eine Schutzimpfung entwickelt hatte, kam ein Telegramm aus Bombay an Koch. Dort brachte die große Namensvetterin unserer Seuche die Menschen selber um. Die Beulenpest, die ansteckendste und schrecklichste der Menschenkrankheiten, mordete Hunderttausende. Es war für Koch gar nicht so einfach, von Südafrika bis nach Indien zu kommen, denn der unmittelbare Dampferverkehr war wegen der Ansteckungsgefahr sofort eingestellt worden. Der berühmte Bakteriologe mußte über Ostafrika und Aden fahren — wie umständlich kommen uns diese Reisen heute vor, wenn wir in Tagen und Stunden mit Flugzeugen zu solchen Katastrophenstätten der Erde eilen können. Koch kam am 1. Mai in Bombay an, wo sein Stellvertreter, der unmittelbar aus Berlin hingereist war, den größten Teil der Arbeit bereits erledigt hatte. Die erfolgreiche deutsche

Pestkommission konnte schon im Juli nach Deutschland zurückreisen, Koch aber ging wieder nach Afrika.

Dort hatte sein Assistent, Oberstabsarzt Dr. Kohlstock, inzwischen die neue Impfung angewandt. Koch hatte nämlich noch in den Wintermonaten herausgefunden, daß man gesunden Rindern die Gallenflüssigkeit der kranken unter die Haut spritzen muß, um dadurch die Geimpften für drei bis fünf Monate gegen die Ansteckung zu schützen. Und Galle haben die pestkranken Rinder immer reichlich; aus ungeklärten Gründen ist bei ihnen die Gallenblase stark angeschwollen. Früher hieß die Krankheit daher in vielen Gegenden geradezu »Großgalle«. Spritzt man den gallegeimpften Tieren gleichzeitig etwas von dem Blut pestkranker Rinder ein, steckt man sie also künstlich an, so bricht bei ihnen die Seuche nicht aus, weil sie durch die Galle im Augenblick geschützt sind. Es bilden sich in ihnen aber Abwehrstoffe gegen die Seuche, welche die Tiere für Jahre, ja meist für das ganze Leben pestfest machen. Im Juni 1897 begann Kohlstock mit seinen Doppelimpfungen, und schon im November des gleichen Jahres war die Rinderpest in Kapland völlig getilgt. Drei Viertel des Viehbestandes waren gerettet. »Auf jeden Fall hat der Entschluß der Regierung des Kaplandes, im Kampf gegen die Rinderpest die Wissenschaft zu Hilfe zu rufen, für Südafrika die segensreichsten Folgen gehabt«, schrieb Koch als Abschluß seines kurzen und sachlichen Berichtes über diese Reise nach Südafrika.

Robert Koch hat auf der gleichen Reise in Ostafrika innerhalb weniger Monate noch andere wichtige Dinge geklärt. Er wies nach, daß eine Viehkrankheit in Deutsch-Ostafrika (heute Tansania), mit der man nichts Rechtes anzufangen wußte, nichts anderes war als das Texasfieber, welches die Tierärzte kurz zuvor in Amerika entdeckt und beschrieben hatten, und daß eine andere rätselhafte Menschenkrankheit im Innern Deutsch-Ostafrikas tatsächlich die gefürchtete, echte Beulenpest war. Man hat später erkannt, daß die Pest in einigen Tälern Innerafrikas einen ebenso festen Stammsitz hat wie an den Hängen des indischen Himalaya, von denen aus der Schwarze Tod immer wieder seine traurigen Siegeszüge um die Welt angetreten hat.

Die »segensreichsten Auswirkungen« der kurzen Reise Kochs nach Südafrika hat aber nicht nur das Kapland, sondern haben seitdem alle Länder der Erde zu spüren bekommen. Weil man sich jetzt darüber klar war, auf welche Weise sich die Tiere ansteckten und wie die Seuche sich weiter verbreitete, und weil man ihr Sperrgürtel von geimpften, unempfänglichen Rindern in den Weg legen kann, ist die einst so gefürchtete Rinderpest in ganz Europa, Amerika und auch in vielen Ländern Asiens ausgerottet worden. In Afrika aber ist sie heimisch geblieben. Hier und dort flackert sie immer wieder auf. Allerdings wirkt sie nicht mehr so verheerend, weil die Tierbestände schon vererbte Widerstandskräfte gegen sie haben und weil die Wildtiere in weiten Gegenden ausgerottet, in anderen viel weniger zahlreich sind.

Eine einzige Einschleppung von Rinderpest in Europa aber kann sich furchtbar auswirken. Als sie durch Unvorsichtigkeit vor Jahrzehnten nach Holland hineingebracht wurde, konnte man des Unglücks gerade noch Herr werden, aber nur, indem man im weiten Umkreis aller Rinder, auch die kostbarsten Zuchtbestände, rücksichtslos umbrachte. Deswegen ist es auch so schwer, pestempfängliche Zootiere aus Afrika in die Zoologischen Gärten Europas und Amerikas zu bringen. Sie müssen wochenlange Quarantänen durchmachen. In besonders gefährlichen Zeiten hat man verlangt, daß Watussirinder aus dem Inneren Afrikas monatelang in Elbkähnen, weitab vom Land in der Elbmündung verankert, blieben. Zwischen zwei afrikanischen Kühen war immer eine deutsche angebunden, die überdies noch ein wenig von dem Kot der Fremdlinge ins Futter gemischt bekam. Sie sollten die beste Gelegenheit haben, sich an Rinderpest anzustecken, falls die Seuche doch in den anscheinend gesunden, eingeführten Kühen stecken sollte. Vor einiger Zeit führte der Züricher Zoo einen Prozeß gegen den obersten Beamten der Schweizer Veterinärverwaltung. Dieser sollte andere europäische Länder veranlaßt haben, für Zürich bestimmte Giraffen aus Ostafrika nicht ausladen zu lassen. Sie mußten daher von dem Schiffskapitän, der sonst nicht hätte in den Hafen einfahren dürfen, auf hoher See erschossen und über Bord geworfen werden, obwohl sie völlig gesund waren.

Ich aber wollte das erste Okapi nach Deutschland, wollte andere rinderpestempfängliche Tiere ausführen, hatte schon ein teures Sonderflugzeug gechartert — und stand nun im Kongo selbst mit dem Fuß an den Kadaverüberresten eines Büffels, der an Rinderpest gestorben war. Mir stockte der Atem. Diese Tierleiche hier war zwar längst ungefährlich — der Erreger der Rinderpest wird nach kurzer Zeit durch Fäulnis zerstört, und er hält sich nicht im Boden oder an der Sonne. Wir waren auch noch Tausende Kilometer von der Heimat der Okapis entfernt. Aber wer würde schneller sein, die Seuche oder wir? Würde man mir es erlauben, und würde ich es selbst verantworten können, Tiere aus diesen Gegenden in das Herz von Europa zu fliegen? Ich hatte für die nächsten Wochen viel zu grübeln, zu fürchten und zu hoffen.

IX

WO AFRIKAS ELEFANTEN ZAHM WERDEN

Über Abenteuer in Afrika ist viel geschrieben worden. Aber ich glaube, noch mehr ist dort geschehen, worüber niemand berichtet hat. Was mag zum Beispiel der kaum genesene Stabsarzt Dr. Jupitza durchgemacht haben, den Robert Koch von Daressalam bis nördlich vom Viktoriasee ausschickte, um in achtmonatiger, mühseliger Fußreise lebendes Material der schrecklichen Beulenpest bis in das Laboratorium Kochs an die Küste zu bringen? Wie schrecklich müssen die Schwierigkeiten für einen längst vergessenen Mr. Carter gewesen sein, der den Gedanken des belgischen Königs Leopold II. verwirklichen sollte, Arbeitselefanten in Afrika einzubürgern. Er brachte 1879 vier indische Elefanten von Bombay mit dem Schiff nach Daressalam und zog dann mit ihnen zu Fuß zum Tanganjikasee. Drei der Elefanten starben schon auf dem langen Weg. Der vierte überlebte die Ankunft am See nur um wenige Tage, und der Tod ereilte Mr. Carter selbst auf dem Rückweg zur Küste, so daß er nicht einmal über seine Erfahrungen berichten konnte.

Der König ließ trotzdem von diesem seinem Lieblingsgedanken nicht ab. Schließlich waren zahme Elefanten schon einmal jahrtausendelang in Afrika verwendet worden. Zwar haben die Schwarzen im Gegensatz zu den Asiaten noch nie die wilden Tiere ihres Landes zu Haustieren gemacht, aber Alexander der Große lernte bei seinen Feldzügen in Asien in den Heeren der feindlichen Könige Darius und Porus indische Elefanten kennen, er brachte sie auch nach Ägypten, wo sie sich einbürgerten. Allmählich holte man afrikanische Elefanten dazu, deren Heimat näher lag. So wurden in Ägypten und anschließend in Karthago Tausende von Elefanten gezähmt, die aus Libyen und Numidien stammten. Hannibal zog bekanntlich mit diesen Elefanten über die Alpen und erschien damit vor den Toren Roms. Auch die Römer führten in ihre Heere die Riesentiere ein, welche in jenen Zeiten auf das Fußvolk so schrecklich wirkten wie heute die Tanks. Dabei galten damals die afrikanischen Elefanten für kleiner und weniger zum Kampf geeignet als die Inder. Denn der Pflanzenwuchs Libyens ging schon vor zwei-, dreitausend Jahren zurück, und die Elefanten, welche damals dort lebten, waren wohl eine Kümmerrasse. Sie sind auf römischen Münzen abgebildet und wirken im Verhältnis zu ihren Reitern recht klein.

Über zwanzig Jahre nach dem fehlgeschlagenen ersten Versuch beauftragte daher der belgische König den Kapitän Laplume mit einem neuen Unternehmen. Dieser Offizier ließ fünfhundert Kilometer nördlich von Stanleyville (Kisangani) am Zusammenfluß des Bomokandi mit dem Uele Hunderte von Fallgruben ausschachten nach dem Muster, wie man sie in Südindien zum Elefantenfang gräbt. Die Eingeborenen machten begeistert mit, aber als Ergebnis der ganzen Arbeiten wurden — zwei Elefanten gefangen, und die überlebten die Wegbeförderung nicht. Daraufhin ließ der unermüdliche Kapitän nach burmesischem Vorbild einen riesigen Kral aus Palisaden bauen und trieb eine Elefantenmutter mit Kind hinein. Es war jedoch unmöglich, sie zu bändigen, und man mußte sie wieder freilassen. Da sie immer wiederkam, um ihrem Kind zu helfen, war man schließlich gezwungen, sie totzuschießen. Der übriggebliebene kleine Elefant starb bald. Ein zweiter Versuch mit einem anderen Paar verlief genauso. So ging Laplume notgedrungen dazu über, einfach die Mütter totzuschießen und die Jungen zu fesseln. 1910 hatte er 35 Stück in seiner Station, darunter die berühmte, fünf Jahre vorher gefangene »Marie«, die schon fast zahm war und beim Fang neuer Elefanten mitwirkte. Da brach 1914 der Weltkrieg aus, Laplume zog mit dem Kongo-Freiwilligen-Korps nach Europa, um gegen Deutschland zu kämpfen, und wurde im selben Jahr bei Namur gefangengenommen. Während er in deutscher Gefangenschaft wartete, brach die neue Elefantenstation beinahe zusammen. König Albert, der inzwischen Leopold II. nachgefolgt war, setzte es durch, daß sie erhalten blieb. Er erklärte sich sogar bereit, die Unkosten aus seinem Privatvermögen zu tragen.

Laplume, der 1918 zurückkam, war klar, daß er die Elefanten bisher zu verlustreich und grausam fing und daß die Gefangenen wohl nicht mehr wild, aber auch noch lange keine willigen Arbeitstiere waren wie in Indien. Und doch mußte die Aufgabe zu lösen sein! Auf seine Anregung schickte die indische Regierung 1919 Mahouts, indische Elefantenführer, zur Kongo-Elefantenzähmungs-Station. Die Inder verstanden sich nicht mit den Schwarzen, und wie heute erzählt wird, sollen sie Angst vor den afrikanischen Elefanten gehabt haben. Kein Inder wagte je, sich auf einen afrikanischen Elefanten zu setzen. Trotzdem haben sie in der kurzen Zeit bis zu ihrer Rückkehr nach Indien viel Tradition hinterlassen. Wahrscheinlich ist es nur ihnen zu verdanken, daß die Station heute so erfolgreich arbeitet. Nach ihnen heißen heute die schwarzen Elefantenfänger mit dem indischen Namen Kornak; noch heute, nach dreißig Jahren, singt man in der Elefantenstation indische Lieder. Die Inder haben den Schwarzen beigebracht, wie man Seile dreht, was sehr wichtig ist, weil man zum Fangen und Fesseln der Dickhäuter große Mengen davon verbraucht. Vor allem haben sie aber die Schwarzen — und die weißen Kommandanten — gelehrt, wie man Elefanten so abrichtet, daß sie völlig und bedingungslos gehorchen.

Um das Jahr 1925 hatte Laplume sein Ziel erreicht. Nach der Arbeit eines Vierteljahrhunderts waren jetzt zum erstenmal seit Jahrtausenden wieder gezähmte Elefanten in Afrika. Zwanzig große Elefanten arbeiteten auf der Station vor Wagen gespannt, sie pflügten und trugen Lasten.

Da tat sich eine neue Schwierigkeit auf. Es gab kaum noch Elefanten um Api, dem Standort der Station. Sie selbst, die Eingeborenen und die Europäer, hatten den einstigen Reichtum an den großen Tieren völlig vernichtet. Die Fangtruppen mußten über hundert Kilometer weit marschieren, um wieder auf Elefantenherden zu stoßen. Wie aber sollte man die frischgefangenen Tiere zurückschaffen? Damals stieß Leutnant Offermann, der dem Kapitän 1925 als Assistent geschickt worden war, fünfhundert Kilometer weit nach Osten bis an den oberen Uele vor und gründete hier am Ufer des Dungu die Nebenstation Gangala na Bodio. Sieben Jahre später gab man die alte Station in Api auf.

Jetzt war endlich alles erreicht: der Fang, das Eingewöhnen und Zähmen der gewaltigen Tiere boten keine Schwierigkeit mehr. Und gerade in dieser Zeit, in den dreißiger Jahren, wurde trotzdem der Lohn der ganzen, jahrzehntelangen Arbeit zunichte. Die Elefanten verloren gegen die Lastwagen und die Traktoren.

In diese Elefantenstation Gangala na Bodio im äußersten nordöstlichen Zipfel des belgischen Kongo, nicht weit von der Grenze des Sudans, fuhren wir nun endlich ein. Ein Wegweiser lenkte unseren blauen Lastwagen von der Route in einen noch schmäleren, holprigen Nebenweg. Nach fünf Kilometern standen rechts und links zwei Holzpfosten, die Büffelschädel trugen. Wir bogen in eine hohe Allee ein, kamen an ein militärisches Wachgebäude mit einem Schlagbaum, ein schwarzer Soldat in Khakiuniform mit einem Schiffchen auf dem Kopf salutierte. Er hielt uns ein Buch entgegen, in dem Eintreffende auf französisch gebeten wurden, ihren Namen und ihre Wünsche einzutragen. Ein zweiter Soldat verschwand damit zu einer hübschen, breitgelagerten Villa, die irgendwo an der Riviera hätte liegen können, statt hier in diesem weltverlorenen Land mitten im Herzen Afrikas. Es war das Haus des Kommandanten. Er kam mir sogleich persönlich entgegen, lud uns zum Abendessen ein und brachte uns erst in das Gästegebäude, ein hübsches Haus mit drei Zimmern, mit Badeeinrichtung, einem Häuschen für die Boys, einem Sonnendach für das Auto, mit breiter Veranda, die hoch von einem Hügel aus über den Dungu und die weiten, weiten Savannen nach dem Garamba blickt. Endlich konnten wir einmal Koffer auspacken, uns in Regalen und Schränken ausbreiten, richtig baden und roten Staub, Autoöl und Schweiß abwaschen.

Wir waren an einem Platz, den auf der Welt jeder vom Hörensagen kennt, der mit Elefanten oder wilden Tieren zu tun hat, einer Stätte, die fast sagenumwoben ist. Der Kommandant Raymond Lefebvre gehörte zu einem belgischen Regiment, das als Besatzung bei Köln lag. Auch er war vier Jahre lang in deutscher Kriegsgefangenschaft wie sein Vorgänger Laplume, und er war seit sieben Jahren hierher abkommandiert. Am nächsten Morgen bei Sonnenaufgang um sieben Uhr schmetterte die Trompete. Alle Kornaks standen in Reih und Glied, während die schwarz-gold-rote belgische Fahne am Mast emporstieg. Der dicke schwarze Feldwebel kontrollierte barfuß die Knöpfe, Taschen, Mützen und machte dann in strammer Haltung dem Adjutanten Misonne Meldung. Was man doch alles in Afrika erleben kann.

Wir stiegen auf die Pferde und trabten davon, um zu den Fängern zu kommen.

Sie waren nicht weit von der Station, vielleicht zwanzig Kilometer, denn wir befanden uns in der elefantenreichsten Gegend des Kongos und vielleicht ganz Afrikas. Drei Fanggruppen waren unterwegs. Wir stießen zu einer, die schon gestern gemeldet hatte, daß sie dicht an einer Elefantenherde von zwanzig Köpfen war. Die schwarzen Kornaks waren muskulöse, große, lustige und mutige Männer. Es sind Asandeh, deren Väter und Großväter noch die berüchtigten Menschenfresser waren. Diese Kornaks nennen sich selber stolz Basolda na Mbongo, Elefantensoldaten.

Jetzt, als wir uns immer mehr den Elefanten näherten, zogen sie ihre Uniformhemden aus und behielten nur die kurzen grauen Shorts an. Sie wurden wieder richtige Krieger, wie ihre Väter, sie verwandelten sich geradezu. Es waren an die zwanzig Mann, drei mit Gewehren, neun Läufer mit Stricken, vier Träger. Wir gingen etwas ausgeschwärmt im Halbkreis unterm Winde leise näher an die ahnungslosen Elefanten heran. Sie standen im Gras an halbhohen Büschen, brachen die Äste ab und kauten sie. Misonne hob die Hand, alles blieb erwartungsvoll stehen und sah ihn an. Er schlug sie herunter, fast gleichzeitig knallte er die Pistole drei-, viermal hintereinander in die Luft, die Gewehrträger schossen, die anderen brüllten, wir schrien mit und schlugen auf die Büsche ein. Erschrocken warfen sich die Elefanten herum und rannten davon. Welch ein sportliches Schauspiel, die Asandeh jetzt laufen zu sehen! Elefanten können nur eine ganz kurze Strecke, höchstens hundert

Seite 125 oben: Ein Okapi im heimatlichen Ituri-Urwald.

Seite 125 unten: Der Gorilla ist der größte aller Menschenaffen, ja überhaupt das größte heute lebende Herrentier. Stehend ist er 1,25–1,75 m groß, bei (unnatürlich) aufgerichtetem Körper mit durchgedrückten Knien bis über 2,30 m. Die Spannweite der ausgetreckten Arme beträgt 2–2,75 m, der Brustumfang des Mannes bis 1,75 m, sein Gewicht 135–275 kg, in Zoologischen Gärten zuweilen bis 350 kg.

Seite 126 oben: Manchmal fuhren mehr als vierzig Pygmäen auf unserem Wagen spazieren.

Seite 126 unten: Ein magnetisches Spielzeug – eine Mädchenpuppe, die nicht in der Badewanne liegenbleibt – entzückt die Bambuti.

Seite 127 oben: Um 1890 drang Henry Stanley in die unerforschten Kongo-Urwälder ein und traf zum ersten Mal auf Pygmäen. In seinem berühmten Bericht erwähnt er, daß diese Waldbewohner über seine Pferde nicht erstaunt waren, sondern behaupteten, daß sie ähnliche Tiere in Fallgruben fangen. Stücke von Okapi-Fellen, die 1900 an die Zoologische Gesellschaft in London geschickt wurden, gaben Anlaß zu dem wissenschaftlichen Namen »Equus johnstoni« (»Pferd des Johnston«). Aber schon ein halbes Jahr später wurde geklärt, daß es sich nicht um ein Pferd, sondern um eine Waldgiraffe handelt.

Seite 127 unten: So verständigen sich die Pygmäen im Urwald: Sie schlagen mit der Hand auf die Höhle, welche der angeklemmte Oberarm mit der Brust bildet. Von fern her aus dem Walddunkel antwortet das gleiche merkwürdige Signal.

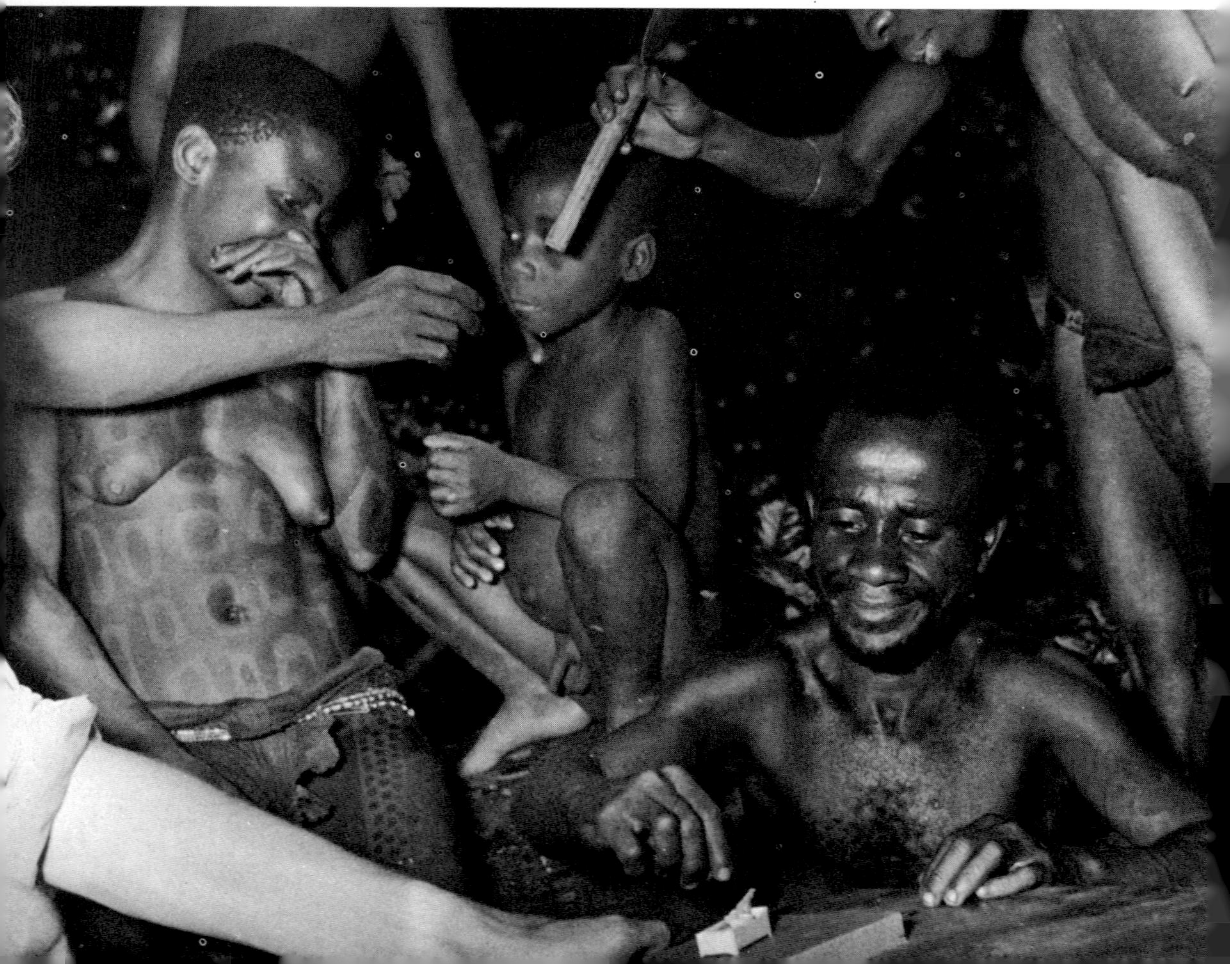

Meter weit, im Paßgang mit einer Geschwindigkeit von 30 km/st laufen, dann werden sie schon langsamer und rennen nur noch 15 bis 20 km/st. Die sportlichen jungen Schwarzen holten auf, während die Elefantenkälber hinter den großen zurückblieben. Mit langen Sätzen lief der schnellste Asandeh hinter einem der Kälber her, er wollte uns zeigen, war er konnte, er wendete sich einen Augenblick halb zurück und lachte uns zu, er packte das Kalb am Schwanz, er schlug ihm auf das Hinterteil. Der kleine Elefant fing wieder schneller zu laufen an, aber schon bückte sich der schwarze Läufer und hatte ihm seine Schlinge über das linke Hinterbein gestreift. Jetzt hielt er den Strick in der Hand und ließ sich von dem Elefanten nachschleifen. Ein zweiter Läufer war hinterher und stieß den Elefanten vorn an die Schulter. Der drehte sich um, schlug nach ihm, sperrte die Ohren ab und wollte ihn packen. Diesen Augenblick benutzte der zweite, um den Strick schnell um einen Baumstamm zu wickeln. Schon waren drei, vier andere da, das Tierchen wurde mit Stangen gereizt, es machte immer wieder Angriffe, und gleich hatte es eine zweite Schlinge um den Hals und wurde mit ihr an einen anderen Baum gebunden.

Misonne war mit seinem Schimmel im Bogen herumgeritten, er merkte nicht, daß ein Bulle mit langen Stoßzähnen kehrtgemacht hatte, um dem schreienden Elefantenkind zu helfen. Die Kornaks brüllten und winkten Misonne zu, aber er hielt das für Begeisterung wegen der gelungenen Fesselung.

Mir wurde ganz kalt. Als Misonne endlich den Blick wendete, war der Elefant schon auf acht Meter heran, und zum Unglück stolperte auch noch das Pferd und konnte nicht rasch genug wenden. Da stieß der wütende große Elefantenbulle mit dem Vorderfuß gegen einen Termitenbau im Gras, knickte ein, verfing sich mit den Stoßzähnen in der Erde und stürzte beinahe vornüber auf seine breite Stirn. Ehe er sich wieder aufgerafft hatte, war Misonne in Sicherheit.

Solche Vorfälle sind beim Elefantenfang nicht gerade selten. Meistens kann man die angreifenden Elefanten durch blinde Schüsse vertreiben, denn die Station hat heute den Ehrgeiz, möglichst wenig Tiere beim Fang zu töten. Wenn ausnahmsweise in der flüchtenden Herde nicht die Kälber, sondern große Elefanten am Schluß laufen, überholen die begeisterten Jäger diese oft trotz Verbotes und fangen die kleinen von ihnen. Das kann sehr leicht tödlich für die Schwarzen ausgehen. Immerhin waren schon fünfzehn von ihnen in den letzten drei Jahrzehnten beim Fang umgekommen, von den ungezählten schweren Verwundungen ganz abgesehen.

Wenn man so einen kleinen Elefanten an einen Baum gebunden hat, so ist er damit noch lange nicht wirklich gefangen. Glückt es ihm, sich wieder loszureißen, was gar nicht so selten geschieht, dann hat er gewonnen. Die Asandeh laufen ihm nicht zum zweitenmal nach, selbst wenn man sie dazu anfeuert, sie sind zu erschöpft. Und auch

Seite 128: Früh, kurz nach Sonnenaufgang, ehe sich die schneebedeckten Gipfel des Ruwenzori wieder mit Wolken umkleidet hatten, flog ich mit dem Kleinflugzeug bis zu seinen Gipfeln empor. Jahrtausendelang hatten die Schwarzen, die keinen Schnee kannten, geglaubt, die Bergspitzen beständen aus weißem Felsen.

wenn der kleine Gefangene wütend und schimpfend festgebunden bleibt, so ist er damit noch lange nicht lebend und wohlbehalten im Lager. Früher kam die Hälfte dieser Gefangenen um, jetzt etwa jeder zehnte. Diese Besserung ist das Verdienst der großen zahmen Elefanten, der Monitoren. Zwei von ihnen, auf deren Rücken Kornaks saßen, stellten sich rechts und links neben den Wildling. Der war sofort ruhiger und betastete die großen Elefanten mit seinem kleinen Rüssel. Sein Halsstrick wurde an den Bauchgurt des einen Monitors festgemacht, der Strick am Hinterbein des kleinen an den zweiten großen Elefanten. Dann gingen die beiden mit dem Neuling zwischen sich ganz ruhig und gemächlich ab, in nicht zu großen Abschnitten, mit Ruhepausen dazwischen, bis sie in Gangala waren. Wurde der Neufang aufsässig oder bösartig, dann drückten ihn die beiden großen Elefanten zwischen sich zusammen, bis ihm die Luft ausging.

Als wir abends nach Hause kamen, merkten wir erst, wie ausgedörrt wir waren. Wir konnten gar nicht mehr schlucken, weil uns die Spucke im Mund fehlte. Michael trank hintereinander acht Halblitergläser voll Grenadine, ich sieben. Diese Grenadine ist eine Art Himbeersirup, den man mit Wasser verdünnt. Unser Berkefeldfilter, der das durchlaufende Wasser bakterienfrei macht, war im Augenblick leer. Natürlich hatten wir uns außerdem durchgeritten und wußten kaum, wie wir sitzen sollten.

Den neugefangenen Elefanten war aber sicher noch weniger wohl zumute. Keiner von ihnen war länger als acht Wochen da, und sie hausten zu zweien oder dreien in Kralen, die aus dicht an dicht eingegrabenen Stämmen, richtigen Palisaden, im tiefen Schatten hoher Bäume gebaut waren. Früh um sechs Uhr geht so ein kleiner Elefant mit seinem Monitor am langen Strick auf die Weide, um elf Uhr marschieren alle, klein und groß, hinunter in den Dungu zum Baden. Die Elefantenkinder haben noch Angst, sie trauen sich nur ein Stückchen in das Wasser, aber die grauen Riesen gehen bis in die Mitte des Flusses und tauchen unter, so daß nur noch ein Stück ihrer Stirn herausragt. Auf diese kleine Plattform ziehen sich die Kornaks zurück. Sie können hier nicht baden, denn es gibt eine Menge Krokodile im Dungu. Vor ein paar Jahren ist an dieser Badestelle ein Kornak vom Rücken seines Elefanten abgeglitten — schon im nächsten Augenblick hatten ihn Krokodile gepackt, zerrissen und aufgefressen. Es kann auch vorkommen, daß ein Elefant so ein Reptil, das ihm zu nahe kommt, mit dem Stoßzahn hoch in die Luft wirbelt.

Die kleinen Elefanten finden sich bald in die neue, zahme Herde. Die meisten von ihnen laufen sehr rasch völlig frei neben ihren Monitoren. Immer wieder suchen sie vergeblich zwischen den Vorderbeinen der großen nach dem milchspendenden Euter. Daß eine Elefanten-»Mutter« gleichzeitig zehn Junge um sich schart wie eine Glucke ihre Küken, das ist ein Anblick, den es auf der Welt wohl auch nur in Gangala na Bodio gibt.

Nach dem Baden bekommen die Elefantenkinder aus Eimern Milch mit gekochtem Reis und Mais. Der Fang von so kleinen Elefanten ist viel leichter und bringt nicht so viele Verluste wie der von halbwüchsigen. Aber man kann die Elefantchen erst von ihren Müttern trennen, seitdem es Trockenmilch gibt, die man in großen Dosen zentnerweise ins Innere Afrikas befördern kann. Früher starben solche Babys stets. Nach ihrem Milchfrühstück ruhen die Elefantenkinder bis 16 Uhr im schattigen Kral, gehen dann wieder baden und bekommen am Abend nochmals ihren Trank und Berge von frischem Laub für die Nacht.

Erst nach einem halben Jahr, im Juni, beginnt ihre Lehrzeit. Sie müssen eine Stunde täglich nach indischer Weise folgen lernen. Dabei wird niemals geschlagen, wohl aber Gewalt angewendet. Der junge Elefant wird mit allen vier Beinen und dem Hals mittels langen Stricken an zwei Pfählen angebunden, die in sechs Metern Abstand stehen. Dann zieht man ihm die Hinterbeine nach hinten und die Vorderbeine nach vorn unter dem Leib weg und wiederholt dabei unermüdlich das Kommando zum Niederlegen. Dem Tier bleibt nichts anderes übrig, als im tiefen Sand auf den Bauch niederzugehen. Hat es das getan, und womöglich gar schon halb freiwillig, dann geben die Stricke sogleich nach, um ihm Gelegenheit zum Ausruhen zu geben. Außerdem bekommt es einen Leckerbissen zur Belohnung. Über kurz oder lang legen sich die kleinen Elefanten auf das Kommando von allein hin und heben sofort den Rüssel empor, um dafür bezahlt zu werden. Dann steigt allmählich der Kornak auf, und die Abwehr beginnt von neuem. Zwischen den zwei Pfählen lernen die Rüsselschüler auch noch, Gegenstände aufzuheben und dem Kornak auf dem Rücken abzuliefern. Das ist für später wichtig, denn er kann ja nicht immer absteigen, wenn ihm etwas herunterfällt oder wenn er etwas vom Boden aufheben will.

Diese afrikanischen Kornaks sitzen ganz anders und nach meinem Gefühl viel ungeschickter auf ihren Reittieren als die indischen. In Indien und auch bei uns im Zoo reitet man einen Elefanten, indem man sich auf seinen Hals setzt wie auf ein Pferd und die Beine rechts und links hinter den Ohren des Elefanten herabhängen läßt. Die Schwarzen dagegen sitzen mit angezogenen Knien hoch oben auf dem Rücken, sie halten sich an einem Strick fest, den der Elefant hinter den Vorderbeinen um den mächtigen Leib geschnürt trägt. Da das Rückgrat eines Elefanten nicht gerade eine weiche Sitzgelegenheit ist, legen sie sich einen kleinen, rund geflochtenen Teller aus Pflanzenfasern unter das Gesäß. Soll der Elefant vorwärts gehen, so treten sie ihn mit beiden Beinen gegen den Kopf, wollen sie ihn nach rechts lenken, so drückt das linke Bein des Reiters gegen seinen Hals, und ein Druck des kurzen Hakenstockes auf den Widerrist bedeutet Halt. Natürlich kommen die gesprochenen Kommandos noch dazu.

So gewöhnt sich der kleine Elefant daran, von einem Reiter gelenkt zu werden, aber noch immer hängt er mit einem langen Strick und einem Halsband an dem Monitor. Der junge Elefant legt sich auf Befehl nieder und läßt sich Fesseln um die Vorderbeine legen, damit er auf der Weide nicht zu weit wegläuft. Nach etwa acht Monaten ist er leidlich zahm. Dann legt man ihm das Zuggeschirr über Brust und Rücken. Es ist so schwer, daß ein einzelner Mensch es nicht anheben kann. Hat das Tier sich daran gewöhnt, werden die Zugketten angehakt, später an diese ein Holzklotz, der nachschleift, dann ein leichter Wagen, und endlich ein beladener. Der Elefant lernt auch Lasten tragen. Sobald er so zahm ist, daß er tagsüber mit den anderen auf der Weide laufen kann, braucht man um seine Gesundheit nicht mehr zu fürchten. Kranke Elefanten, etwa welche mit Gelenkentzündungen, erholen sich auf der Weide am besten. Zur Station gehören 2000 Hektar Weideland, die für etwa fünfzig Elefanten ausreichen. Dieses Gelände ist in Vierecke eingeteilt, die der Reihe nach je einen Tag abgeweidet werden. Während die Elefanten sich die Äste und das Gras abreißen, hauen die Kornaks auf dem nächsten Viereck Futter für die kommende Nacht. Das wird von den Elefanten in großen Wagenladungen nach Hause gezogen.

Diese zahmen Elefanten können meistens ganz frei herumlaufen, nur wenn wilde Herden in der Nähe sind, legt man ihnen Fesseln an. Manchmal laufen auch welche von den gezähmten davon. Einer, der die Nummer drei trug, kam nach achtzehn Monaten Leben in der Freiheit ganz unaufgefordert in die Station zurück, legte sich schon auf den ersten Befehl seines früheren Herrn nieder und folgte ihm dann willig wie ehedem. Ein anderer, Nummer 111, war davongelaufen, lebte aber jahrelang in der Nachbarschaft. Eines Tages kam er wieder, eine ganze Kolonie wilder folgte ihm. Auch Nummer 214, ein erwachsenes Männchen, war mehrmals weg, kehrte aber immer zurück, das letztemal folgten ihm zwei Weibchen. Entlaufene Bullen finden sich eher wieder ein als Weibchen. Das liegt wohl daran, daß Bullen nicht so leicht Anschluß bei fremden Herden finden.

Eine Nacht unter dem Äquator dauert zwölf Stunden — ich bringe es fast niemals fertig, so lange zu schlafen. Also nützte ich die Gelegenheit, mich um das Schlafen der Elefanten zu kümmern. Es war mir bis dahin nie gelungen, sie dabei in unserem Zoo zu beobachten, denn wenn man nur den Schlüssel in das Tor des Elefantenhauses steckt, hört man drinnen schon die Fußketten klirren: sie haben einen ungemein leichten Schlaf. Professor H. Hediger, Zürich, hat später indische Zirkuselefanten beobachtet, die in ihrem Zelt an allerlei Störungen und durchlaufende Menschen gewöhnt waren. Dabei kam heraus, daß ein Elefant sich im Durchschnitt für nicht mehr als zweieinhalb Stunden während der Nacht zum Schlafen hinlegt, und zwar meistens erst kurz nach Mitternacht. Wenn sie sich fast lautlos niedergelassen haben, sind sie auch sofort eingeschlafen, wie ihre tiefen Atemzüge verraten. Manche alten Elefanten sind ähnlich wie alte Pferde so steif, daß sie sich nicht mehr hinlegen können oder es nicht wagen, weil sie Angst haben, nicht mehr aufzukommen. Solche Tiere dösen dann im Stehen, bemühen sich aber, den Rüssel irgendwo aufzustützen. Die wilden Elefanten setzen auch ihre langen Stoßzähne auf die Erde. So ein Schlaf im Stehen dauert niemals länger als fünfzehn Minuten. Zwei alte Elefanten im Zirkus Knie, die Hediger beobachtete, rieben ihr Hinterteil an den nebenan Schlafenden, ja sie legten ihnen den Rüssel oder gar ein Vorderbein auf den Kopf, ohne daß die Schläfer sich davon stören ließen. Der Elefantenschlaf ist kurz, aber offensichtlich tief. Ein Hund, der fast den ganzen Tag verschläft, hat dagegen meistens einen sehr leichten Schlaf.

Ich ging mit der Taschenlampe nachts um drei Uhr durch die schlafende Station. Am Himmel waren Wolken, die Nacht war dunkel. Im Dorf wurde getrommelt, sie tanzten wieder. Gestern ging die Trommel bis sieben Uhr morgens. Früh hatte ich an den Spuren gesehen, daß ein Flußpferd über Nacht zwischen unserem Gästehaus und der Villa des Kommandanten durchgewechselt war. Vorige Woche waren vier wilde Elefanten in die Station gekommen, hielten sich bei den zahmen, angeketteten auf und drohten, die Krale der Elefantenkinder aufzubrechen. Da diese wilden Elefanten sich nicht verscheuchen ließen, sondern angriffen, mußte der Kommandant einen erschießen — sein Gehirn wurde gerade konserviert an ein Forschungsinstitut nach Belgien geschickt.

Es war ein wenig unheimlich. Die vier Wachsoldaten, welche aufpassen sollten, daß sich keiner der angeketteten Elefanten losriß, lagen in Decken gewickelt um ihr schwachglimmendes Feuer und schliefen. Ich ging leise an ihnen vorbei, weil sonst unfehlbar zwei mitkamen und sich mit gezückten Lanzen zwischen mich und die Elefanten stellten, eine Vorsichtsmaßregel, die hier nie außer acht gelassen wurde und die ihre guten Gründe hatte. Leise ging ich zwischen den zwei Reihen der angeketteten Arbeitselefanten hindurch, die sich mit den Köpfen gegenüberstanden. Während ich in den letzten Nächten *vor* Mitternacht niemals einen schlafend angetroffen hatten, lagen jetzt zwölf von den 16 am Boden, immer die Beine nach einer Seite weggestreckt. Leise richtete ich den Apparat auf einen und blitzte. Schon im nächsten Augenblick war das Tier aufgestanden, die kurze Störung hatte es sofort geweckt. Es ist merkwürdig, daß die großen Tiere sich durch Stöße und Laute ihrer Artgenossen nicht im Schlaf stören lassen, während das geringste ungewohnte Geräusch von anderer Seite sie sofort wach werden läßt. Kaum zu glauben, wie schnell ein schlafender Elefant wieder auf seinen Beinen stehen kann; unwillkürlich wich ich zurück. Elefanten verhalten sich hierbei übrigens auch nicht anders als wir Menschen. Eine junge Mutter läßt sich vom gewohnten Geräusch der Straßenbahnen und Autos nicht stören, das leise Quarren ihres Säuglings im Bettchen neben dem ihren aber macht sie wach. Der Soldat schläft übermüdet im Unterstand inmitten krachender Granaten; sobald jedoch das Feldtelefon surrt, greift er sofort danach.

Zum Teil hatten sich die Elefanten zum Schlafen richtige Kopfkissen aus den Ästen gemacht, die zum Füttern für sie aufgetürmt waren. Das tun sie auch im Zoo. Ein Elefant bekommt hier am Tage 350 bis 400 Kilogramm Laub und Pflanzen, aber er zerstreut viel davon unnütz. Als man die Reste zurückwog, kam heraus, daß er etwa 150 Kilogramm wirklich verzehrt und auch 150 Liter Wasser im Laufe von 24 Stunden verbraucht, wobei allerdings manches nur mit dem Rüssel auf den Körper gespritzt wird. Jeden Abend müssen ganze Berge von Laubästen mit schweren Wagen in die Station gefahren und vor den Standplätzen der Elefanten aufgeschichtet werden, damit sie über Nacht essen können. Die großen Tiere verdauen schlecht, sie kauen die Nahrung nur grob. Wenn sie liegen, müssen sie sich etwa alle Stunden erheben, um die großen Kotmassen loszuwerden.

Dagegen enttäuscht es, was Elefanten als Arbeit zu leisten vermögen. Ein Paar Elefanten zieht einen Wagen, der selber zwei Tonnen wiegt und vier Tonnen Last geladen hat, insgesamt also 120 Zentner — nicht mehr, als die Elefanten selber wiegen. Damit legen sie am Tag nur zwanzig Kilometer zurück, wobei sie in der

Woche nur fünf Tage arbeiten sollen und 4 km/st Geschwindigkeit haben. Sie pflügen in vier Stunden zwei Drittel Hektar etwa zwölf Zentimeter tief, und ein Elefant trägt 300 bis 400 Kilogramm Last auf seinem Rücken. Dabei sollen die Tiere alle Stunden für zehn Minuten verschnaufen und dabei wieder ein Bündel Futter bekommen. Das waren jedenfalls die Anweisungen der Elefantenstation für die Arbeitselefanten, die sie an Farmer auslieh. Ich glaube aber, die Arbeitsleistungen waren absichtlich niedrig angegeben, weil die Farmer anfangs die ausgeliehenen Tiere wie Lastwagen behandelten und viel zuviel von ihnen verlangten. So traten bei den mühsam gezähmten Tieren unerwartet viel Verluste auf. Kommandant Lefebvre erzählte mir, daß seine eigenen Arbeitselefanten heutzutage ohne weiteres bis neun Tonnen Last auf einem Wagen zogen. Ob nun mehr oder weniger, auf jeden Fall kommen die Elefanten mit den schweren Lastwagen und Traktoren bei weitem nicht mehr mit.

Der Kommandant war sich auch nicht sicher, ob es wirklich Zwergelefanten gibt. Die Station hatte einmal zwei besonders kleine Tiere, die beim Fang schon 1,30 Meter groß waren, dabei aber bereits Zähne von 0,70 Meter Länge hatten. Danach mußten sie im Augenblick des Fanges schon 12 bis 14 Jahre gewesen sein. In den nächsten zehn Jahren wuchsen die Zähne nur dreißig Zentimeter. Die Tiere, die mit 25 Jahren erst 1,60 Meter hoch waren und nicht mehr größer wurden, hatte man dann leider verkauft. Die Asandeh behaupteten, daß die Zwergelefanten eine Rasse für sich sind und in der Gegend von Rafia nördlich von Buta an der Grenze Französisch-Äquatorial-Afrikas leben. Die meisten Elefantenkenner aber glaubten, es seien immer nur vereinzelte kleine Tiere, die gelegentlich zwischen den großen vorkommen. Elefanten sind ja ungemein verschieden in ihrer Körperform und Größe.

Warum mögen in der Station nicht mehr Junge geboren werden? Es waren stets mindestens zwölf erwachsene Elefantenkühe und immer mehr als ein Bulle hier, oft weit erheblichere Zahlen. Trotzdem gab es nur vier Geburten, merkwürdigerweise alle im Jahre 1930, und dann wieder eine im Jahre 1954. Dabei weideten die großen Tiere miteinander, und man begrüßte es, wenn sie sich paaren. Das Liebesleben der Elefanten scheint also sehr viel weniger einfach zu sein, als man meist annimmt.

Zur Geburt legt sich die Mutter mitunter hin. Auf der Autospur, die nach dem Lager Rwindi am Eduardsee führt, versperrte eines Tages am Flusse Muwe eine Gruppe von Elefantenmüttern den Weg. Da der Konservator Hoier den Fluß nur auf der kleinen Brücke überqueren konnte, war es ihm auch nicht möglich, den Elefanten auszuweichen. Sie ließen sich weder durch Schreien noch durch Hupen verjagen. Die Nacht fiel, aber die Herde blieb. Eine Stunde verging, eine zweite, dann vier. Endlich, gegen elf Uhr, gaben die Elefanten die Straße frei, und der Wagen konnte weiterfahren. Was war geschehen? Eine Geburt in der Herde. Während die eine Elefantenkuh niederkam, waren die anderen alle hartnäckig bei ihr geblieben, um sie nicht allein zu lassen. So ein Elefantenkind ist 80 bis 85 Zentimeter groß und hundert Kilogramm schwer. Es trägt einen schwarzen Flaum, der bald verschwindet. Schon nach ein bis zwei Stunden trinkt es; die Mutter läßt sich dazu ganz tief herab, oft kniet sie mit einem Bein hin. Mit einem Jahr ist das Kind einen Meter groß, mit zwei Jahren 115 bis 120 Zentimeter und entwöhnt. Bis zu fünf Jahren wächst das Kind jährlich um zehn Zentimeter, später etwas weniger. In diesem Alter sind auch die Stoßzähne schon gut sichtbar. Aber noch sind die jungen Elefanten von Raubtieren gefährdet, besonders wenn sie nicht ständig von der Herde beschützt werden. Nur zwei Kilometer von der Station entfernt, wurde vor zwei Jahren ein Elefant von 150 Zentimeter Rückenhöhe von einem einzelnen Löwen getötet. Das Raubtier hatte nur Teile des Rüssels und der Aftergegend verzehrt.

Der Kommandant gab mir das Gästebuch, in dem mancher berühmte und hohe Name steht. Der König von Belgien, Generalgouverneure britischer und französischer Kolonien, ägyptische Minister, Weltreisende — die belgische Elefantenzähmstation war schon seit einem halben Jahrhundert einer der berühmtesten Plätze Afrikas, wenn er auch sehr schwer zu erreichen ist. Ich trug mich als erster Deutscher in dieses Buch ein und vermerkte darin, daß ich mir einen der 32 Elefanten, die augenblicklich hier leben, zum Andenken nach Frankfurt mitnehmen werde. Dazu hatte ich mich nämlich entschlossen, weil wir ohnedies für das Okapi von Stanleyville aus ein Sonderflugzeug nehmen mußten und darin noch Platz für weitere Tiere war. Afrikanische Elefanten sind viel teurer als indische, sie kosten gut das Doppelte. Das liegt daran, daß es in ganz Afrika nur *wilde* Elefanten gibt, die man erst für teures Geld fangen und zähmen muß. In Indien, Burma oder Ceylon kann man dagegen auf die Viehmärkte gehen und sich zahme Arbeitselefanten kaufen wie bei uns Kühe und Pferde. So kam es, daß man früher in den meisten Zoologischen Gärten nur asiatische Elefanten sah.

So ein kleiner Elefant ist ein heikler Pflegling. Immer wieder sah ich mir die graue Kinderschar an. Wer von euch wird groß werden, wen wird vorher der Tod ereilen? Ein größerer Jungelefant, der keine Milch mehr brauchte und auch schon gezähmt und folgsam war, wäre natürlich viel sicherer für mich gewesen, aber er war zu schwer, und er brauchte auch eine viel zu starke, widerstandsfähige Transportbox, so daß die Flugfracht gar nicht mehr aufzubringen gewesen wäre. Immer wieder saß ich mit Michael vor den Elefantenbabys. Endlich entschlossen wir uns für Dima, die erst 115 Zentimeter hoch und durchaus nicht freundlich, sondern recht angriffslustig war, aber viel und gierig aß. Der Asandeh-Elefantenjäger Ngolondima hatte sie vor sechs Wochen zwanzig Kilometer von der Station entfernt gefangen, nach ihm war Dima benannt. Wird sie jemals munter und gesund bis an den Main kommen?

Dima stammte aus einem der größten Elefantenparadiese, das es noch in Afrika gab. Um die Station lag nämlich ein Schutzgebiet von 3000 Quadratkilometern, in dem keine Elefanten gejagt werden durften, nördlich schloß sich gleich der Garamba-Nationalpark an, der 5000 Quadratkilometer groß ist. Hier hatte der Kommandant der Station von 1933 bis 1938 fünfmal ungeheure Ansammlungen von jeweils mehr als tausend Elefanten angetroffen, meistens in der Gegend von Nambalana und Magbwangeli. Warum die Elefanten sich in der Trockenzeit in so großen Scharen versammelten, ist nicht ganz klar. Wasser gibt es im oberen Uele immer. Früher zogen sie wohl in großen Herden während der Trockenzeit nach Süden in den

Urwald. Nun aber wagten sie sich anscheinend nicht mehr über den Kibali-Fluß, weil er jetzt ausgebaggert und das ganze Jahr sehr reißend geworden war. Elefanten sind recht vorsichtig, wenn sie Junge mit sich haben. Im Tal des Kibali war nun Industrie entstanden, es gab große Siedlungen von Minenarbeitern, Gruben, eine elektrische Zentrale, Autostraßen und Europäer. So werden die wilden Tiere Afrikas auch in den Gegenden, in die kaum ein Mensch hinkommt, von den Siedlungen an anderen Stellen beeinflußt.

Seite 137: Das Okapi hat große Trichterohren, weil es im Walde ohnedies nicht weit sieht.

X

UNTER FLUSSPFERDEN

Als wir schon vorbeigefahren waren, fiel mir ein, daß ich eben eine Lippennegerin gesehen haben müsse. Wir bremsten schnell, schalteten rückwärts — da kletterte die Frau den Straßenabhang in die Höhe und verschwand im Wald. Gerade konnte ich sie noch erreichen und mit viel Zureden bewegen, wieder herauszukommen. Vor Jahrzehnten hat eine Gruppe von diesen Schwarzen, deren Frauen die Oberlippen mit Holzscheiben bis zur Größe eines Obsttellers ausdehnen, verschiedene Ausstellungen in Europa, auch den Frankfurter Zoologischen Garten, besucht und überall ungeheures Aufsehen erregt. Wahrscheinlich hat man diese Frauen früher so verunstaltet, um sie vor den arabischen Sklavenhändlern zu schützen, die ja gerade in dieser Gegend ihr Unwesen trieben. Die jüngeren Frauen lassen aber schon längst ihre Lippen so, wie sie geschaffen sind, und die Riesenschnäbel sind ausgestorben. Durch einen Zufall hatten wir noch die wohl allerletzte alte Lippennegerin getroffen. Sie rauchte übrigens trotzdem seitwärts im Mundwinkel Zigaretten.

Ich hungerte schon seit zwei Tagen. Immer wenn ich in die Tropen kam, stellten sich bei mir Bauchschmerzen ein, und ich hatte lange damit zu tun. Einmal hatte ich sie mit Aureomycin bekämpft, in Südamerika mußte ich wochenlang Sulfonamide schlucken und wurde gleich wieder krank, wenn ich damit aufhörte. Jetzt nahm ich gar nichts, sondern hungerte mich aus. Mir war zwar schon schwach in den Knien, aber jetzt hatte ich endlich heraus, wie ich mit dieser ärgerlichen Krankheit fertig wurde. Wenn man nach Afrika fährt, denken alle Leute immer an Löwen und Giftschlangen, nicht aber an solche lästigen Dinge. So hatten wir von dem tagelangen Reiten in der Hitze Furunkel bekommen, die besonders unerfreulich sind, wenn man von früh bis abends in einem schlecht gefederten Lastwagen fährt. Ständig tauschten

Seite 138 oben: Die Löwin hat sich hier auf einen Termitenhügel gesetzt. Von ihm aus kann sie die ganze Umgebung überblicken.

Seite 138 unten: Wenn man im Kleinflugzeug niedrig über die Küste des Eduard-Sees fliegt, findet man immer wieder kleine Inseln und Sandbänke, die dicht mit Pelikanen besetzt sind.

wir das eine Luftkissen aus, das wir mit hatten. Schließlich machten wir kurzen Prozeß und spritzten uns alle halben Tage große Mengen Penicillin ein.

Gerade vor einer Plantage knallte es furchtbar; Michael konnte den Wagen eben noch zum Stehen bringen. Reifen und Mantel eines Rades waren völlig zerrissen. Das schlimmste aber war, daß eine Frau, die mit einem Korb auf dem Kopf vor uns ging, vor Schreck blindlings in einen Stacheldrahtzaun sprang und von uns erst wieder herausgewickelt und zurechtgeflickt werden mußte. Wir hatten uns schon immer gewundert, warum alle Schwarzen so Hals über Kopf die Straße räumten, wenn wir angebrummt kamen, und sogar noch meterhohe Böschungen hinaufkletterten. Unser Boy Hubert hatte immer sein Vergnügen daran, wenn wir durch große Pfützen fuhren und die nackten Gestalten mit Riesenfontänen überschütteten. Michael war auch selten zu bewegen, dabei langsamer zu fahren. Jetzt schimpfte er bei so einer Gelegenheit auf einmal fürchterlich; ein Bodenblech unter ihm hatte sich verschoben, und es stieg eine kniehohe Fontäne auf, von der ein Teil genau in seine Hosenbeine ging. Seitdem mied er tiefe Wasserlachen, denn das Bodenblech erwies sich als nicht wiederherstellbar, man mußte zeitweise sehr breitbeinig darüber sitzen.

Immer wenn wir im Dunkeln auf steilen Urwaldkurven um Felsecken herum abwärts fuhren, rechnete ich mir aus, daß es ja nachher ebensoweit wieder bergauf gehen müsse. Ich machte mir Sorge, ob unser Motor, in dem nur noch fünf Zylinder arbeiteten, das auf die Dauer aushalten könnte. Würden nicht bald auch die überlasteten anderen Zylinder platzen? Dann erfuhr ich unterwegs von einem Belgier, daß unser Volkswagen nur vier Zylinder hat. Ich fuhr zu Hause schon zwei Jahre damit. Daß es sogar Motoren mit zwei Zylindern gibt, beruhigte mich, denn dann durften ja noch mehrere von diesen Gebilden in unserem blauen Wagen zerspringen. Michael wendete bei solchen Reden den Blick von mir. Ich fürchte, er nahm mich nicht sehr ernst.

Wenn wir hier nach einem Regenguß so über die lehmigen Gebirgsstraßen rutschten, malten wir uns manchmal aus, was Mutti zu Hause wohl zu so einer Fahrt sagen würde. Sie sitzt daheim oft neben uns im Volkswagen. Im Geist ist sie auch hier dabei und gibt uns Ratschläge.

In Irumu war ein kleiner Flughafen, wir konnten belichtete Filme abschicken. Je eher sie aus diesem Klima hinauskamen, um so größer wurden die Aussichten, daß etwas darauf zu sehen war. Welch eine Wissenschaft war das Abschicken dieser Rollen! Wir hatten sie nur zur Wiederausfuhr in den Kongostaat eingeführt und mußten also von jeder Rolle nachweisen, daß sie wieder herauskam. Inzwischen waren die Filme aber belichtet, also »veredelt« und »bearbeitet« worden, sie hatten einen höheren Wert bekommen, weswegen wir Ausfuhrzoll und in Deutschland wieder Einfuhrzoll zahlen mußten. Zusammen mit einem tüchtigen jungen Sabena-Mann und seiner Frau verbrachten wir lange Zeit damit, Formblätter auszufüllen und mit Fuchsschwanz und Hammer passende Kistchen zu bauen. Die ganze Zeit lief vor dem Haus der Motor unseres Lastwagens (er brauchte, wie schon gesagt, vierzig Liter für hundert Kilometer). Der Sabena-Mann wurde immer wieder etwas unruhig und fragte uns, warum wir den Motor nicht abstellten. Aber wir hatten unsere guten Gründe. Wir hatten unseren Wagen mittags schon mit zehn Leuten erst vorwärts und dann rückwärts angeschoben, wir wollten das nicht wiederholen. Erst als der Sabena-Mann uns versprach, alle seine Leute zum gleichen Zweck zusammenzutrommeln, stellte ich die Zündung ab. Nachdem wir mit unseren Geschäften fertig waren, wurde aus der Nachbarschaft alles herbeigeholt, was Arme und Beine hatte. Michael begann zu kommandieren, ich setzte mich hinein, drückte auf den Starter — und der Motor sprang sofort spielend an. Das war eine der vielen Bosheiten dieses Autos.

Schon die alten Griechen hatten gehört, daß der Nil von einem sagenhaften Mondgebirge kommt. In diesen Bergen, die weiter ab von der zivilisierten Welt lagen, als die Vorstellungskraft reichte, sollten König Salomons Diamanten verborgen liegen. Auf diese Bergspitzen zu, die über fünftausend Meter hoch und von Gletschern und ewigem Schnee bedeckt sind, fuhren wir jetzt durch eine weite, wellige Hügellandschaft. Am Fuß dieses Ruwenzori-Gebirges sollte ein Hotel liegen, fast in Schweizer Klima, ein beliebtes Ziel für alle Europäer aus den umliegenden zentralafrikanischen Kolonien. Leider war kein Platz mehr darin zu finden, und wir mußten in der katholischen Mission um Unterkunft bitten, weil wir uns nicht mit Zeltbauen aufhalten wollten. Nachts ging ich noch mit der Taschenlampe hinter das Haus und fand drei Örtlichkeiten; zwei nach bewährter französischer Art, nur mit einem Loch im Fußboden, die dritte mit einem bequemen Sitz. Er trug aber eine Tafel mit der Inschrift: »Pater Eusebius«. Also mied ich diesen reservierten Platz.

Die freundlichen Weißen Väter luden uns zum Frühstück ein, aber sie konnten uns nicht lange Gesellschaft leisten, weil sie die Messe lesen mußten. Die große, turmlose Kirche war überfüllt. An den Hängen des Mondgebirges erklangen hier vor tausend schwarzen Gesichtern die uralten lateinischen Worte, die man in den katholischen Kirchen Deutschlands, Italiens, Amerikas, Japans und überall in der Welt hört. Schwarze Münder sangen die gleichen Antworten. Wie doch eine Idee Rassen und Meere überwindet! Als ich den Patres meine Verwunderung darüber ausdrückte, so viele Tausende Menschen hier zu sehen, erfuhr ich erst, daß wir heute Ostern hatten. Wir hatten es völlig vergessen. Nun war uns auch klar, warum wir keinen Platz im Hotel gefunden hatten.

Manche Pflanzer und Beamte zucken gern die Achsel über die Arbeit der Missionen. Auch ich habe auf meiner vorletzten Afrikareise einen Boy gehabt, der sich immer als frommer Protestant bezeichnete und mir dann doch die Hälfte der Wäsche stahl. Man vergißt eben gute Taten schnell, auch in Afrika, wo Missionare seit einem Jahrhundert gegen Sklaverei, Menschenfressen, Grausamkeiten und Demütigungen des Menschentums kämpfen — ohne Bezahlung und ohne übertrieben viel Dank in der Weltöffentlichkeit. Ich war überrascht von dem vorurteilslosen Denken der Weißen Väter, bei denen ich mehrmals übernachtete, und von der Selbstverständlichkeit, mit der schon damals weiße Patres einem schwarzen Bischof den Siegelring an der Hand küßten.

»Was für seltsame Namen die Schwarzen in Bunyoro, drüben in Uganda, ihren Kindern geben«, erzählte mir einer von ihnen. »‚Baruzalire' — es ist geboren zum Sterben, heißt einer. Oder ‚Bitakule' — es wird nicht alt; ‚Rukalema' — ja, der Tod ist Meister; ‚Gafabusa' — man stirbt für nichts; ‚Turuganirwa' — der Tod ist ohne Mitleid: ‚Tibanyenda' — niemand mag mich; ‚Balitirwarbusa' — man sollte es ohne Anlaß töten; ‚Byenobo' — Kind des Zornes; ‚Bazarwiki' — wozu geboren werden; ‚Ndaganbaki' — was soll ich sagen? Ein besonders schöner Name ist ‚Nsekanteberwe' — der Vater hat gelächelt bei der Nachricht. Aber wie düster sind die meisten Namen, wie wenig Lebensfreude und Hoffnung verraten sie. Eigentlich ist es schade, daß wir auch bei diesen Menschen unsere christlichen Namen einführen. Wenn man diese schwarzen Christen dabei ganz sich selbst überließe, vielleicht kämen dann ganz neue, hoffnungsvollere, zuversichtliche, frohere Namen...«

Wo unser blauer Wagen auf der einsamen Straße in den welligen Ebenen um den Eduardsee entlangfuhr, hoben sich Wolken von bunten Schmetterlingen auf, weiße, gelbe, rote, blaue, Kilometer um Kilometer. Sie wirbelten so dicht, daß wir mitunter kaum sehen konnten, es mußten Zehntausende, nein Hunderttausende, Millionen sein. Wir fuhren durch Wolken flatternder Willkommensboten in ein paradiesisches Land.

Wir sprachen nicht, wir sahen nur und sahen.

Die Straße verlor sich in den grünen Ebenen, unser schwarzer Führer hieß uns, einzelnen Radspuren zu folgen. Er packte mich an der Schulter und wies nach links. Eine Herde hellrotgelber Antilopen, wohl vierzig bis fünfzig Stück. Sie hörten auf zu weiden und sahen uns an. Ich bat Michael anzuhalten oder langsamer zu fahren, aber er zeigte verzweifelt auf den Kühler, aus dem Dampfwolken kamen. Der Ventilator arbeitete nicht, Michael mußte im vierten Gang und rasch fahren, um den Motor nicht zu heiß werden zu lassen. Welch schrecklicher Gedanke, hier mitten in der Steppe liegenzubleiben, wo wir hätten tagelang zu Fuß laufen müssen, um Hilfe herbeizuholen. So sausten wir schleudernd durch die Schlammpfützen, die sich unter dem Gras in jeder Bodensenke vom letzten Regenfall gebildet hatten. Eine

Seite 143 oben: Die Impala-Antilopen sind wegen ihrer Riesensprünge berühmt.

Seite 143 unten: Berge von Laub werden vor den gezähmten Elefanten aufgehäuft, die nachts angekettet sind. Sie verzehren ungeheure Mengen davon.

Seite 144 oben: Warum greifen die Elefanten Weiße an oder weichen vor ihnen zurück, nicht aber vor Schwarzen?

Seite 144 unten: Wir machten einen interessanten Versuch, zu dem wir Holzkohle brauchten. Bald sieht Michael wirklich wie ein Schwarzer aus.

Seite 145: Als künstlicher schwarzer Afrikaner konnte er den größten der Arbeitselefanten ohne Schwierigkeit reiten.

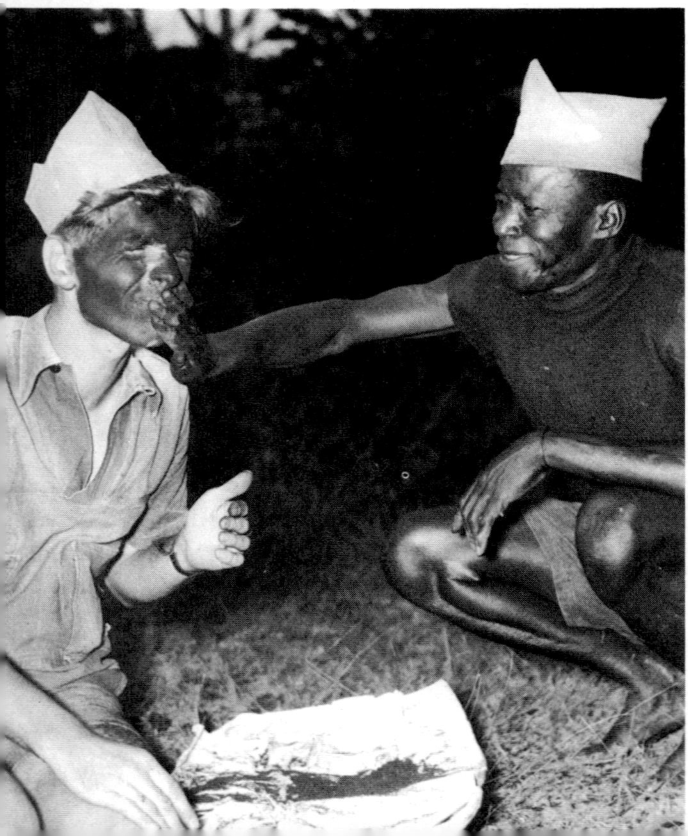

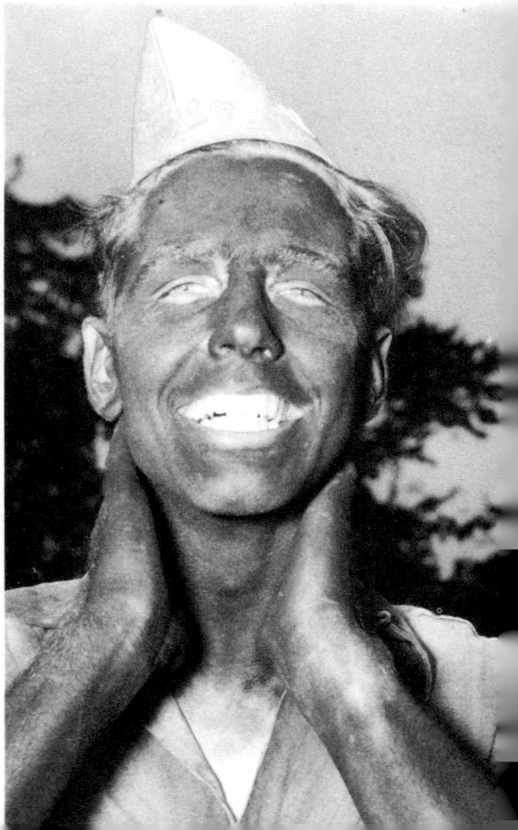

Herde von achtzig, hundert Kaffernbüffeln teilte sich und ließ uns durch. Am oberen Uele waren wir mehrere Tage jedesmal über dreißig Kilometer mit Trägerkolonnen durch die heiße Steppe marschiert, um welche zu sehen, und hier konnten wir nicht anhalten, nur wegen eines lächerlichen Riemens im Auto. Wir trösteten uns damit, daß wir in dieser Gegend sicher noch öfter auf Büffel treffen würden. Aber natürlich haben wir sie damals nie mehr so günstig gesehen.

Es mag Plätze auf Erden geben, die ebenso schön sind wie dieser Landstrich. Denn in ach so vielen Ländern bin ich noch nicht gewesen, ich kenne ihre Herrlichkeiten nicht. Aber einen *noch schöneren* Platz als diesen *kann* es nicht geben.

Die Küste fällt fünfzig Meter steil ab, der See ist so groß, daß man am anderen Ufer die mächtigen Kivu-Vulkane nur als schwache Schatten sieht. Unten fließt der Semliki aus dem See ab, er führt mit reißender Strömung die überschüssigen Wassermassen zweihundert Kilometer weiter zum Albertsee. So weit man sehen konnte, lagen an der Küste des Sees, weit draußen im offenen Wasser, mitten im Semliki, auf seinen Sandinseln, an seinen Ufern Flußpferde. Ich habe einmal hundert gezählt, die ich gleichzeitig von einem Punkt aus erblicken konnte. Am anderen Ufer stand ein Steppenelefant im Schatten eines Baumes, Herden von Antilopen weideten in der Savanne, die wir von hier oben wie aus dem Flugzeug überblicken konnten. Hinter uns zogen sechs Elefanten mit einem Kalb vorbei. Am Horizont, wo sich die Ebene gegen die Berghänge anhob, sah man wie kleine schwarze Punkte Büffelherden. Ein einzelnes Warzenschwein wühlte an einem Termitenhaufen in unserer Nähe. Hirschantilopen stiegen zum Semliki hinunter, um zu trinken. Unten an der Küste ungezählte weißrosa Pelikane mit leuchtend gelben Schnäbeln, noch mehr hellkehlige Kormorane, Ibisse mit ihren langen gebogenen Schnäbeln. Ein Paar Schreiseeadler mit schneeweißen Brüsten saßen unbeweglich auf riesigen Euphorbien. Nimmersattstörche überflogen im Gleitflug unter uns die Wasserfläche. Die Schwalben waren grauer als unsere, aber sobald man von oben auf sie sah, wenn sie die Flügel im Gleiten spreizten, sah man den Hinterrücken rot leuchten.

Und weit, weit im Umkreis nur Steppe, Wasser, Wolken, Tiere, keine Menschen. Man mußte die Augen schließen und glücklich sein.

(Manche Leute allerdings empfinden bei so einem Anblick ganz anders. Georg Schweinfurth schrieb: »Überraschend war die Menge der Nilpferde, die sich im Strom umhertummelten. In gewohnter Weise belustigte ich mich, über die Felsplat-

Seite 146: Die nördlichen Weißen oder Breitlippen-Nashörner kommen heute wahrscheinlich nur noch im Garamba-Nationalpark von Zaire vor. Auch dort sind während des Bürgerkrieges wohl vier Fünftel von ihnen ausgerottet worden. Die Gruppe in Uganda westlich des Nils dürfte ganz verschwunden sein. Dafür hat man in den Murchison Falls-Nationalpark einige eingeführt, die sich inzwischen erfreulich vermehrt haben. Ob und wie viele es noch im südlichen Sudan gibt, wo zehn Jahre lang eine Art Bürgerkrieg geherrscht hat, weiß heute noch niemand. Dagegen ist das südliche Breitlippen-Nashorn in Natal, welches ebenfalls schon beinahe ausgerottet war, in den letzten Jahrzehnten so stark vermehrt worden, daß man laufend gern welche an Zoologische Gärten abgibt.

ten weit in den Fluß hineinkletternd, an diesen Tierkolossen die Wirkung meiner Kugeln zu erproben. Mein Munitionsvorrat war groß, und die eigentliche Jagd erheischte nur geringen Aufwand. So feuerte ich stundenlang...«)

Es gibt hier keine Krokodile, wohl weil die Flußpferde zu zahlreich sind. Vom Ausfluß aus dem Eduardsee bis Kalande, also in den ersten 5,5 Kilometern, hatte man 1045 Flußpferde gezählt, das heißt jede fünf Meter eines! Im ganzen lebten an den ersten 32 Kilometern des Semliki 2087 Flußpferde oder alle fünfzehn Meter eins. Diese unzähligen Flußpferde würden die Eier und Jungen der Krokodile im Ufersand zertrampeln, so sagte man. Die Mündung des Semliki im Albertsee, der dreihundert Meter tiefer liegt, war dagegen berühmt für ihren Reichtum an diesen Reptilien. Ich sah von oben her, ein wie wohlgetretenes Wegesystem die Flußpferde unter Wasser haben. Sie lieben ja flache Gewässer, in denen sie auf dem Grund gehen und jederzeit leicht Luft holen können. Die Wege an den Ufern pflanzen sich unter Wasser fort. Von oben sahen wir auch, daß eine flache Bucht ganz voll war von Nestern, die große Fische in den Sand gewühlt hatten. Diese wohl dreiviertel Meter langen Fische verteidigen genau wie Stichlinge ihre Brut in diesen Bodenvertiefungen und greifen jeden an, der in die Nähe kommt. Da der ganze Boden mit Nestern übersät ist, von denen eins ans andere anschließt wie Bienenwaben, haben die Fische es schwer, von einem Ausflug wieder zu ihrem Nest zurückzukommen. Sie werden, wo sie nur vorbeikommen, gestupst und geknufft. Wie sie überhaupt unter den vielen hundert Brutlöchern ihr eigenes wiederfinden?

Auf dem Rücken eines Flußpferdes, das im Wasser lag, spazierte ein Vogel auf und ab. Auf einmal sprang ein großer Fisch einfach über den Flußpferdrücken hinweg. Michael machte einen Schrei des Entzückens. Er hatte diesen hübschen Vorfall gefilmt. Wollten wir mit Absicht so etwas aufnehmen, wir könnten wohl jahrelang darauf warten.

Der Fluß Semliki ist, nebenbei erzählt, durch ein Mißverständnis zu seinem Namen gekommen. Einer der ersten Weißen, die in die Gegend kamen, fragte einen Eingeborenen, wie der Fluß hieße, und der Mann, der die Sprache nicht verstand, antwortete: »Sem liki«, was so viel heißt wie »das ist nichts« oder »ich weiß nicht«.

Wir beschlossen, mit unserem blauen Wagen, an dem wir inzwischen allerlei herumgebastelt hatten, wieder in die Steppe zu fahren, um Büffel und Elefanten zu filmen. Dazu bauten wir das große Holzgestell mit Segeltuchverdeck ab, luden die Benzintonnen und das Gepäck ab und schraubten auf der Ladefläche das schwere Filmstativ auf, so daß wir die Kameras nach allen Seiten drehen konnten.

Nach drei Kilometern setzte der Motor aus, und der Wagen blieb stehen. Michael klappte die Haube auf und verschwand darunter, so daß nur noch sein Gesäß und seine Beine zu sehen waren. Er hatte in letzter Zeit fast eine Leidenschaft für Motoren entwickelt, und er war auch bei den Reparaturen in einer Werkstatt keine zwei Meter weit weggegangen. So fand er hier tatsächlich heraus, warum der Motor nicht mehr lief. Ein seltsam geformter Teil, den er als Benzinpumpe bezeichnete, hatte sich losgelöst. Am Tag vorher hatte er mir erklärt, daß dieses Ding wackele, daß es aber sicher mit Recht wackeln müsse. Auch manche Arten von Aquariumspumpen arbeiten nämlich durch Vibration. Nunmehr kam heraus, daß eine Motorpumpe mit einer Aquariumspumpe wenig zu tun hat. Es hatte sich ganz einfach die zweite Schraube gelockert, mit der das Ding an den Motor angeschraubt war, und war herausgefallen. Woher hier mitten in der Savanne Ersatz nehmen? Wir sahen uns alle Teile des Autos an, ob wir nicht irgendeine Schraube fänden, die nicht unbedingt notwendig war und die wir herausnehmen konnten. Sie waren aber alle kleiner oder größer, nichts paßte zu dem Gewinde der Benzinpumpe.

In verzweifelten Lagen kommt man zu verzweifelten Versuchen. Ich drehte mich wortlos um und ging den Weg zurück, den wir eben gefahren waren, den Blick zur Erde. Ich musterte Meter für Meter, und ein Wunder geschah. Nach einem halben Kilometer fand ich die Schraube mitten zwischen unseren Radspuren! Wir drehten die Benzinpumpe damit wieder fest. Natürlich ging immer ein Teil des Benzins daneben, weil die zweite Schraube fehlte. So wußten wir jetzt wenigstens, warum der Wagen so viel Brennstoff verbrauchte.

In der Zeit, in der Michael in den Motor gesehen hatte, waren übrigens seine Waden gehörig von der Sonne verbrannt worden. Wir schliefen aber ohnedies in dieser Nacht nicht, weil uns Moskitos folterten. Lange Zeit hörte ich immer wieder ihr angriffslustiges helles Summen und wartete mit Spannung, wo sie stechen würden. Dann standen wir auf und gingen ins Freie. Der Vollmond war so hell, daß er blendete. Oben, weit in den Bergen, leuchtete ein Waldbrand. Einer der Kivu-Vulkane blinkte an der Spitze. Als ich Michael darauf aufmerksam machen wollte und genauer hinsah, war der helle Fleck verschwunden. Blickte ich weg, so erschien er wieder. Das ist eine bekannte Erscheinung bei Dämmerungssehen, das kein scharfes Fixieren eines bestimmten Punktes ermöglicht. Wir sehen bei schwachem Licht keine Farben, sondern nur grau und nur mit Stäbchensehzellen. An dem Fleck unseres Augenhintergrundes, wo wir wirklich scharf sehen, gibt es aber keine Nachtsehzellen, sondern nur solche, die für das scharfe und helle Tagsehen bestimmt sind. Richten wir, um etwas scharf zu sehen, das Auge so, daß der fixierte Punkt sich an dieser Stelle des schärfsten Sehens im Augenhintergrund widerspiegelt, dann verschwindet er in der Nacht einfach, denn dort gibt es keine Sehzellen für schwaches Nachtlicht.

In der nächsten Nacht wollte Michael den Mondaufgang filmen. Er baute die Kamera mit dem Fernobjektiv noch bei völliger Dunkelheit auf. Ich ging keine zwanzig Meter von ihm weg und versuchte, mit dem Nachtglas in der Finsternis etwas zu erkennen. Wir sprachen halblaut miteinander. Nach einiger Zeit wunderte ich mich, daß er mir nicht antwortete, obwohl ich ihn dauernd dicht bei mir hörte. Als ich auf ihn zuging, merkte ich, daß ich gar nicht zu ihm, sondern zu einem großen Flußpferd gesprochen hatte, das mittlerweile zwischen uns geraten war. Auch Michael hatte von seiner Seite aus immer diesen Flußpferdbullen angesprochen.

Ich habe eine Schwäche für Flußpferde, und deswegen haben wir sie noch an vielen anderen entlegenen Plätzen besucht. An manchen Flüssen, zum Beispiel am Rutschuru und am Rwindi, sind sie so zahlreich, daß man ein Flußpferd auf alle 16 bis 20 Meter rechnet. In meinem Buch »Wir lebten mit den Baule« habe ich beschrieben, wie jede Flußpferdfamilie ein Stück des Wasserlaufes als Heim und Eigentum besitzt, auf festgetretenen Treppen und steilen Wegen seitwärts in der Nacht emporsteigt und auf dem eigenen Land grasen geht. Jede Flußpferdfamilie hat am Ufer ein Stück Landbesitz, der sich schmal und lang nach dem Hinterland zu ausdehnt. Nachdem ich vor drei Jahren wilde Flußpferde in Französisch-Westafrika im Weißen Bandama beobachtet und gesehen hatte, wie steil diese Kolosse die Ufer emporklettern, konnte ich nach meiner Rückkehr auch unseren großen Flußpferdbullen »Toni« endlich zum Familienvater machen — er hatte vierzehn Jahre lang einsam und unbeweibt gelebt. Als man das Frankfurter Elefantenhaus vor fast hundert Jahren baute, hatten die damaligen Zooleute noch nicht geahnt, daß Nilpferde auch in Gefangenschaft Junge bekommen könnten. Deswegen sahen sie das heizbare Innenbecken nur für ein einzelnes Flußpferd vor. Weil sie glaubten, daß so wohlbeleibte Kolosse nur sehr mühselig aus dem Wasser heraussteigen könnten, machten sie ganz flache, breite Treppen, die das halbe Becken ausfüllten. Als ich zurückkam, ließ ich sie sofort herausschlagen und baute trotz der Einwände des Wärters ganz kurze, steile und hohe Stufen. So faßte das Becken jetzt die doppelte Wassermenge. Ich konnte für Toni auf Brautschau gehen, ihm die Nürnberger »Gretel« zugesellen, und seitdem gebar Gretel regelmäßig Kinder. Frankfurter Flußpferde leben heute in den Zoos aller Erdteile, selbst in afrikanischen Tiergärten! Man kann im Zoo manches sehen, was man wieder in Freiheit nicht so beobachten kann: Das niedliche Flußpferdbaby kommt unter Wasser zur Welt, strampelt dann ein bißchen, bis es auf dem Grund des Beckens auf seinen vier Beinen steht, und taucht sofort empor, um Luft zu holen. Das ist das erste, was so ein neuer Flußpferd-Erdenbürger tun muß.

Überall aus den Flüssen kommen die Flußpferde etwa eine Stunde nach Sonnenuntergang die Steilwand auf Pfaden emporgestiegen, die sie selbst, ihre Väter und Vorfahren in langen Jahren und Jahrzehnten getreten haben. Manche sind so tief in die harte Uferböschung eingeschnitten, daß die dicken Bullen sich mit ihren runden Bäuchen hindurchquetschen müssen und man nachher Schmier- und Schleifstellen an den Kanten findet. Wir waren zwischen den weidenden Flußpferden herumgelaufen und hatten sie angeblitzt, ohne daß sie das viel störte. Bis auf etwa fünfzehn Meter konnten wir uns ihnen nähern, dann zogen sie sich zurück. Nicht so die Büffel. Wir hatten eine Gruppe mit der Taschenlampe angeleuchtet und sahen ihre Augen wie kleine Spiegel widerscheinen. Natürlich wollten wir sie auch im Dunkeln aufnehmen und gingen langsam und vorsichtig darauf zu. Als wir blitzten und selbst ein paar Sekunden hinterher fast blind waren, hörten wir plötzlich Hufetrappeln: die Büffel hatten uns angenommen und kamen auf uns zu. Uns fielen die schönen Geschichten

Seite 151: Hunderte von Elefanten sieht man gleichzeitig bei einem Flug über den Upemba-Nationalpark.

von Herrn Marinos ein, den ein Büffel mehrmals in die Luft geworfen hatte. Wir überlegten nicht lange, sondern rannten davon. Gut, daß wir unsere Apparate nicht wegwarfen! Am nächsten Morgen sahen wir an den Spuren, daß die Büffel nicht auf uns zugaloppiert waren, sondern im Bogen um uns herum, wohl um uns besser zu beäugen und Wind von uns zu bekommen. Immerhin, wir hatten Hochachtung vor ihnen bekommen.

Die Flußpferdbullen setzen ihren Kot immer an bestimmten Stellen neben ihren festen Wechseln ab. Sie versprühen ihn sogar mit raschen, propellerartigen Bewegungen ihres kurzen, aber muskelstarken Schwanzes. Durch diese Geruchsmarke wollen sie das Land für fremde Artgenossen als ihr Eigentum kennzeichnen, ähnlich wie Wölfe und auch unsere Haushunde zum gleichen Zweck ihren Harn gegen Baumstämme spritzen. Weil Flußpferdbullen das auch im Zoo mehrmals am Tage tun und damit die Wände verschmutzen, sind sie bei den Wärtern weniger beliebt als die Flußpferdkühe, welche diese Instinkthandlung nicht haben.

Die Asandeh haben dieses Verhalten der Flußpferde auch beobachtet und geben in einem Märchen eine hübsche Erklärung dafür:

Als Gott die Welt schuf, machte er zuerst die Wassertiere. Das Flußpferd sollte das erste Landtier werden, es wollte aber viel lieber auch in den Fluten leben. »Die armen Fische haben schon genug Feinde, die ihnen nachstellen«, erwiderte Gott auf das Bitten und Betteln des Flußpferdes, »ich kann ihnen doch nicht noch einen so großen Verfolger erschaffen!« Da versprach das Flußpferd hoch und heilig, daß es nie einen Fisch im Wasser anrühren, sondern sich nur von Wasserpflanzen und von dem Gras am Ufer ernähren werde.

Und zum Zeichen, daß es diesen Schwur gehalten hat, breitet jedes Flußpferd, wenn es aus dem Wasser steigt, seinen Kot über einem Busch aus. Es will dem Himmel damit zeigen, daß nicht eine Fischschuppe oder Gräte darin ist. Flußpferde sind im Gegenteil »Wohltäter« der Fische. Sie düngen mit ihrem Kot die Wasserpflanzen und ernähren Kleinlebewesen. Wo die Flußpferde ausgerottet sind, geht daher auch der Fischreichtum stark zurück.

Gegen Mitternacht stiegen die Flußpferde wieder ins Wasser hinab. Nur einige blieben länger. Wir wollten eines beim Klettern auf dem Steilhang knipsen und stiegen daher auch bis an den Fluß hinunter, um sie von dort zu erwarten. Allmählich waren wir so vertraut mit den Tieren in der Nachbarschaft und so sorglos geworden, daß wir wohl eine Stunde lang einzeln zwischen den Büschen am Flußufer umhergingen, weil wir verspätete Flußpferde ausfindig machen wollten. Solche Nächte bleiben unvergeßlich. Irgendwelche Vögel oder vielleicht auch Grillen gaben unaufhörlich glockenartige Töne von sich, die genau klangen wie eine Spieldose für Kinder, in der man eine Kurbel dreht und damit aufeinander abgestimmte Klangfedern einzeln

Seite 152: Eine schwierige Wahl – wir konnten uns ein Okapi für Frankfurt aus sieben aussuchen.

ertönen läßt. Frühmorgens sahen wir oben von der Böschung aus einen großen Leoparden aus dem Busch kommen, an dem wir in der Nacht gesessen hatten. Es wurde uns etwas ungemütlich, aber dann kam mittags um drei Uhr derselbe Leopard, während wir etwa hundert Meter entfernt waren, gemächlich in unser Lager und ging zwischen Zelt und Auto hindurch.

Ein einzelner Wasserbock wollte durch den Fluß. Er traute sich aber nicht. Mehrmals ging er am Rand einer grünen Halbinsel entlang, machte ein paar Schritte ins flache Wasser, wich aber wieder zurück, wenn es tiefer wurde. Dann endlich faßte er Mut und watete bis an eine Insel, auf der eine dichte Schar von Pelikanen und Kormoranen saß. Die Vögel flogen davon, ein Flußpferd kam neugierig näher. Der Wasserbock erschrak, sprang in eiligen Sätzen zum alten Ufer zurück und das Steilufer hinan. Ob er wohl heute noch über den Fluß kam? Mittags sprang ein großer Waran, der fast zwei Meter lang war, neben mir aus dem Busch, erschreckte mich zu Tode, rannte einfach frei über die Steilkante in die Luft und knallte 25 Meter tiefer auf den Ufersaum. Er schwamm eilig davon.

Eine Gewitterwand zog auf mit einem herrlichen Regenbogen darunter, der sich über das ganze Himmelszelt spannte. Es gelang mir, ihn in Farbe zu fotographieren. Dann warf ich die Kleinbildkamera weg und griff mir eine große, denn hinten kam eine Herde von über vierzig Steppenelefanten, begleitet von schneeweißen Kuhreihern, ein paar Warzenschweinen, die zwischen ihnen herumliefen, und von weißen Ibissen mit schwarzen Köpfen. Das alte Spiel begann. Wir gingen 'ran, knipsten, während die ersten Tropfen fielen. Die Elefanten blieben ganz friedlich, also wollten wir sie noch größer aufnehmen, wir schwankten dauernd zwischen Angst und Ehrgeiz. Schließlich goß es, daß wir die Elefanten kaum noch hinter dem grauen Vorhang erkennen konnten. Ich stülpte meinen Hut über die Kamera und drückte sie vorn an die Brust, krümmte mich darüber und rannte zum Zelt.

Wo Flußpferde verfolgt werden und selten sind, bekommt man sie schwer zu sehen. Am Dungu im Oberen Uele hatten die Schwarzen eins ausfindig gemacht, und da wir nicht ahnten, daß wir noch unter Hunderten von Flußpferden leben würden, waren wir besonders begierig darauf gewesen, diesen Einzelgänger zwischen den vielen Elefanten, Giraffen und Nashörnern zu filmen. Er war aber mißtrauisch und steckte immer nur ganz kurz die Nasenlöcher heraus, um Luft zu holen. Damals erinnerte ich mich an die Neugierde unseres Frankfurter Toni. Wenn wir nämlich irgend etwas Ungewöhnliches im Elefantenhaus zu tun haben, vielleicht eine Lampe zu reparieren oder einem Elefanten eine Medizin einzugeben, dann hören wir es plötzlich hinter uns rauschen, und Toni steigt halb aus seinem Becken, um nur ja alles genau sehen zu können. Er liegt dann breit über die Brüstung gelehnt wie ein behäbiger Bürger, der aus dem Fenster sieht. An diese Neugierde hatte ich mich also am Dungu erinnert und von einem Schwarzen eine Signaltrommel herbeibringen lassen, mit der die Nachrichten von Dorf zu Dorf gegeben werden. Es war ein völlig ausgehöhltes, kurzes Stück Baumstamm, das auf vier Füßen steht und oben einen Längsspalt hat. Die beiden Seiten waren verschieden dick und gaben so beim Trommeln zwei verschiedene Klanghöhen. Der Asandeh trommelte tüchtig am Ufer, und tatsächlich ließ das unserem Flußpferd keine Ruhe. Es tauchte ausgiebig und lange auf, um nur ja zu sehen, was da Seltsames am Ufer vorging. Wir konnten es dabei in Seelenruhe von allen Seiten knipsen.

Am Fundudjesee bei Sibasa in Südafrika sind die Flußpferde längst ausgerottet. In den letzten Wintern wanderte aber regelmäßig ein alter einsamer Bulle den Fluß hinauf an den See und zog im Frühjahr wieder ab. Immer wenn die jungen Mädchen aus dem Dorf am Ufer sangen und tanzten, kam er bis auf 25 Meter heran, hörte und sah zu und konnte sich von dem Anblick gar nicht trennen. Lake erzählt von einem Bekannten, der in einem hohlen Riesenbaum Flußpferdfleisch räuchern wollte, alles darin vorbereitete — und zu Tode erschrak, als er sich umdrehte und mit dem Kopf gerade gegen die Nase eines Flußpferdes stieß, das seinerseits sehen wollte, was denn in dem Baum auf einmal vorging. Auch im St.-Lucia-Naturschutzpark im Zululand Südafrikas erschien damals ein junger Flußpferdbulle im Garten des Hotels und hielt sich da für längere Zeit auf. Er suchte wohl Zuflucht bei den Menschen vor einem alten Bullen, der ihn verfolgte. Wo nämlich Flußpferde dichter zusammenleben, kommt es oft zu heftigen Brunftkämpfen. Dabei kann es gebrochene Beine und Schultern, sogar Todesfälle geben. So aufgeregte, wütende Flußpferdbullen können dann ganz ohne Grund harmlose Wesen angreifen. Im Queen-Elizabeth-Nationalpark in Uganda tötete ein Flußpferd ganz ohne Grund zwei angebundene Ziegen. Der Konservator Hoier zählte allein acht verschiedene Fälle im Albert-Nationalpark innerhalb weniger Jahre nach 1942 auf, in denen Menschen von Flußpferden getötet worden waren. Meist stießen die Schwarzen auf friedlich schlafende oder grasende Flußpferde, diese erschraken und griffen sofort an.

In der Bucht von Kanyazi am Ufer des Eduardsees hatte dieser Konservator sein Motorboot etwa 150 Meter vom Ufer vor Anker liegen, weil die Küste zu flach und die Wellen oft zu hoch waren, um das Fahrzeug ganz am Ufer zu vertäuen. An diesem Standplatz des Bootes siedelte sich ein Flußpferdbulle an, den der Konservator und seine Leute Joseph nannten. Er war wohl schon alt, jedenfalls besaß er keine Herde mehr. Trotzdem wurde er von den beiden Nachbarbullen wütend gehaßt und verfolgt, die nördlich und südlich vom Ankerplatz ihren Standort und ihre Harems hatten. Der eine von diesen schweren Recken hatte nur ein Ohr, der andere eine sehr helle, fast weiße Haut. Joseph erkannte die Menschen als Herren des Bootes an; wenn sie sich drin zu schaffen machten, rückte er zwanzig bis dreißig Meter ab. Er hatte herausgefunden, daß »Ohneohr« und »Weißhaut« sich vor dem Fahrzeug fürchteten; es wurde sein Schutzgott, und er hielt sich den ganzen Tag in seiner schirmenden Nähe auf. Einmal verbog er dabei die Achse der Schiffsschraube, das andere Mal das Gelenk des Steuers. Aber das wurde dem Alten nicht übelgenommen. Fuhr der Konservator Hoier mit dem Schiffchen davon, um die Seeufer zu besichtigen, dann begann ein schlimmes Leben für Joseph. Zum Glück dauerten diese Fahrten aber nie lange.

Eines Tages war Joseph ungewöhnlich lange am Morgen an Land geblieben, um zu weiden. Als er zurückgebummelt kam, waren die Leute gerade dabei, das Motorboot mit Hilfe eines kleinen Blechkahnes zu beladen, der vom Ufer aus hin und her ruderte. Joseph versuchte, schräg seitlich an der Menschengruppe vorbei ins Wasser zu gelangen, wurde aber sofort von »Ohneohr« bedroht, in dessen Revier er dabei geriet. Bei einem Versuch in der anderen Richtung nahm ihn »Weißhaut« in Empfang. Der große Kerl blieb eine ganze Weile ratlos stehen und handelte dann ganz überraschend. Als der Blechkahn das nächste Mal vom Ufer abfuhr, folgte er ihm im Abstand von wenigen Metern und gelangte so glücklich an seinen Zufluchtsort neben dem Motorboot.

Ein anderes Mal war das Motorboot zur Ausbesserung an Land gezogen worden, und so saß Joseph schutzlos im Wasser. Fast gleichzeitig stürzten sich »Ohneohr« und »Weißhaut« auf ihn, und die drei Ungetüme kamen rauschend und brausend auf die arbeitenden Männer zu. Aber nur Joseph entstieg wirklich dem Wasser. Er ließ sich an Land hinter dem Fahrzeug, nur wenige Meter von den arbeitenden Männern entfernt, nieder und blieb dort etwa zehn Minuten, bis er und seine bösen Verfolger sich beruhigt hatten. Joseph ist dann 1944 während eines Seuchenzuges leider gestorben.

Seite 157: Wir werden die Wochen unter diesem sorglos lebenden, unbeschwert kindlichen Volke niemals vergessen.

Seite 158/159: Die Ruindi-Ebenen am hoch gelegenen Eduard-See (912 m über dem Meeresspiegel) in Zaire. Zwölf Jahre lang waren diese berühmten Nationalparks den Besuchern nicht zugänglich.

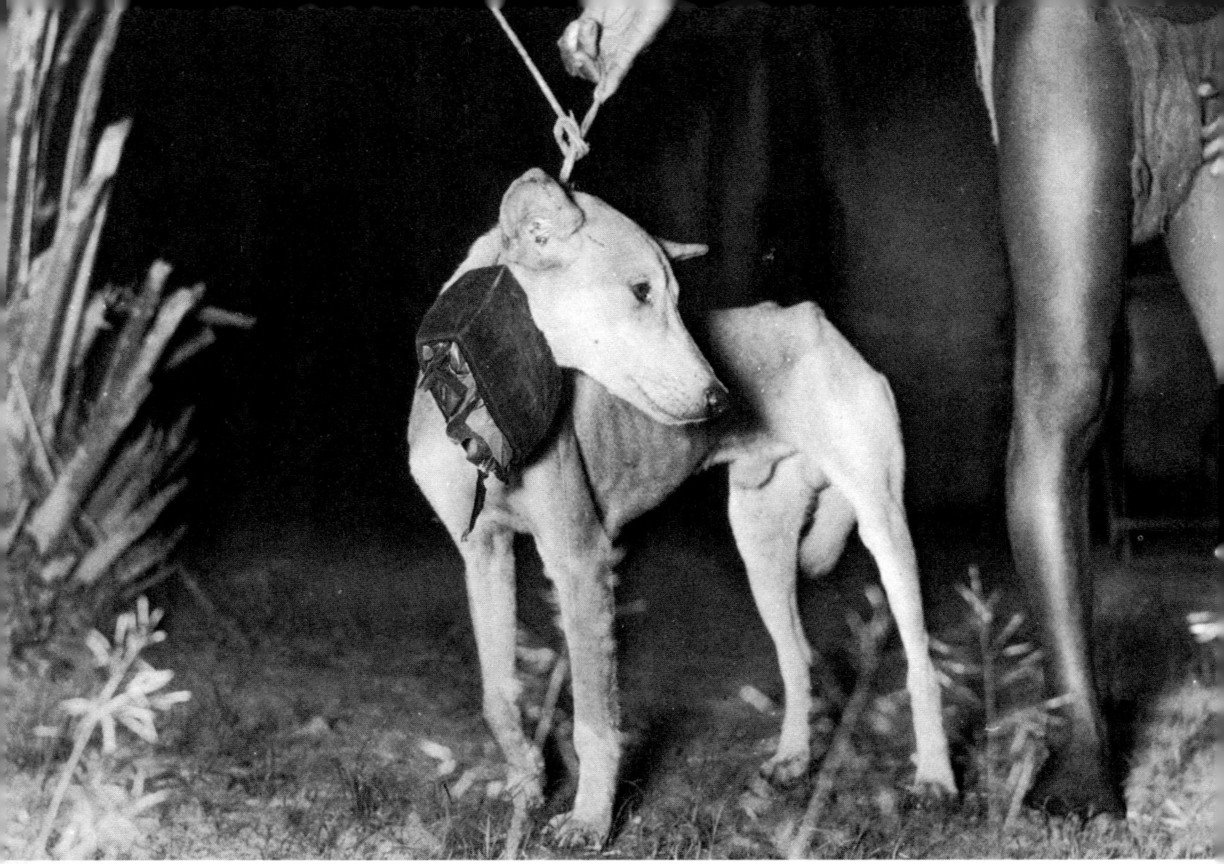

XI

DIE BAMBUTI

Wenn man Tage und Wochen in einem Auto sitzt, lernt man seine Töne kennen. Wir hatten bald erfahren, daß jeder neue Klang in dem Brummen und Rattern Unheil bedeuten konnte. Eines Tages waren wir immer wieder ausgestiegen, um die Reifen abzuhorchen oder herauszukriegen, warum es in unserem alten blauen Wagen ständig erneut leise pfiff. So eine tagelange unterbewußte Angst vor drohendem Unheil kostet Nerven; weder Elefanten noch Raubtiere, noch Wilde haben uns so oft in Aufregung gebracht wie dieses Auto. Nach zwei Tagen kam ich ganz durch Zufall dahinter, daß die Windschutzscheibe schuld an dem Pfeifen hatte. Sie ließ sich hochstellen, so daß der Fahrtwind unter ihr in die Kabine strich — eine großer Vorzug in den Tropen, den sonst kein Lastwagen hatte. War die Scheibe beinahe geschlossen, so pfiff die Luft hindurch und verursachte dieses unheimliche Geräusch.

Einen Tag lang haben wir Antilopenherden und Elefanten mit unheimlichen Heulen und Kreischen in Schrecken gejagt. Wir selbst zitterten am meisten, weil wir erwarteten, unser Auto würde jeden Augenblick mitten in der Steppe explodieren oder sich blockieren. Nachher hatten wir nur den Auspuff verloren. Der Fachmann, der das feststellte, wollte über hundert Mark dafür, daß er einen halbwegs passenden anschraubte. Da wir nun wußten, warum wir so schreckliche Töne von uns gaben, beunruhigten sie uns nicht mehr, und wir fuhren heulend weiter über Berg und Tal, bis wir halbtaub woanders zu einem Drittel des Preises einen Auspuff erstanden. Hielt Michael plötzlich an, dann bekam ich immer einen Schreck. So auch diesmal, bald nachdem uns hinter Irumu der hohe Ituri-Urwald wieder aufgenommen hatte. Es waren aber braune Zwergengestalten im Gebüsch neben der Straße, derentwegen wir hielten. Pygmäen!

Seite 160 oben: Diese armen Hunde der Schwarzen bellen nicht. Sie tragen daher hölzerne Glocken, damit man sie bei der Jagd hört.

Seite 160 unten: Der Kongo-Pfau wurde erst 1936 entdeckt, und zwar in der Rumpelkammer eines europäischen Museums! Er ist die einzige Pfauenart, die in Afrika vorkommt.

Der Ituriwald hat zwei Arten von seltsamen Lebewesen lange vor der übrigen Welt versteckt gehalten. Das Okapi, das erst zu Beginn unseres Jahrhunderts entdeckt wurde, und die Pygmäen, die der Deutsche Schweinfurth zwanzig Jahre vor Stanley 1870 als erster Europäer zu Gesicht bekam. Noch bis zum letzten Augenblick hatte er an die Erzählungen der Schwarzen nicht geglaubt. Er nahm an, es handle sich um einzelne mißgestaltete, klein gebliebene Menschen wie die Liliputaner, die man in Europa auf Schaumessen sieht, nicht aber um eine wirkliche zwergenhafte Menschenrasse.

Schon Aristoteles hatte in seiner »Naturgeschichte der Tiere« geschrieben: »Die Kraniche ziehen bis an Seen oberhalb Ägyptens, woselbst der Nil entspringt; dort herum wohnen die Pygmäen, und zwar ist dies keine Fabel, sondern die reine Wahrheit; Menschen und Pferde sind, wie die Erzählung lautet, von kleiner Art und wohnen in Höhlen.« Aber die Alten hatten auch von Harpyien mit Vogelkörpern, von Zentauren mit Pferdeleibern, von Sirenen und anderen Sagengestalten berichtet. Deswegen glaubte man weder an die Seen, aus denen der Nil entspringen sollte, noch an die merkwürdigen Zwerge.

Nun standen sie auch uns leibhaftig gegenüber, kleine, bräunliche, oft geradezu gelbliche Menschen, gar nicht mit Schwarzen verwandt. Die Köpfe kamen uns zu groß, die Oberkörper zu lang, die Beine zu kurz vor. Sie waren auch viel behaarter als die Schwarzen, besonders von den älteren Männern hatten viele richtige Backen- und Vollbärte. Durch die vorgewölbte Stirn, die eingedrückte Nasenwurzel, die braunen großen Mandelaugen wirkten sie oft gnomenhaft, meistens aber wie Kinder.

Wochenlang haben wir unter ihnen gelebt, und immer wieder waren wir versucht, sie als eine Schar Kinder anzusehen, nicht nur wegen ihrer kleinen Gestalt. Wir mußten uns stets von neuem klarmachen, daß sie erwachsene Männer und Frauen waren. Das Leben unter diesen ursprünglichen, fröhlichen, kleinen Wilden werde ich nie vergessen.

Wir hatten aus der Steppe in einem Kasten eine Anzahl Chamäleons mitgenommen. Damit sie bei Kräften blieben, setzten wir sie täglich auf einen großen Zweig, den wir in die Erde steckten, und gaben ihnen so Gelegenheit, Fliegen zu fangen. Da Chamäleons aber Einzelgänger und gar nicht für ein Herdenleben zu haben sind, bemühten sie sich immer, herunterzusteigen und das Weite zu suchen. Deswegen setzten wir einen der Zwerge daneben, der sie bewachen mußte. Außerdem verhießen wir Bonbon-Belohnungen denen, welche uns noch weitere Chamäleons anbrächten. Tatsächlich kamen sie schon nach ein paar Stunden mit so einem kleinen Tier an: Zehn Pygmäen brachten es, von denen jeder einzelne entlohnt sein wollte. Als noch ein elfter hinzukam, weigerte ich mich, worauf der kleine Mann wütend mit dem Fuß aufstampfte, sich auf der Stelle umdrehte, den Kopf hochwarf und abmarschierte. Er ließ sich von mir auch nicht zurückrufen, er war beleidigt. Nach einer Viertelstunde aber war alles vergessen, und er kam wieder mit fröhlichem Gesicht an.

Uns fiel übrigens bald auf, daß die Urwald-Chamäleons, welche uns die Pygmäen hier anbrachten, genauso aussahen wie die vom Steppenhochland. Wir schöpften einen Verdacht und begannen, unsere eigene Herde zu zählen. Bald kamen wir dahinter, daß uns die Zwerge täglich unsere eigenen Chamäleons immer wieder von neuem verkauften. Wer aber wollte ihnen deswegen böse sein? Schon vorher hatte es ein Mißverständnis gegeben. Wir hatten mit Zeichensprache, Gesten und Suaheliworten einem Trupp von ihnen Chamäleons beschrieben und glaubten, daß sie uns auch verstanden hatten. Nach ein paar Tagen kamen diese Pygmäen aber keuchend mit einem Baumstamm auf den Schultern an, an den unten ein fast drei Meter langes Panzerkrokodil geschnürt war, eine dieser spitzschnauzigen Echsen, welche den indischen Gavialen so ähnlich sind. Wir hatten für das große Tier gar keine Verwendung, aber bei nachträglicher Überlegung mußten wir uns zugeben, daß unsere handgreifliche Beschreibung ebensogut auf ein Chamäleon wie auf ein Krokodil paßte, nur die Größe war verschieden.

Die Bambuti, wie sie sich selbst nennen, schleppten unser vieles Gepäck tief in den Wald bis zu ihrem Lager. Ohne ihre Hilfe hätten wir vieles in den nächsten Wochen nicht zuwege gebracht. Schon am ersten Tag aber erschien ein großgewachsener Schwarzer, der recht herausfordernd behauptete, diese Bambuti gehörten ihm, wir hätten an ihn zu zahlen und dürften sie ohne seine Erlaubnis nicht für uns arbeiten lassen. Es gab ein ziemlich aufgeregtes Palaver; wir haben ihm nichts gegeben. Im Grunde genommen aber hatte der Mann gar nicht so unrecht.

Die Bambuti, von denen damals vielleicht zwanzigtausend in diesen Ituriwäldern leben sollten, werden etwa 1,40 Meter groß. Es gibt aber auch ausgewachsene Frauen, die noch nicht 1,20 Meter messen. Sie sind reine Jäger, die in Waldlichtungen immer wieder neue Hütten bauen. Nach ein paar Tagen oder Wochen zieht der ganze Stamm weiter. Sie kennen keinerlei Anbau von Feldfrüchten, sondern leben von Termiten, Schnecken, Raupen und von der Jagd. Auch Handwerke verstehen sie nicht, weswegen sie Bananen, Ackerfrüchte, eiserne Pfeilspitzen und ähnliche Dinge bei den Schwarzen eintauschen, denen sie dafür Fleisch liefern. Ein Stamm Pygmäen zieht in einem bestimmten Urwaldgebiet umher und tauscht ständig mit einem Dorf von Urwaldschwarzen, wodurch bald enge Wechselbeziehungen entstehen. Die Einwohner dieses Dorfes beschützen den Pygmäenstamm und beuten ihn meistens gehörig aus. Die Schwarzen, welche sich über die Urwaldzwerge turmhoch erhaben vorkommen und sie als so etwas wie Tiermenschen oder Schimpansen ansehen, fühlen sich als ihre Besitzer.

Die Vorfahren des Okapis haben früher ganz Afrika und Europa bewohnt und sind dann von anderen Tierarten allmählich verdrängt worden, die dem Kampf ums Dasein besser angepaßt waren. Ebenso haben auch die Pygmäen unter dem riesigen Blätterdach des Kongo-Urwaldes eine Zufluchtsstätte gefunden. Als nachher Schwarze, die ihrerseits von stärkeren Stämmen verjagt worden waren, vom Rand her in den Urwald eindrangen, wurden die Pygmäen von ihnen abhängig. Sie sprechen die Sprache dieser Negerstämme, meistens drei oder fünf verschiedene Negersprachen gleichzeitig, und sie haben auch sonst viel von den Schwarzen abgesehen.

Jahrzehntelang glaubte man, daß die Bambuti überhaupt keine Religion haben.

Erst Paul Schebesta, der lange Zeit unter ihnen gelebt hat, fand heraus, daß sie an ein höchstes Wesen glauben, an ein Fortleben der Seele nach dem Tode, aber nicht an eine Belohnung oder Strafe im Jenseits für die Taten in diesem Leben.

Die Bambuti glauben, daß sie durch eine Wildschweinjagd in den Wald verbannt worden sind. Gott, der Lust auf Schweinebraten bekam, schickte eines Tages erst die Schwarzen aus, um eines zu jagen. Sie fingen aber keins, und so mußten einen Tag später die Zwerge jagen gehen. Diese erbeuteten wohl ein Wildschwein, brieten es aber gleich im Wald und aßen es dort auf. Darüber wurde Gott so böse, daß er sie überhaupt nicht mehr aus dem Wald herausließ.

Kaum zu glauben, wie schnell so eine Pygmäensiedlung entsteht.

Erst schlagen die Frauen mit dem Messer alles Gebüsch ab, denn auf einen sauber gereinigten Platz legen sie Wert. Dann stecken sie Gerten mit beiden Enden in die Erde, so daß sie Bogen bilden, verflechten sie miteinander und errichten so das Gerippe eines eiförmigen Rundhauses. An großen Phrynienblättern wird der Blattkiel mit einem Messer ein Stück eingeschnitten, so daß ein Ende vom Blatt absteht und einen Haken bildet. Damit hängen die kleinen Frauen die Blätter wie Dachziegel in das Gertengerippe ein, und schon ist ein leidlich wasserdichtes Gehäuse fertig.

Leute, welche afrikanische Abenteuerbücher schreiben, schildern selbst heute gern die Pygmäen noch immer als scheue Waldwesen, die man erst nach tagelangen mühseligen Märschen in den Kongo-Urwald gelegentlich einmal im Gebüsch dahinhuschen sieht, die mit Giftpfeilen schießen und deren Vertrauen nur wenige nach vielen Mühen gewinnen können. Ein Amerikaner italienischen Ursprungs behauptete allen Ernstes, Pygmäen hätten ihm in den letzten Jahren, wie er noch rechtzeitig feststellte, einen gekochten Menschenarm vorgesetzt. Sie sollen geschlechtlich zügellos leben, nächtliche Orgien feiern und ähnliche Dinge.

Wahrscheinlich ist aber das tiefe Innere des Urwaldes menschenleer, auch leer von Pygmäen. Sie brauchen Verbindung mit Schwarzen, und die finden sich immer nur in den Randgebieten des Urwaldes oder an den Straßen. Heute dürften so gut wie alle Urwaldzwerge in der Nähe der Straßen, vor allem der Autostraßen, hausen, meistens nicht mehr als zwanzig Kilometer seitwärts von ihnen.

Auch für die Schwarzen, welche nicht gerade in der Nachbarschaft der Bambuti leben, sind die Zwerge höchst sehenswert und interessant, weil sie von ihnen schon gehört haben. Im Jahre 1933 feierte Stanleyville (Kisangani), die schöne, große Stadt am mittleren Kongo, die Hundertjahresfeier des Aufstandes der Belgier gegen die holländische Herrschaft und die Begründung des Staates Belgien. Dazu brachte man einen Trupp Pygmäen in die Stadt, der an dem Umzug teilnehmen sollte. Die Schwarzen, von denen zur Zeit dieses unseres ersten Besuches fast 50 000 neben den 4000 Europäern in Stanleyville lebten, gerieten in große Aufregung und Begeiste-

Seite 165: 1953 konnten wir noch eine der letzten Lippen-Negerinnen fotografieren. Man sieht, daß das Zigarettenrauchen dabei nicht ganz einfach ist.

rung über die Zwerge. Sie drangen in das Gehöft ein, wo der Pygmäentrupp untergebracht war, johlten, neckten und ängstigten die Kleinen, so daß diese völlig eingeschüchtert waren. Bei dem Umzug sprang schließlich der Anführer der Bambuti vor und drohte wutschnaubend, daß die Zwerge sich verteidigen und an jedem Übeltäter schrecklich rächen würden. Die Verwaltung mußte Gefängnis für jeden androhen, der die Urwaldgäste belästigte.

Die kleinen Menschen leben in Familien zusammen. Die nächste Verwandtschaft baut immer die Hütten nebeneinander, so daß man schon daran die einzelnen Sippen auseinanderhalten kann. Der Familienvater oder die Mutter hat noch etwas zu sagen, der Sippenhäuptling schon weniger. Einen wirklichen Stammeshäuptling wie bei den Schwarzen gibt es bei den Bambuti nicht. Sie leben eigentlich ohne Obrigkeit und Gesetze, nur nach ihren überlieferten Gebräuchen. Soweit ich es beurteilen konnte, lebten sie dabei trotz aller Armut recht glücklich, sicher weit fröhlicher als die viel wohlhabenderen Schwarzen oder gar als die Weißen. Die Kolonialverwaltung hatte immer wieder versucht, auch bei den Bambuti Häuptlinge zu ernennen, weil das bei den Schwarzen das Regieren, das Einziehen von Steuern und den Arbeitsdienst so sehr erleichtert. Bei den Pygmäen hat es aber noch niemand fertiggebracht, wirklich Kopfsteuer einzuziehen oder sie etwa zur Hilfe beim Straßenbau zu bewegen. Wenn ihnen etwas nicht paßt, verschwinden sie im Wald. Mancher Bambuti hat sich danach gedrängt, zum Häuptling gemacht zu werden, aber seine »Untertanen« kümmerten sich einfach nicht um seine neue Würde.

Weil man mit den großen Netzen gemeinsam jagen muß, wird auch die Beute brüderlich geteilt, wenigstens in der Sippe. Deswegen gibt es kaum Privatbesitz, und vielfach ist es ihnen unerträglich, etwas zu haben, was die anderen nicht bekommen. Wenn ich einem ein Bonbon gab, dann ging es von Mund zu Mund, damit jeder daran lutschen konnte. Zum Filmen und Fotografieren sortierte ich immer wieder hartnäckig zwei oder drei aus, die irgendwo von Schwarzen europäische Shorts eingetauscht hatten oder stolz in einer zerrissenen Weste von Weißen paradierten. Weil sie nicht wie die anderen in ihrem Lendenschurz gekommen waren, bekamen sie auch keine Schokolade. Dafür stellten sich die anderen, von mir Belohnten, zweimal an und versteckten das erste Stück in den Backen. Sie liefen dann sofort hin und brachten die Hälfte den Ausgestoßenen. Wir kamen erst später dahinter, daß wir sie mit Autoöl entzücken konnten. Sie hielten beide Händchen hin, ließen es sich hineingießen und verschmierten es sofort in die Haare und am ganzen Körper. Oder sie machten aus großen Blättern Schalen, ließen sich das Zeug hineintun, gingen dann beiseite, legten ein neues Blatt darüber und kamen sofort mit der unschuldigsten Miene noch einmal an.

Seite 166: Das ist der Krater des Nyragongo-Vulkans. Er ist zeitweise tätig und sendet auch jetzt Rauch empor. Paviane steigen bis zur ersten Innenterrasse im Krater hinab. Auf der zweiten, die hier wegen der Wolken nur undeutlich erkennbar ist und die noch tiefer nach innen zum Mittelpunkt hinabreicht, haben Wissenschafter eine Woche lang in Zelten verbracht.

Weil sie für uns lebende Tiere jagen oder mit uns filmen und fotografieren mußten, konnten sie kein Fleisch erbeuten, und wir mußten sie daher ernähren. Eines Tages marschierten wir zur Autostraße zurück und fuhren dann mit unserem Wagen bis zur Siedlung von Urwaldschwarzen, um dort zentnerweise Bananen für die Bambuti zu kaufen. Aus irgendeinem Grund wollten uns die Leute nichts abgeben. Darüber empörten sich die Bambuti, griffen in die Verhandlung ein, erreichten aber auch nichts. Schließlich sagten sie uns, wir sollten abfahren und dann mit ihnen zurückkommen, sie würden die Bananen eben stehlen. Bei dieser Ankündigung zogen es die Schwarzen vor, uns lieber welche zu verkaufen; die Zwerge erzählten uns dann, warum sie ein Anrecht auf die Bananen von den Stauden der Schwarzen zu haben glauben. Dabei muß ich noch einfügen, daß die Pygmäen der Ansicht sind, die Schimpansen hätten früher Häuser gebaut und Bananen gezogen, lange ehe die Schwarzen und die Bambuti das kannten:

Eines Tages gingen ein Schwarzer und ein Pygmäe zusammen durch den Wald. Sie kamen an ein Schimpansendorf, das ganz leer war, weil die Insassen gerade weiter ab auf den Feldern arbeiteten. Die beiden Wanderer sahen die hohen Bananenstauden mit den gelben Trauben der reifen Früchte. Der Schwarze war unsicher, ob sie nicht giftig wären, und überredete den Bambuti, davon zu kosten. Als nichts Böses geschah, aß er auch und war begeistert, wie gut die gelben Früchte schmeckten. Die beiden beschlossen, auch Bananen zu bauen, und stritten, wie man das mache. Der Bambuti nahm Bananen mit und legte sie als Samen in die Erde, der Schwarze aber pflanzte Stecklinge. Dem Zwerg verfaulten seine Bananen in der Erde. Als er aber nach Wochen in das Dorf der Schwarzen kam, standen schon die hohen Bananenstauden um die Häuser. Der Kleine ärgerte sich erst, erklärte aber dann: Ich bin eben kein Ackerbauer, sondern ein Jäger. Ich habe die Bananen entdeckt, baue du sie ruhig an, ich komme sie dann essen!

Es ist möglich, daß die Bambuti früher auch Menschen gefressen haben, denn sie haben im allgemeinen alles nachgeahmt, was ihre schwarzen Schutzpatrone ihnen vormachten. Manche dieser Urwaldschwarzenstämme, insbesondere aber die Mangbetu, von denen ich schon erzählt habe, waren noch zu Schweinfurths Zeiten Kannibalen.

Martin Johnson, der in den zwanziger Jahren die ersten schönen Tierfilme in Afrika gedreht hat, schreibt von den Pygmäen, sie hätten mit seinen Fotos gar nichts anfangen können, hätten sie verkehrt oder quer gehalten und sich selbst auf den Bildern nicht wiedererkannt. Auch bei anderen Reisenden habe ich solche Angaben über wilde Völker gelesen. Sie wollten mir immer nicht recht in den Kopf, weil meine Schimpansen und sogar Pferde bei richtiger Fragestellung sehr wohl Bilder erkannten. Schließlich sind ja Menschen, mögen sie auch noch so sehr im Urzustand leben, Tieren und Menschenaffen geistig überlegen. Deswegen zeigte ich unseren Bambuti mein Buch »Wir lebten mit den Baule« mit den vielen Fotos aus Französisch-Westafrika. Und wie sie die Bilder erkannten! Sie entdeckten Schimpansen, Meerkatzen, Schwarze und mit großem Entzücken vor allem auch Michael und mich auf den

Bildern. Ich kam mir vor, als ob ich mit einer Schar Kinder Bilderbücher besähe. Man sieht aber, wie leicht man durch Dolmetscherschwierigkeiten, oder weil die Befragten verschüchtert sind, zu falschen Schlüssen kommen kann. Wenn das schon für »wilde« Menschen gilt, wie sehr erst für Tiere, mit denen man sich ja noch viel schlechter verständigen kann.

So konnten wir auch nichts von einem »sittenlosen« Durcheinanderleben entdecken. Im Gegenteil. Die Zwerge lebten in Einehe, darin wichen sie von ihren Schutzschwarzen ab. Sie kaufen auch keine Frauen, ganz einfach weil sie nichts besitzen, womit sie bezahlen könnten. Deswegen heiraten sie nach der einfachen Kopf-um-Kopf-Regel. Ein Mädchen ist ja für ihre Sippe sehr kostbar, denn die Frauen müssen die meiste Arbeit besorgen, und sie bekommen Kinder. Wird ein Mädchen weggeheiratet, so wird die Familie und die Sippe empfindlich geschädigt. Man könnte sich durch Heirat innerhalb derselben Sippe helfen, aber Inzucht ist bei den meisten Naturvölkern verpönt und undenkbar. Deswegen gibt die Sippe ein Mädchen erst dann einem Bräutigam frei, wenn dieser ein anderes Mädchen aus seiner Sippe stellt, das dafür in die Sippe seiner Braut einheiratet. So wird der Schaden wieder ausgeglichen. Die jungen Leute können sich verlieben und sich selbst zueinanderfinden, nur muß der Bräutigam seine Schwester oder Kusine überreden, einen Verwandten seiner Braut zu heiraten. Deswegen ist es auch mit der Scheidung nicht einfach. Wenn eine Frau ihren Mann verlassen will, dann muß auch ihre Austauschfrau wieder zu ihrer eigenen Sippe zurück, und ob auch diese Frau ihren Mann verlassen will, ist sehr fraglich. Daher sorgen die Sippen meist dafür, daß die Ehen nicht auseinandergehen. Ein Bambuti kann sich eine zweite Frau für gewöhnlich gar nicht leisten, es sind auch nicht genug Frauen da, als daß die Sippe zulassen könnte, daß einer zwei davon auf Kosten anderer hat, die dann unbeweibt bleiben müssen. Wenn ein Bambuti trotzdem zwei Frauen heiratet, so lebt er nur mit einer zusammen innerhalb der eigenen Familie, die zweite bleibt in ihrer eigenen Sippe, so daß diese Doppelehe nach außen hin gar nicht in Erscheinung tritt.

Unser Boy Hubert tat, während wir bei den Zwergen lebten, so gut wie gar nichts mehr, wenn wir nicht auf ihn aufpaßten. Er ging bald dazu über, nur noch Bambuti zu kommandieren. Viele Urwaldschwarzen haben zeitweise nur von der Arbeit der Bambuti gelebt. Einzelne Stämme dieser Zwerge sind nämlich oder waren zumindest Elefantenjäger. Die kleinen Kerle schlichen, mit kurzen, aber breiten Spießen bewaffnet, hinter den Waldelefanten her und hieben diesen die Beugesehnen in den Hinterfüßen durch, wodurch die Tiere nicht mehr laufen konnten. Dann zerschlugen ihnen die Zwergmenschen den Rüssel und brachten sie zum Verbluten. Andere Stämme hatten noch grausamere Jagdweisen. Sie stießen dem Elefanten einen Spieß mit starken Widerhaken durch die Bauchdecke in die Eingeweide. An dem Spieß hing ein Strick mit Querhölzern. Die schmerzgepeinigten Tiere rasten davon und rissen sich die Bauchdecke auf und die Eingeweide heraus.

Immerhin gehörte zu dieser Art Elefantenjagd viel Mut. Zu Missionar de Leest kam ein schwerverletzter Bambuti, der sich die Eingeweide mit beiden Händen in den aufgerissenen Bauch zurückdrängte. Er war von einem Elefanten, den er schwer verletzt hatte, gepackt worden, hatte sich aber an einen Stoßzahn geklammert, als das Tier ihn damit auf der Erde durchbohren wollte. Der Elefant warf den Kopf hoch und schleuderte dabei den Zwerg in eine Baumkrone, wo dieser mit zerrissener Bauchdecke hängenblieb. Der zähe Bursche schleppte sich damit noch bis in die Mission. Der Pater nähte die schreckliche Wunde, weil nichts anderes da war, mit gewöhnlichem Stopfzwirn, er verband sie mit Zeitungspapier. Trotzdem war der zähe kleine Bursche nach kurzer Zeit wiederhergestellt.

Die Schwarzen haben lange Zeit »ihren« Bambuti das Elfenbein für ganz geringes Entgelt abgenommen und mit hohem Verdienst weiterverkauft; die Zwerge haben für Elfenbein selbst gar keine Verwendung. Auf diese Weise sind manche Schwarzen recht wohlhabend geworden, und sie kauften den Bambutimännern die kleinen Frauen weg. Wir sahen immer wieder in den Walddörfern Zwergenfrauen und vor allem eine Menge von Mischlingen. Das hatte so einen Umfang angenommen, daß viele Zwergenmänner überhaupt keine Frauen mehr bekamen, denn es ist für einen Bambuti so gut wie unmöglich, etwa umgekehrt eine Schwarze zur Frau zu erhalten. Die Urwaldschwarzen werden allmählich hellhäutiger und kleiner, ein Volk von Bastarden, und die reinblütigen Pygmäen müssen immer stärker abnehmen. Sie werden wohl ohnedies über kurz oder lang ganz verschwinden. Gerade deswegen war es für uns so reizvoll, sie noch kennenzulernen.

Eines Tages luden wir eine kleine Frau auf unseren Wagen, die von einem Radfahrer auf der Autostraße umgefahren und übel zugerichtet worden war. Wir brachten die Frau mit einem ganzen Schwarm von anderen Zwergen in ein großes Urwalddorf, wo ein schwarzer Sanitäter residierte. Dieser dicke Eingeborene pinselte die Wunden seelenruhig mit einer roten Flüssigkeit aus, die anscheinend furchtbar brannte. Jedenfalls jammerte die Frau schrecklich, sie hatte mit der linken Hand den Oberschenkel eines Mannes von lehmgelber Hautfarbe gepackt, der sich als ihr Sohn herausstellte. Immer wieder, wenn die Wunden bei der Behandlung brannten, krallte sie vor Schmerzen ihre Hand um den Schenkel des Sohnes. Da kam ein altes, nacktes Weiblein dazu, packte die Verletzte um die Schulter und fing lautlos, aber so stark an zu schluchzen, daß ihre Schultern zuckten und sie sich von Zeit zu Zeit aufrichten mußte, um mit einem Stöhnen tief Luft zu holen. Ich hatte den Eindruck, daß sie sich anstrengte, der anderen die Schmerzen abzunehmen oder ihr zu zeigen, wie sehr sie mit ihr litt. Dabei wurde mir zum erstenmal der ursprüngliche Sinn des Wortes »Mit-Leid« klar.

Manche Bambutisippen können nur bis fünf oder gar nur bis drei zählen. Schebesta fand eine Gruppe von ihnen, die noch kein Feuer zu quirlen verstand, sondern es sich von den Schwarzen holen mußte. Nach einem Bambutimärchen stammt das Feuer ursprünglich ebenfalls von den Schimpansen. Ein Pygmäe, der ein Schimpansendorf besuchte, freute sich über die Feuer und ging oft hin, um sich daran zu wärmen. Als alle Schimpansen in den Wald gegangen waren und nur die Schimpansenkinder im Dorf spielten, erschien der Pygmäe in einem seltsamen Aufzug. Er hatte hinten in seinen Lendenschurz ein ganz langes Stück Bast gesteckt, das ihm wie ein Schwanz nachschleifte. Die Kinder machten sich darüber lustig, und als er sich ans Feuer setzte, warnten sie ihn, seinen Bastschwanz nicht zu verbrennen. Der Pygmäe setzte sich aber absichtlich so, daß der Bast Feuer fing, und er rannte erschreckt, wehklagend davon. Als die heimgekehrten Schimpansen nachliefen, brannten die Feuer schon vor jeder Pygmäenhütte. Darüber waren die Schimpansen sehr ungehalten. Sie machten dem Dieb Vorwürfe, warum er sich das Feuer gestohlen hätte und nicht einfach darum gebeten oder es gekauft habe. Die Schimpansen waren darüber und über den Diebstahl der Bananen so böse, daß sie ihre Siedlungen aufgaben und ohne Feuer und Bananen in das Waldinnere zogen.

Wenigstens *einen* persönlichen Besitz hat wohl jede Bambutifamilie: einen Termitenhaufen. Diese Kerbtiere leben in ihren fest gemauerten Stöcken. Aus besonderen Öffnungen fliegen auf einmal Zehntausende von Königen und Königinnen aus, also Termiten, die Geschlechtswesen sind, Flügel für den Hochzeitsflug haben und im Gegensatz zu den Termitenarbeitern auch sehen können. Der Bambuti ist sehr darauf bedacht, daß er diesen Flug der Termiten nicht verpaßt. Er geht schon lange vorher regelmäßig an seinen Termitenstock, schabt mit dem Messer einzelne Gänge frei und wartet ab, wie lange es dauert, bis die Insassen die Löcher wieder zugemauert haben. Auf diese Weise können die Zwerge den Zeitpunkt des Schwärmens einigermaßen vorausberechnen. Ein paar Tage vorher zieht die Familie an den Stock, baut sich eine kleine Hütte daneben und errichtet über dem Termitenstock eine Art zweite Hütte, deren Wände nur eine Handbreit Abstand davon haben. Sie werden aus großen Blättern zusammengefügt. Wenn die Termiten dann wie Rauchwolken oben aus dem Stock zu ihrem Hochzeitsflug herauskommen, stoßen sie gegen die Blätterwand, fallen zu Boden und brechen die Flügel an den dafür schon vorgebildeten Stellen ab. Sie werden sofort in einer Grube zusammengescharrt, die vorher schon dafür ausgehoben ist. Diese gefangenen Kerbtiere werden teils lebend und roh gegessen, teils geröstet — sie schmeckten auch uns dann ausgezeichnet —, teils gemahlen, gebrüht und gekocht. Das gibt wahre Freudenfeste bei den sonst so genügsamen Waldzwergen. Auch manche Arten von Raupen, die mitunter zu Tausenden auf einmal auftreten, werden geröstet gegessen oder einfach zwischen zwei Fingern in den Mund ausgequetscht.

Schon den ersten Forschern fiel auf, daß man bei den Pygmäen nie Zwillinge sieht. Dabei geben die Bambuti durchaus zu, daß welche geboren werden, sie behaupten aber, sie wären immer zu lebensschwach und stürben. Da die Bambuti im Grunde genommen ein recht gesundes und lebensstarkes Völkchen sind, ist das unwahrscheinlich. Vermutlich geben sie nur dem Stärkeren der beiden zu trinken oder lassen eines oder beide Kinder aus irgendwelchen religiösen Gründen umkommen.

Die Tropengewitter sind in diesen Wäldern mit ihren Bäumen von vierzig bis sechzig Metern Höhe unvorstellbar wild. Es kracht und blitzt und knallt, die Bäume sausen und biegen sich. Die größte Gefahr ist, von einem herabstürzenden Ast oder einem fallenden Baum erschlagen zu werden. Zeitweise folgt ein knatternder Blitz so rasch auf den anderen, daß man geblendet bleibt. Die Bambuti haben dabei nur vor den herabstürzenden Ästen und umstürzenden Baumriesen Angst, nicht vor den Blitzen selbst — die Okapis verhielten sich übrigens genauso. Warum die Bambuti glauben, sie seien mit dem Blitz befreundet und brauchten ihn nicht zu fürchten, verriet uns wieder eines ihrer Märchen:

Auf einer Elefantenjagd verliefen sich ein paar von ihnen, gerieten auf einen ganz fremden Pfad und standen auf einmal im Dorf des Blitzes. Sie setzten sich friedlich an ein Feuer, als überraschend der Blitz nach Hause kam und sofort zwischen die Gäste knallte. Er war ganz verblüfft, daß sie gar nicht erschraken, sondern einfach sitzen blieben. Deswegen krachte er nochmals dazwischen, wieder ohne Erfolg, die Pygmäen blieben völlig ungerührt. Schon wollte er sie töten, da erfuhr er, daß sie Elefantenjäger seien. Seine Bananenpflanzen wurden nämlich schon seit Wochen von einem großen Elefantenbullen zerstört. Die Bambuti gingen mutig auf die Jagd und töteten den großen Elefanten. Der Blitz war ihnen dankbar und ist es heute noch, so daß die Bambuti im unerschütterlichen Vertrauen auf seine Freundschaft ihre Hütten oft gerade an die Stämme großer Bäume bauen und da auch nicht wegziehen, wenn der Blitz hineingeschlagen hat. Dagegen haben dieselben kleinen Männer nach Schebesta schreckliche Furcht vor jedem Regenbogen. Er ist für sie eine Riesenschlange, die zum Himmel aufstrebt und die auch alles Wasser in den Bäumen vergiftet. Ein Bambuti ist daher sehr vorsichtig, wenn der Regen von den Blättern tropft; er wartet lieber ab, bis die Sonne wieder scheint.

Aberglaube und Begeisterung für die Technik schließen sich bekanntlich nicht aus, wie wir an uns selbst täglich sehen. Die Bambuti glauben, feindlich gesinnte oder verdächtige Menschen mit ihren Pikipiki-Pfeifchen davon abhalten zu können, ihnen Böses zu tun. Das sind kleinfingerstarke Hölzchen, die ausgebohrt sind und auf denen man pfeifen kann wie auf einem Hausschlüssel. Unten in das Hölzchen stecken sie ein paar Haare oder ein paar Stoffasern vom Kleid des gefährlichen Menschen. Sobald sie dann auf dem Röhrchen pfeifen, muß der Betreffende vom Feind zum Freund werden — eine sehr einfache Weise, um Krieg in Frieden zu verwandeln.

Diese selben Bambuti hatten gar keine Furcht vor unserem Lastwagen. Als sie herausbekommen hatten, daß wir nicht böse wurden, wenn sie daraufstiegen, bildeten sie sich zu einer wahren Autoplage aus. Sie stellten an der Autostraße Wachen aus und winkten, wenn wir vorbeifuhren. Dann kam das ganze Völkchen mit Kind und Kegel und kletterte auf den Wagen. Vorn auf dem Kühler saß ein nacktes junges Mädchen, auf jedem Kotflügel ein paar, die Trittbretter hingen voll Zwerge, auf unseren Knien saßen welche, oben in der Zeltplane machten sie sich breit wie in Hängematten und traten sie durch, der ganze Innenraum war vollgestopft mit den kleinen Wesen — aber nie hat uns ein Gegenstand aus dem Auto gefehlt.

Sobald der Motor lief, fing ein athletischer kleiner Bursche an vorzusingen, und das ganze lebende Auto fiel ein. Wir wurden immer wieder aufgemuntert, recht weit zu fahren. Sie nannten unmögliche Ziele, Orte, deren Namen sie einmal gehört hatten, zu denen wir aber hätten ein oder zwei Tage fahren müssen. Wenn wir durch Pflanzungen von Urwaldschwarzen an der Straße fuhren, mußten wir laut hupen, damit nur alle sahen, daß sie jetzt weiße Patrone hatten, die sie spazierenfuhren. Ließen sich andere Pygmäen an der Straße blicken, so winkten sie großspurig ab und verboten uns anzuhalten. Wir konnten sie nicht schnell genug fahren. Irgendein Gefühl dafür, daß man dabei verunglücken könnte, hatten sie gar nicht. Sie wußten nicht, daß jüngere Autos weniger in Schlangenlinien fahren, sie vertrauten unseren Fahrkünsten ohne den leisesten Zweifel. Nie habe ich jemanden auf billigere Weise so restlos glücklich gemacht wie einen bärtigen Zwerg, den ich auf den Gashebel treten ließ.

Die Bambuti brachten uns sogar in den Wald zu ihren geheimnisvollen Zeremonien der Jünglingsbeschneidung. Dast ist ein Brauch, den sie auch von den Schwarzen übernommen haben, und zum Teil üben sie ihn mit diesen gemeinsam. Uns taten die armen Opfer leid. Sie waren ganz weiß angestrichen, trugen Schilfröckchen, mußten für Monate bei spärlicher Kost die Dorfsiedlungen meiden und in ihrer armseligen Waldhütte offensichtlich schrecklich viel Sprüche lernen. Ein Medizinmann stellte in singendem Ton Fragen, und die halbverhungerten Kerlchen mußten sie beantworten. Wenn einer steckenblieb, bekam er sofort Schläge. Die Mitwirkenden hatten verschieden lange Stöcke in der Hand, die beim Zusammenschlagen in abgestimmten Tonlagen klangen. Das Ganze hörte sich an wie ein harmonisches, wenn auch ein wenig hölzernes Glockengeläute.

Es war alles anders. Der Ituri-Urwald war keine fieberschwangere Tropenhölle, wie man in Büchern liest, und seine Zwerge keine giftschießenden Kannibalen, sondern fröhliche, liebenswerte, zutrauliche Menschenkinder. Wie würden wir sein zweites, noch größeres Geheimnis vorfinden, das geheimnisvolle Okapi? Um die Spannung verständlich zu machen, mit der wir den Okapis entgegensahen, muß ich weit ausholen.

XII

WIE OKAPIS UND KONGOPFAUEN ENTDECKT WURDEN

Als im Jahre 1838 ein bayerischer Soldat bei Marathon in Griechenland in einem trockenen Flußbett herumstieg, stieß er mit dem Fuß auf uralte Knochen. Ihre Hohlräume waren mit glitzernden Kristallen ausgefüllt. Der Bayer konnte nicht wissen, daß es wertloser Kalkspat war — er hielt diese Pracht für Edelsteine und sich selbst für einen gemachten Mann. So brachte er seinen Schatz zu Professor Andreas Wagner in München. Dieser mußte zwar den Finder enttäuschen, aber er entdeckte in dem Knochenhaufen den Kiefer eines vorzeitlichen Affen. Als dieser Fund veröffentlicht worden war, fingen auch andere Leute in dem Fluß bei dem Dorf Pikermi zu graben an. Vor vier Millionen Jahren hatte dieser Fluß eine tiefe Schlucht ausgeschwemmt, und dorthinein waren öfter Tiere gestürzt, wohl auf der Flucht vor Bränden oder Raubtieren. Unter diesen Tieren waren die Überreste eines Wesens besonders häufig, das die Gelehrten Helladotherium, »Griechenland-Säugetier« tauften. Am ehesten konnte man es noch mit Giraffen in Beziehung bringen, aber das ausgestorbene Tier hatte viel kürzere Beine als diese und bei weitem keinen Giraffenhals. Es war vor Jahrmillionen gestorben und verdorben. Das Helladotherium hatte keine Nachkommen oder Verwandte zurückgelassen, so glaubte man sechzig Jahre lang, bis dann...

Ja, dann fing die Geschichte dieses Fabelwesens an einem ganz anderen Ende von neuem an. Damals, um 1890, drang Henry Stanley von den zentralafrikanischen Seen

Seite 175: Rugarane-Vulkan, ein Seiten-Ausbruch oder »Satellit« des Niamuragira-Vulkans in der Gruppe der Virunga-Vulkane.

Seite 176/177 oben: Die Okapi-Fanggruben sind etwa zwei Meter tief. Die Pygmäen legen leichte Stengel darüber, decken sie sorgsam mit Blättern zu, und dann sind sie so wenig von der Umgebung zu unterscheiden, daß Michael in eine der Gruben hineinfällt.

Seite 177 unten: Ist ein Okapi gefangen, so wird um seine Grube ein Kraal und von da aus ein langer Gang aus Zäunen gebaut.

aus in die unerforschten Kongo-Urwälder ein. Er traf auf die Pygmäen und beschrieb in seinem berühmten Bericht »Im dunkelsten Afrika« sehr anschaulich, wie diese braunhäutigen Zwergmenschen leben. Dabei erwähnte er, daß sie ein Wort für »Esel« oder »Pferd« hätten. Sie waren nämlich über seine mitgeführten Pferde gar nicht erstaunt, wie er erwartet hatte, sondern sie behaupteten, daß sie ähnliche Tiere in Fallgruben fängen und äßen.

Das verwunderte wieder Sir Henry Johnston, der ein paar Jahre später als Gouverneur in der angrenzenden englischen Kolonie Uganda lebte. Esel und Pferde sind Steppentiere, sie meiden die Wälder. Also mußte es in den Riesenforsten des belgischen Kongo entweder doch eine Waldzebra-Art geben oder ein anderes Tier, das den Zebras ähnlich sah. Er fragte den berühmten Stanley selbst nach dem Wundertier aus, und die Sache machte ihn immer neugieriger.

Eines Tages bekam er ein Schreiben von der Verwaltung des neuen Kongofreistaates, worin er um Hilfe gebeten wurde. Ein Deutscher hatte eine ganze Pygmäenschar über die Grenze gelockt, vermutlich um sie zur Pariser Weltausstellung zu bringen. Da die ahnungslosen Waldkinder dabei wahrscheinlich zugrunde gehen würden, baten die Belgier den Gouverneur von Uganda, sie zurückbringen zu lassen. Sir Johnston tat das mit Vergnügen, und er nutzte die Gelegenheit aus, um selbst mit den Waldzwergen bis zu dem belgischen Grenzfort Beni zu reisen. (Wir haben dort übernachtet, es ist in diesen sechzig Jahren eine kleine Stadt geworden.) Der Engländer fragte die kleinen Kerle weidlich nach dem sagenhaften Großtier aus, und sie beschrieben ganz offen, daß sie es Okapi nennen, daß es fahlbraun oder dunkelgrau auf den Oberteilen des Körpers sei, aber Streifen am Bauch und auf den Beinen hätte. Die Belgier im Fort Beni bestätigten das und erklärten, bei ihnen liege irgendwo ein Fell davon herum, das er haben könne. Leider aber hatten es die schwarzen Soldaten schon zu Leibgürteln und Patronentaschen zerschnitten. Nur zwei Bruchstücke wurden noch aufgetrieben, und Johnston nahm sie mit.

Sir Johnston schickte die Fellstücke an die Königliche Zoologische Gesellschaft in London. Es war klar, daß sie keiner der bekannten Zebra-Arten angehören konnten. So gab man im Dezember 1900 eine neue Tierart bekannt, die den wissenschaftlichen Namen »Equus (?) johnstoni« bekam, was wörtlich »Pferd des Johnston« bedeutet, wobei man durch das Fragezeichen kundgab, daß man sich noch gar nicht einig war, ob es auch wirklich ein pferdeartiges Tier sei.

Diese Zweifel wurden schon ein halbes Jahr später geklärt, und zwar auf verblüffende und unerwartete Weise. Im Juni 1901 kamen in London nämlich ein vollständiges Fell und zwei Schädel dieses Tieres an; die freundlichen Belgier von Beni hatten ihr Versprechen wahr gemacht, Sir Johnston so bald wie möglich diese Tro-

Seite 178: Mindestens sechzig Flußpferde drängen sich hier in einem Schlammpfuhl der Ruindi-Ebenen zusammen. Die Spuren, welche von diesem Wasserloch aus nach allen Seiten abgehen, zeigen, daß diese Tiere gern gebahnte Pfade benutzen. Sie gehen meist nachts auf die Weide, sind aber auch gelegentlich am Tage dort anzutreffen.

phäen nachzusenden. Die Kopfknochen verrieten, daß das Tier gewiß nicht mit Pferden oder Eseln verwandt war, aber auch nicht mit Antilopen, mit Rindern oder irgendwelchen anderen, heute lebenden Tieren. Dagegen war es dem millionenalten Helladotherium in Griechenland verblüffend ähnlich. Die Zoologen mußten eine eigene Gattung für das Okapi machen, und deswegen steht heute am Gehege der Frankfurter Okapis »Okapia johnstoni«. Das Okapi ist so etwas wie eine Waldgiraffe mit kürzeren Beinen und Hals, eine altertümliche Urgiraffe. Manche solche alten Tierarten, die anderswo längst von jüngeren und »moderneren« verdrängt worden sind, haben anscheinend unter dem schützenden, dreitausend Kilometer langen, zusammenhängenden Blätterdach der Kongowälder ihren letzten Zufluchtsort gefunden: der Kongopfau, das urtümliche Riesenwaldschwein — und auch die Zwergmenschen.

Daß ein Großsäugetier, welches noch dazu so auffällig gezeichnet und geformt ist, bis dahin der zoologischen Wissenschaft unbekannt geblieben war, das bildete für die Tageszeitungen in allen Ländern der Erde eine der ersten großen Sensationen des neuen Jahrhunderts. Und wenn heute behauptet wird, daß im ewigen Schnee des Himalaja Riesenaffenmenschen, in den Alpen Tatzelwürmer, im schottischen Loch Ness Wasserungeheuer leben sollen, dann beruft man sich den spöttischen Wissenschaftern gegenüber gern darauf, sie hätten ja von dem Okapi auch nichts vermutet. Die großen Jäger wetteiferten, wer wohl als erster Weißer dieses scheue Wild erlegen würde, die führenden Museen wollten Skelette und Häute. Herzog Adolf Friedrich zu Mecklenburg, damals ein berühmter Afrikareisender und Schütze, versuchte 1907—1908, eines der Wundertiere vor die Büchse zu bekommen, doch es gelang ihm nicht. Er brachte fünf Felle und ein Skelett mit, die er bei den Zwergen eingetauscht hatte. Ähnlich ging es vielen anderen.

Je unerreichbarer und seltener sich das Okapi zeigte, um so mehr strebten die Menschen in Amerika und Europa danach, es kennenzulernen. Phantasievolle Zoodirektoren begannen davon zu träumen, daß sie Okapis wie Elefanten oder Giraffen in ihren Gärten hegen würden. Hatte man es schließlich nicht auch bei anderen Tieren jahrzehntelang fälschlich für unmöglich gehalten, sie in Zoos zu verpflanzen?

Lange Jahre bemühte sich eine Expedition unter der Leitung von Herbert Lang darum, lebende Okapis zum Bronx-Zoo, dem größten der vier New Yorker Tiergärten, zu bringen. Sein Mitarbeiter Dr. James Chapin — der zwanzig Jahre später noch als Entdecker einer anderen neuen Tierart am Kongo berühmt wurde — hat in seinem Bericht an die New Yorker Zoologische Gesellschaft sehr einleuchtend dargestellt, warum uns Weißen das Okapi so lange verborgen bleiben mußte.

Es hat sich in ein Gebiet zurückgezogen, das für Europäer wohl das ungünstigste der Welt ist. Dort lebt es nur in einem schmalen Streifen, der etwa tausend Kilometer lang und kaum 220 Kilometer breit ist und der obendrein noch gut tausend Kilometer von jeder nächsten Küste entfernt ist. Die Unermeßlichkeit dieser Wälder ist erschreckend. Sie dehnen sich 2900 Kilometer (= Madrid—Leningrad) ohne Lücke über den halben Erdteil, von der Guineaküste bis zu den schneebedeckten

Gipfeln des Ruwenzorigebirges. Trotz der tropischen Üppigkeit ist sie eine der ödesten Gegenden auf dem Antlitz der Erde, denn die glühende Sonne brennt über Meilen belaubter Weite, und die niemals nachlassende Hitze macht die feuchte Atmosphäre unerträglich. Über das gesamte Gebiet donnern und rasen fast täglich Stürme von tropischer Heftigkeit. Tatsächlich waren die vielen bleichen, verstörten und hageren Gesichter, die aus der westlichen Hälfte Äquatorial-Afrikas auftauchten, kein Anreiz für ein vergnügungssüchtiges Publikum. Die zahlreichen Sportsleute, die nahezu ganz Afrika besucht hatten, fanden nichts Anziehendes in diesen Wäldern. Hier sind die Eingeborenen zu Menschenfressern geworden, und die Gräber Tausender von weißen Männern sind ein Mahnmal für jene, deren jugendliche Kraft und Abenteuerlust zu einem plötzlichen Ende kamen.

Soweit die Schilderung von Dr. Chapin. Wir sind viele Wochen in diesen Wäldern gewesen, und ich muß der Ehrlichkeit halber sagen, daß sie mir bei weitem nicht so schlimm schienen wie den beiden amerikanischen Okapi-Suchern vor vierzig Jahren. Lang und seine Leute haben ihr Ziel übrigens nicht erreicht. Das erste Okapi, das in der Gegend des Ituri-Flusses gefangen wurde, sicher ein junges Kalb, lebte nur kurze Zeit bei einem belgischen Beamten. Als Lang 1909 das Glück hatte, ein zweites Jungtier zu fangen, kam es um, weil er nur Kondensmilch für vier Tage hatte. Er konnte nicht schnell genug mit seinem kleinen Okapi zur nächsten Ortschaft kommen.

Hohn des Schicksals: bald nachdem Lang und Chapin zu Kriegsanfang nach so langen Jahren in den Fieberwäldern heimgekehrt waren, fing man im Dezember 1918 ein drittes Okapi, das als erstes lebend in einen Zoo gelangen sollte. Eingeborene griffen es, als es noch wenige Tage alt war, in der Gegend von Buta, vierhundert Kilometer nördlich von Stanleyville. Der Distriktkommandant von Unter-Uele, oder besser seine Frau, zogen es mit Kondens- und Kuhmilch auf, und am 9. August 1919 lieferte es ein Regierungsbeamter im Zoo von Antwerpen ab. Leider blieb es dort nur noch fünfzig Tage am Leben.

Das nächste lebende Okapi kam erneut in den einzigen Zoo des belgischen Mutterlandes, aber erst neun Jahre später. Dieses Tier hat über fünfzehn Jahre dort gelebt; es ist während des Futtermangels unter der deutschen Besatzung am 25. Oktober 1943 gestorben. Okapis, die 1931 und 1932 nach Antwerpen kamen, starben jeweils nach vier Wochen. Ähnlich ging es mit zweien, die 1935 nach London und Rom reisten. Auch das Basler Okapi hat 1949 nur von Juni bis August gelebt. Am längsten hatte zur Zeit unserer Reise der Okapimann »Kongo« in einem Zoo verbracht, und zwar in New York vom 2. August 1937 an, bis man ihn am 2. Mai 1952 im Alter von siebzehn Jahren von einem qualvollen Gelenkleiden erlösen mußte. Während wir unser erstes Okapi aus dem Kongo holten, lebten nur in Paris, London, Kopenhagen und Antwerpen je ein Okapi und eins seit 1949 in New York. Unser Okapi für Frankfurt sollte das erste seiner Art sein, das je nach Deutschland kam, das sechzehnte, welches lebend einen außerafrikanischen Zoo erreichte, und das zehnte in einem nichtbelgischen Zoo. Außer Antwerpen hatten bis dahin nur England

(1935), USA (1937), Frankreich (1948), Schweiz und Dänemark (1949), ein lebendes Okapi gesehen. Antwerpen hielt ein Paar.

Seit 1933 waren diese seltensten Großsäugetiere gesetzlich geschützt. Sie wurden nur durch Beauftragte des Staates in wenigen Stücken gefangen und durch die belgische Regierung an wissenschaftlich arbeitende Zoologische Gärten abgegeben. Der Kongo besitzt gewissermaßen ein »Monopol« für Okapis. Ihr Verbreitungsgebiet ist etwa so groß wie die ganze Schweiz. Wie viele Köpfe von dieser Tierart, die seit Jahrzehntausenden auf dem Rückzuge ist, insgesamt noch leben mögen, kann niemand schätzen. Jedenfalls sind sie doch noch häufiger, als man vor einigen Jahrzehnten fürchtete; die Zahl der Spuren und der Felle, die bei den Eingeborenen auftauchen, verraten das. Die Jagdbeamten im Ituri-Urwald sagten mir, daß ein Paar Okapis auf den Quadratkilometer kommt. Das würde immerhin einige Zehntausende ergeben, also mehr, als es zum Beispiel Gorillas gibt.

Die Bemühungen, Okapis lebend aus Afrika herauszubringen, waren jahrzehntelang viel entmutigender, als die oben angeführten Zahlen vermuten lassen. Man hatte die Tiere zwar so schonend und vorsichtig gefangen, wie man das kaum bei einem anderen Wildtier tut. Trotzdem erlagen sie meist den Anstrengungen der Reise. Sie mußten nämlich vom Fang- und Eingewöhnungsort in ihren Transportkisten erst Hunderte von Kilometern bis an den Kongostrom fahren, dann gegen drei Wochen auf Flußdampfern reisen, in der Hauptstadt Leopoldville (Kinshasa) auf die Eisenbahn umgeladen werden und schließlich in der Hafenstadt Matadi wieder oft viele Tage warten, bis ein Dampfer sie übernahm und in wochenlanger Reise nach Europa oder Amerika brachte.

Von zehn Okapis, die 1949 von den Fanggebieten befördert wurden, kamen nur fünf lebend in Leopoldville an, und von den vier verladenen starben zwei auf dem Ozeanschiff, ein weiteres in Basel zwei Monate nach der Ankunft.

Auch wenn man sich klarmacht, daß die Pygmäen seit alters her fast täglich Okapis fangen und aufessen, mußte man sich fragen, ob man bei solchen Mißerfolgen den Fang nicht überhaupt aufgeben und die Tiere dort lassen sollte, wo sie waren. Aber auch in der Heimat der Okapis drangen jetzt die Bananenplantagen immer tiefer in den Urwald ein, man siedelte aus den Gebirgsgebieten große Scharen von schwarzen Arbeitern in neue Dörfer an den Urwaldstraßen um. Ein paar hundert Kilometer weiter waren große Minendistrikte entstanden, weil man dort Uran, Gold und andere wertvolle Metalle förderte. Wehe, wenn man etwa in der eigentlichen Heimat der Okapis Uran fände! Das Okapi war daher auch bedroht wie alle Wildtiere auf Erden. Wollte man es schützen und notfalls in anderen Teilen Afrikas neu ansiedeln, dann mußte man seine Lebensbedürfnisse und Lebensweise kennenlernen, und das konnte man bis dahin bei allen großen Wildtieren stets nur in der Gefangenschaft, im Zoo. Für ein so versteckt lebendes Tier wie das Okapi galt das ganz besonders.

Tatsächlich haben gerade auch die Okapis, welche Zoos erreicht haben und dort nach kurzer Zeit gestorben sind, uns um vieles weitergebracht, weil sie in den spezialisierten europäischen und amerikanischen Instituten nach ihrem Tode durch ganze Gruppen von Fachleuten sorgsam untersucht werden konnten. Man kam dahinter, daß sie meistens den Schmarotzern erlegen sind, die durch die Schwächung des Okapis während der monatelangen Reise und der gleichzeitigen Futterumstellung die Überhand gewinnen. Während die Urwaldgebiete trypanosomenfrei sind, werden die Okapis auf ihrer Kongoreise von Insekten gestochen und mit diesen Blutschmarotzern angesteckt. In den engen Behältern kommen sie immer wieder mit ihrem eigenen Kot in Berührung und nehmen so gehäuft die Eier von Darm- und Leberwürmern auf; die Wurmlarven dringen auch durch die Außenhaut in den Körper. Okapis nähren sich nur von bestimmtem Baumlaub ihrer Heimat. Während der Kongoreise müssen sie sich jedoch an andere Laubsorten gewöhnen, die an den Anlegestellen geschnitten werden, im Ozeandampfer gar an Luzerneheu, Mais, Brot und Rüben. Das wirft das wohlausgewogene Gleichgewicht zwischen Wirtstier und Schmarotzer um. Hätte man nicht durch die ersten, mißglückten Zootransporte die Anfälligkeit für bestimmte Trypanosomen entdeckt, gegen welche fast alle anderen afrikanischen Wildtiere unempfänglich sind, so hätte man sie sicher bei einer Umsiedlung, die vielleicht einmal innerhalb Afrikas notwendig wird, in völlig ungeeignete Gegenden gebracht. Die abtransportierten Tiere wären sofort gestorben, die Art erloschen.

Bis dahin waren überwiegend männliche Okapis aus Afrika herausgebracht worden. Da die Tiere völlig einsam leben und die Weibchen nur während der Brunft durch laute Schreie Männchen herbeirufen sollen, verringert das Wegfangen einzelner männlicher Tiere also nicht den Bestand in der Heimat. Die Fachleute haben aus den Mißerfolgen gelernt. Trotzdem erschien jede Verpflanzung dieses seltensten Tieres aus den Kongowäldern in einen Zoo der gemäßigten Zone im Einzelfall als ein großes Wagnis. Ein Zoodirektor, der einen so seltenen Pflegling in seinem Garten aufnahm, mußte immer schaflose Nächte haben. Aber dieses Wagnis mußte immer wieder von einzelnen Tiergärten unternommen werden, wenn sie ihre Aufgabe ernst nahmen, durch Forschungen die bedrohten Wildtiere vor dem Ansturm der ständig zunehmenden Menschheit zu schützen.

James Chapin hatte vor dem Ersten Weltkrieg im Kongo zwar kein Okapi fangen können, aber seine Reise sollte lange Zeit später doch ungeahnte Auswirkungen haben.

Ihm war 1913 eine rötliche Feder am Kopfputz eines Eingeborenen bei Avakubi im Ituriwald aufgefallen. Diese Sitte der Schwarzen, ihre strohgeflochtenen Kappen mit Federbüschen zu bestecken, hatte ihn schon manchmal geärgert. Denn sie führte dazu, daß seine Helfer den frisch geschossenen Vögeln, deren Bälge ins Naturhistorische Museum von New York gesandt werden sollten, Federn ausrissen. Hier aber brachte sie ihn auf eine neue Spur. Diese rötlichen Federn konnten der Farbe nach vielleicht von einer Eule, einem Raubvogel oder noch eher einem kuckuckartigen Vogel stammen — die Form paßte wieder gar nicht dazu, sie deutete auf einen Hühnervogel. Chapin nahm sich die Federn in das New Yorker Museum mit. Es reizte ihn, den zugehörigen Vogel zu finden. Aber alles Suchen in der Riesensammlung von Vogelbälgen des Museums, aller Briefwechsel mit anderen Vogelkundigen führte nicht weiter.

Bis zum Jahre 1936. Chapin war inzwischen längst Doktor geworden, er hatte ein umfangreiches Werk über die Vögel des Kongogebietes geschrieben, er war in diesen Jahrzehnten als großer Kenner der Kongotiere bekannt geworden. Als solcher besuchte er das große Kongomuseum zu Tervueren in Belgien. Zufällig sah er dort im Vorbeigehen durch die offenstehende Tür in eine Art Rumpelkammer, in der alte, überholte und verdorbene Museumsgegenstände weggestellt worden waren, um vernichtet zu werden. Dabei sah er zwei verstaubte, ausgestopfte pfauenartige Vögel. In jedem anderen Museum, so erzählte er später, wäre er achtlos vorbeigegangen. Im Kongomuseum zogen sie jedoch seine Aufmerksamkeit auf sich, weil er wußte, daß es nur Kongotiere umfaßte. Weder Pfauen noch echte Fasanen haben aber jemals in Afrika gelebt. Er trat deswegen in die Kammer ein und las das vergilbte Schildchen an dem Brett, auf dem die beiden ausgestopften Tiere aufgestellt waren. Es lautete »Junge Pfauen, eingeführt«. Diese Aufschritt konnte nicht stimmen, denn das männliche Tier hatte lange Sporen, mußte also älter sein. Was ihn aber geradezu aufregte: Diese ausgestopften Tiere hatten dieselben Federn, die er seit zweieinhalb Jahrzehnten suchte! Er schickte sofort zwei Federn aus dem Flügel mit Luftpost nach New York, damit sie dort mit seinen alten Mustern verglichen würden. Siehe da, es waren die gleichen.

Aus den Büchern des Museums ließ sich auch noch feststellen, woher diese ausgestopften Tiere gekommen waren. Von der Kasai-Handelsgesellschaft, die vor 1914 große Monopole im südlichen Kongo gehabt hatte, war damals eine Sammlung ausgestopfter Vögel dem Museum übergeben worden. Natürlich schloß das nicht aus, daß die seltsamen, unbekannten Vögel vielleicht doch aus Ostasien stammten oder Kreuzungen mit Hausgeflügel waren. Wenige Tage darauf aß Dr. Chapin mit einem belgischen Ingenieur zu Mittag, der vor zwanzig Jahren bei den Bergwerken im Minendistrikt des östlichen Kongo angestellt gewesen war. Dieser Herr erzählte ihm, daß er 1911 einmal einen Vogel gegessen hätte, den ihm Eingeborene gebracht hatten. Er hatte dieses Tier nur einmal während seines zwanzigjährigen Aufenthaltes im Kongo gesehen — und seine Beschreibung stimmte genau mit den Pfauen im Museum überein. Dr. Chapin veröffentlichte seinen Befund. Sehr schnell kam aus England die Nachricht, daß dort irgendwo über dem Sofa ein weiterer ausgestopfter Vogel der gleichen Art hing. Ein Verwandter hatte ihn im Kongo geschossen. Dr. Chapin fuhr nach England, und tatsächlich, es war das gleiche Tier wie in Tervueren. Chapin nannte ihn den Kongopfau, Afropavo congolensis. Es war eine urtümliche Pfauenart, die sich offensichtlich nur hier im Kongo-Urwald, dem großen Zufluchtsort altertümlicher Tierarten, noch erhalten hätte. Als die neu entdeckte Tierart in den Kongozeitungen beschrieben wurde, mehrten sich sofort Nachrichten von Leuten, welche die Vögel schon geschossen hatten. Dr. Chapin flog an den Kongo. Er konnte 1937 dort vierzehn Stück dieser neuen Tierart erlegen.

Als ich vor ein paar Jahren in New York war, führte mich Direktor Crandall durch den Bronx-Zoo, den größten der vier Tiergärten dieser Stadt. Hinter den Fasanengehegen brachte er mich durch ein Haus, das für das Publikum nicht zugänglich war, zu ein paar versteckten Volieren. Darin saßen zwei wenig ansehnliche pfauenartige Vögel, die gerade in der Mauser waren. Ich verstand erst nicht, warum mein Kollege von diesen beiden Tieren soviel Aufhebens machte, bis mir dann auf einmal klar wurde: Es waren Kongopfauen. In diesem Augenblick wurde auch mir ehrfürchtig zumute.

Die Zoologische Gesellschaft New York hat nämlich im Jahre 1948 Charles Cordier mit seiner Frau in den Kongo geschickt, um dort Kongopfauen zu fangen. Cordier ist ein zäher und geschickter Mann, der noch jedes Tier nach Hause gebracht hat, wenn man ihm genügend Zeit dazu ließ. Natürlich halfen ihm dabei auch die reichen Geldmittel, welche amerikanischen wissenschaftlichen Einrichtungen zur Verfügung stehen. Er kam nach zwanzig Monaten mit sieben Kongopfauen zurück, leider allerdings sechs Hähnen und nur einer Henne. Es waren bis dahin die einzigen Kongopfauen, die jemals außerhalb Afrikas gehalten worden waren. (Inzwischen sind um 1960 vereinzelt Kongopfauen in Zoologische Gärten gekommen. Im Frankfurter Zoo lebten zwei mehrere Jahre lang.)

Diese lustige Mischung aus Unterschrift und Zeichnung hat Dr. Chapin in das Gästebuch des Direktors des Nationalparks in Uganda eingeschrieben.

XIII

DAS ERSTE »DEUTSCHE« OKAPI

Erst ist dieser Urwald interessant und neuartig, aber schon nach ein paar Tagen kann er für einen Europäer zum Albdruck werden. Deswegen gehen auch Landmesser und Geologen so ungern von der Autoroute weg tief in den eigentlichen Wald. Tage, Wochen, wenn man will Monate und Jahre kann man marschieren, immer nur ein zusammenhängendes grünes Laubdach über sich, kein Stück Himmel, unbewegte Luft, niemals die Möglichkeit, weiter als zwanzig, fünfzig Meter zwischen den Stämmen durchzublicken. Dazu die Vorstellung, daß dieses Blätterdach, welches den Himmel von der Erde scheidet, tausende Kilometer weit ist, eigentlich unendlich. Dieser Hochwald ist an der Erde nicht etwa mit unwegsamem Gestrüpp bewachsen, durch das man sich erst mit dem Haumesser den Weg erkämpfen müßte. Das gibt es nur an Flußrändern und da, wo umstürzende Urwaldriesen eine Schneise gebrochen und dem Licht Zugang zum Boden geschaffen haben. Sonst aber ist der Boden mit bräunlichen, modernden Blättern bedeckt wie in unseren Laubwäldern. Dünnes Buschwerk sucht mit breiten Blättern das dämmerige Licht zu erhaschen.

Seite 187 oben: Flußpferdkühe nehmen täglich etwa 1,3 v.H. ihres Körpergewichtes an Nahrung auf, die Bullen sogar nur 1,1 v.H. Ihr langgestreckter, umfangreicher Magen besteht aus drei Teilen, außerdem haben sie einen langen Darm. Während der Verdauungsschlauch des Elefanten nur etwa dreißig Meter lang wird, kann der des Flußpferdes eine Länge von 50–60 m erreichen. Trotz der geringen Aufnahme der kärglichen Nahrung, die oft nur aus vertrockneten, harten und kurzen Grashalmen besteht, sehen die Tiere meist wohlgenährt und rund aus. Sie sind ausgezeichnete Futterverwerter. Die Kotmengen, die sie im Wasser absetzen, ermöglichen das Entwickeln mikroskopisch kleiner Pflanzen, und von denen leben wieder die Fische. Im Georg-See in Uganda werden im Jahr durchschnittlich fast drei Millionen Fische gefangen, deren jeder fast 1 kg schwer ist. Das wäre nicht möglich, gäbe es dort nicht Flußpferde in so großer Zahl. Die afrikanische Bevölkerung leidet stark an Eiweißmangel. Welch ein Verbrechen, daß man aus reinem Übermut während der Kolonialzeit die riesigen Mengen von Flußpferden an den afrikanischen Strömen und Seen restlos weggeschossen hat!

Seite 187 unten: Der Rugarane-Vulkan brach 1971 aus. Die glühende Lava schließt oft Wildtiere auf herausragenden Inseln ein.

Alles wirkliche Leben spielt sich dreißig, vierzig Meter höher in den Blätterkronen der Urwaldriesen ab. Dort oben mögen die Papageien kreischen, die Vögel singen, die Schmetterlinge von Blüte zu Blüte und die lebhaften Meerkatzen von Ast zu Ast huschen — hier unten merkt man nichts davon, es ist alles leer.

Heute fährt man durch diese Wälder auf Autorouten, für welche die Baumriesen weggeschlagen worden sind. In diese langen, künstlichen Schneisen kann die Sonne hineinscheinen, und an den Routen sind immer zahlreicher Dörfer und Plantagen entstanden, die breite Kahlflächen geschlagen haben. Wir atmeten stets auf, wenn wir wieder zu diesen Oasen des Lichtes und freier Luft kamen. Wie aber mögen in den vergangenen Jahrzehnten weiße Reisende das freie Land begrüßt haben, wenn sie nach Wochen und Monaten endlich an den Waldsaum kamen! Umgekehrt können wirkliche Waldgeschöpfe wie die Pygmäen oder das Okapi sich auf der offenen Ebene sicher niemals wohl fühlen, sie brauchen Deckung, Begrenzung, Geborgenheit.

Die Pinsel- und Riesenwaldschweine, die Ducker und die Bongos haben sich schmale Wege durch das Untergebüsch getreten, die manchmal wie Tunnels durch den Pflanzenwuchs führen. Gorillas und Pygmäen benutzen diese Wege gern, und wenn viele Menschen in einer Richtung den Wald durchwanderten, wurden richtige Menschenwege, später Karawanenpfade daraus. Die Autostraßen folgten vielfach diesen alten Straßen. So ist der Verlauf der heutigen modernen Verkehrswege nicht selten ursprünglich von Schimpansen oder Antilopen vorgezeichnet — so wie die großen Haupteisenbahnlinien, welche heute den nordamerikanischen Erdteil durchqueren, nichts anderes als alte Büffelpfade sind, auf denen die Riesenherden ehedem die Hügel und Gebirge auf bequemste Weise überschritten. In ein paar Jahren oder Jahrzehnten werden diese Autostraßen durch Innerafrika asphaltiert und betoniert sein, wer wird zu dieser Zeit noch daran denken, daß sie eigentlich Wege von dann längst ausgerotteten Tierarten waren?

Es gibt nur ganz wenige Weiße, vielleicht zwei oder drei, die überhaupt schon einmal ein Okapi in Freiheit gesehen haben. Die Gewohnheit dieser Waldgeschöpfe, immer auf denselben Wegen zu gehen, ermöglicht es trotzdem, sie zu fangen, und zwar so schonend und so gekonnt, wie wohl sonst keine Tierart eingefangen wird.

Es gab großes Gelächter, auch bei den Pygmäen, die mit uns waren, als Michael mit einem Aufschrei plötzlich im Boden versank. Er war ahnungslos in eine Fallgrube gestürzt. Wir mußten ihn an den Händen, ziemlich verschmutzt, wieder daraus hervorziehen. Aber auch als unsere kleinen Begleiter auf eine Stelle zeigten, wo sich wieder eine Fallgrube befand, konnte ich beim besten Willen nichts entdecken, so gleichmäßig lag das stickige Laub auf dem Waldboden. So eine Fallgrube ist kaum

Seite 188: Durch diesen Gang geht das Okapi; er führt auf eine Rampe und endet in der verkleideten Transportkiste, die auf einem Lastwagen steht.

tiefer als zwei Meter, sie verjüngt sich etwas nach unten und hat sehr glatt gestochene Ränder. Oben drüber liegen quer und längs dünne Stengel dicht an dicht und darauf die alten Blätter. Antilopen, selbst die kleinen Ducker, würden aus so einer Grube ohne weiteres herausspringen, aber Okapis sind wohl fast unfähig zum Springen, sie zeigen dabei ihre Verwandschaft mit den Giraffen. Die recken ja auch Hals, Kopf und Zunge, so weit wie sie es können, nach hohen Ästen, niemals aber würden sie dabei die Vorderbeine vom Erdboden lösen, sich »auf die Hinterbeine« stellen, wie das sonst fast alle Vierbeiner, selbst die Elefanten, in so einer Lage tun.

Von der »Groupe de Capture des Okapis« — der staatlichen Okapi-Fangtruppe, die an der Kreuzung des Epulu-Flusses mit der Autoroute Stanleyville—Irumu ihr Standlager aufgeschlagen hatte, waren über zweihundert solche Fanggruben auf einer Strecke von etwa sechzig Kilometern gegraben worden. Jede dieser vielen Fanggruben mußte an jedem Morgen nachgesehen werden. 25 Schwarze waren dazu dauernd unterwegs.

War ein Okapi in die Grube gestürzt, so schlug der Entdecker erst einmal Zweige ab und deckte das Loch oben sorgfältig zu, damit das Tier sich beruhigte. Dann holte er andere Leute herbei und baute schnell mit ihnen zusammen aus abgeschlagenen dünnen Zweigen und Lianen einen zwei Meter hohen, geflochtenen Zaun um die Grube, damit das Tier auf keinen Fall mehr entkommen konnte. Bald kam ein Trupp von zwanzig schwarzen Arbeitern, die sich gleich für die nächsten Wochen Hütten bauten, denn sie hatten mit diesem einen Tier an Ort und Stelle lange zu tun. Nicht unweit von der Grube wurde wieder mit einem hohen geflochtenen Zaun ein kreisrunder Platz von dreißig Metern Durchmesser eingeschlossen, der Zaun wurde dicht mit grünen Zweigen besteckt. Dann entstand ein Laufgang von der Fallgrube zu diesem Gehege, auch wieder ganz mit Grün verkleidet. Ein Schwarzer kroch ganz vorsichtig an die Fallgrube und stieß die Erdkante am Kopfende ein, schrägte sie immer mehr ab und ließ die lose Erde unter die Vorderfüße der Okapis rutschen. So entstand eine Rampe, auf der das Tier über kurz oder lang emporkletterte und durch den Laufgang weiter in das Rundgehege ging. Es war nun zwar gefangen, aber es war noch in seiner natürlichen Umgebung, und der Zaun sah wie dichtes, grünes Blätterwerk aus. Hinter ihm standen die Schwarzen und Pygmäen. Sie hielten sich beide Hände vors Gesicht. Dies verhindert, daß sie etwa vor Begeisterung zu schreien oder zu lachen anfangen.

Die Arbeit ging weiter. Nur ein paar Meter von diesem Gehege ab, und wieder durch einen Laufgang damit verbunden, wurde nun eine zweite, gleiche Einzäunung gebaut und verkleidet. Jetzt konnte das Tier, ohne jemals Menschen zu sehen, von dem einen Kral in den anderen getrieben werden, so daß immer einer gründlich gesäubert und frisch mit Grünfutter besteckt werden konnte. Wenn sich das Tier beim Fangen geschürft oder verwundet hatte, dann wurden diese Wunden mit Hilfe eines Wattebausches an einem langen Stock mit Medikamenten betupft. Man durfte nur keine ätzenden oder sehr scharfen Dinge darauf tun, denn das Okapi kommt mit seiner langen, schwarzblauen Zunge an jeden Punkt seines Körpers, es wäscht sich besser als eine Katze.

Während der neue Gefangene sich langsam an die Nähe von Menschen und an das Eingesperrtsein gewöhnte, entstand wieder ein langer, schmaler Laufgang. Er führte manchmal über einen Kilometer weit bis an eine Autoroute oder an eine Stelle, zu der man mit dem Lastwagen vordringen konnte. Hier endete der Laufgang auf einer angeschütteten Rampe, die gerade so hoch war, daß sie an die Plattform des Lastwagens anschloß. Der fuhr rückwärts heran, und eine Transportkiste schob sich an das Ende des Ganges. Auch sie war wieder verkleidet. Das Okapi wurde nicht durch den Laufgang getrieben, sondern es ging eines Tages allein hinein. Wenn es erst einmal in dem schmalen Korridor war, in dem es sich nicht umdrehen konnte, schritt es immer weiter bis in das blinde Ende, die Transportkiste, hinein, wo ein Schieber hinter ihm heruntergelassen wurde.

So fuhr das Tier bis in das Fanglager, und ging hier auf die gleiche Weise wieder aus der Transportkiste heraus durch einen Laufgang in das Gehege, in dem es künftig lebte. Es war bis dahin noch nicht einmal von einer Menschenhand berührt worden.

Zwischen diesen Okapigehegen haben wir in unserem Zelt gehaust, mitten unter fünfzehn Okapis, denn von hier wollten wir unseres, das künftige Frankfurter Okapi, mitnehmen.

Die Jagdverwaltung des Belgischen Kongo, die auch die Elefantenstation fern von hier am Oberen Uele unterhielt, betrieb seit 1946 planmäßig den Fang der Okapis im Ituri-Urwald. In den früheren Jahrzehnten gerieten nur vereinzelt kleine Okapis, welche die Pygmäen anbrachten, in die Hände von Weißen, und einige wenige Male war es geglückt, sie aufzubringen. J. Medina, der Sohn eines portugiesischen Arztes und einer Schwarzen, hat diesen Okapifang so mustergültig aufgebaut. Da er selbst wieder mit einer Eingeborenen verheiratet war, verstand er sich wohl wie kaum ein anderer mit seinen einheimischen Hilfskräften. Leider war er gerade nach Portugal gefahren, um dort seine Kinder zur Schule zu bringen, während wir uns zwischen den Okapis aufhielten. (Später sind wir gut Freund geworden.) Herr Marinos, ein gebürtiger Grieche und ein kluger, arbeitswütiger Mann, vertrat ihn. Wir haben schon vorher von ihm gesprochen.

Medina hatte 1946—1950 fünf oder sechs Okapis gefangen und an einige Zoos versandt. Wir holten jetzt seit fünf Jahren wieder das erste von den Tieren ab, die bei einer neuen Fangaktion vor zwei Jahren in die Gehege der Station gekommen waren. Fünfzehn Okapis an einem Platz versammelt — eine Vorstellung, bei der einem Zoomann fast schwindlig wird. Es waren acht männliche und sieben weibliche Tiere. Unter den Männern konnten wir uns das aussuchen, welches wir mitnehmen wollten. Da war Nepoko, ein besonders heller und bräunlicher Hengst, breit, stattlich und feurig wie ein Vollblüter. Louis war ganz zahm, ließ sich streicheln und um den Hals fassen, was mich sehr lockte. Ein zahmes Tier kann man viel leichter behandeln, wenn es einmal krank wird. Immer, wenn wir nach einigen Tagen wieder ins Lager zurückkamen und dort Rast machten, saßen wir stundenlang im Gehege der Okapimänner und studierten sie, denn wer die Wahl hat, hat die Qual. Dabei entdeckten wir, daß Louis zeitweise hinkte und ein Hinterbein hoch anzog wie ein Pferd, das Hahnentritt hat. Andudu schien uns ziemlich alt zu sein, Bajou ließ die Unterlippe etwas hängen, und Arabi war noch jung, ganz frisch gefangen und reichlich zerschrammt.

Ich habe mich zeitlebens vor Zahnschmerzen gefürchtet. Weil diese Angst noch größer war als die vorm Zahnarzt, bin ich regelmäßig zu ihm gegangen. Auch vor jeder Reise in die Tropen mache ich das. Aber manchmal ist alle Vorsicht vergeblich. Auf der Fahrt in den Ituri-Wald waren wir bei einer Amerikanerin zu Gast, die ein schrecklich amerikanisches Französisch sprach. Sie setzte uns eine »echt afrikanische« Mahlzeit aus kleingehackten Zwiebeln, Erdnüssen, Avocat, Fleischstückchen und den verschiedensten, nicht zusammenpassenden Dingen vor. An diesem Gericht biß ich mir einen halben Zahn aus. Wir hatten nur noch wenige Wochen bis zu unserer Rückkehr, und ich hoffte, der Zahn würde sich bis dahin gedulden. Aber er tat es nicht, schon nach drei Tagen ging es los. Wenn ich etwas aß, bohrte es ein oder zwei Stunden lang hinterher ganz schrecklich. Ich mußte mich schließlich hinlegen, um es besser aushalten zu können. Nach ein paar Tagen fingen die Schmerzen schon mitten während der Mahlzeit, nach den ersten Bissen, an. Ich fing an, Gelonida-Tabletten zu schlucken, genau berechnet eine Viertelstunde vor Beginn der Mahlzeit, aber das half auch nur zwei Tage, dann wirkten die Dinger nicht mehr. Herr Marinos gab mir Polamidon, und ich aß eine ganze Schachtel leer. Wütend konnten mich die vielen guten Ratschläge machen. Marinos holte Nelken hervor, ich sollte sie durchaus kauen und in den Zahn stecken. Aber sie schmeckten schon so scharf auf der Zunge, daß ich sie schnell nach der anderen Seite in die Backe schob und dann behauptete, ich hätte sie an den Zahn gebracht. Die Krönung leistete sich der Konservator des Wildparkes in Ruanda, der auf der Durchreise eine Nacht in der Okapi-Station blieb. Er empfahl mir, eine Stricknadel umzubiegen, weißglühend zu machen und in den

Seite 193 oben: Das Riesenwaldschwein wurde 1904 entdeckt. Wir brachten dieses Jungtier als eines der ersten seiner Art nach Europa.

Seite 193 unten: Das Waldelefanten-Baby »Dima« geht hier spielerisch gegen Michael los. Es flog mit dem ersten Okapi nach Frankfurt, wo beide heute, nach über zwanzig Jahren, noch leben.

Seite 194/195: 188 Lechwe-Antilopen laufen hier in den sumpfigen Gebieten in dem tiefgelegenen Teil des Upemba-Nationalparks umher. Es gibt Tausende von ihnen. Über ihnen fliegt eine Schar weißer Kuhreiher. Nur die Situtunga lieben das Wasser noch mehr als diese Mohr-Antilopen. Werden sie, wie hier, gestört, so können sie auf trockener Erde nicht schnell laufen; sie flüchten in Sumpf- und Wasserstellen und schwimmen dort ausgezeichnet. Lechwe sind ausgesprochen gesellig, manchmal zählen ihre Herden Tausende. In den letzten Jahren haben die Lechwe (Kobus leche) in vielen Teilen Afrikas stark abgenommen.

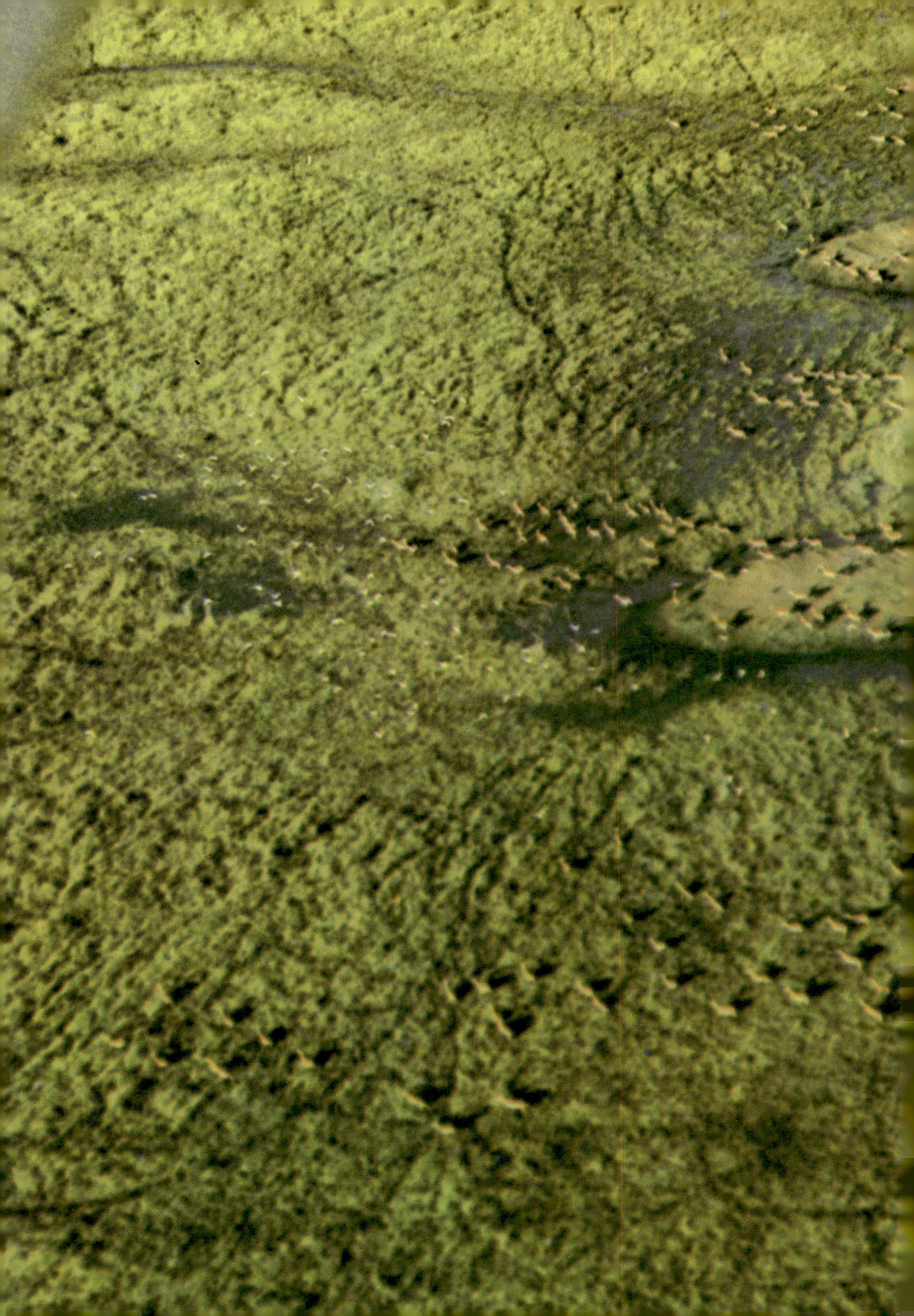

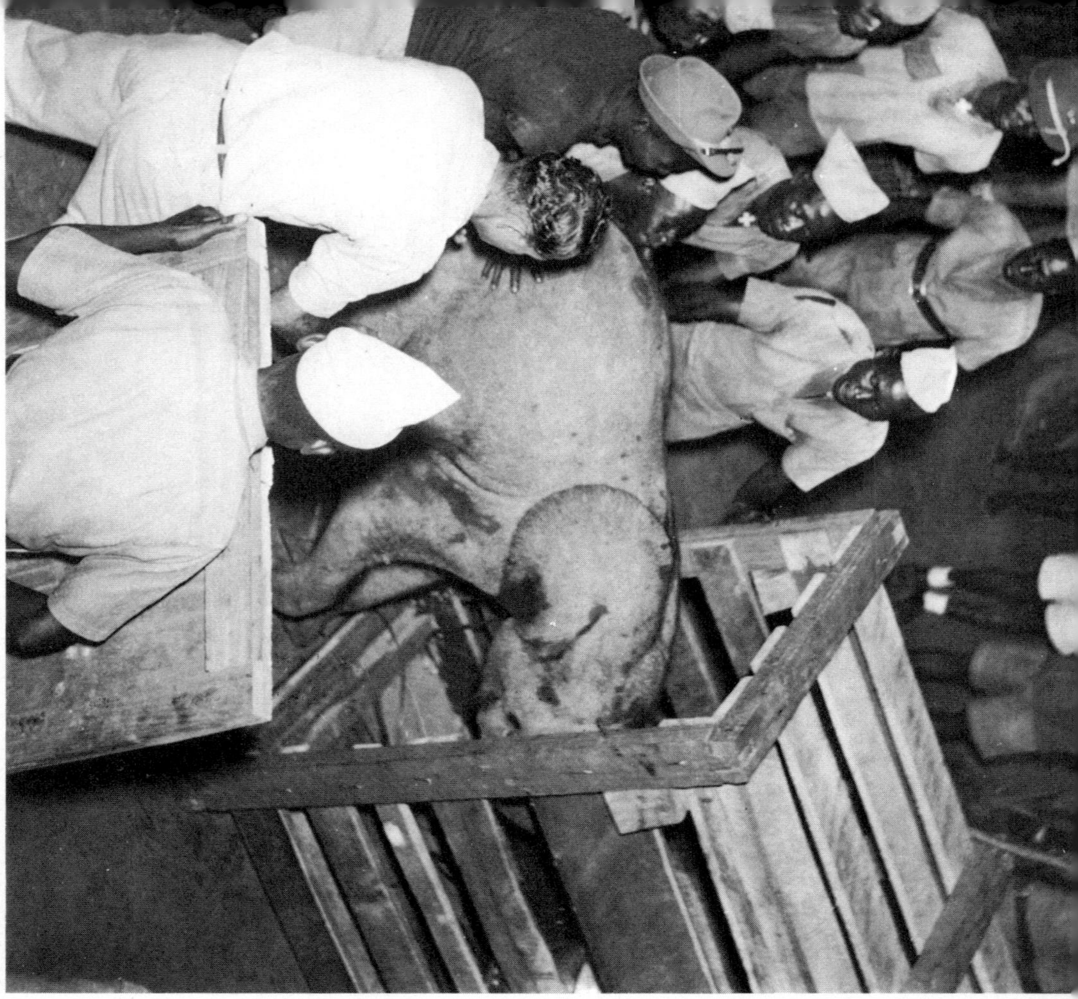

Zahn zu bohren. Er hatte diese mittelalterliche Prozedur vor vierzig Jahren bei seinem Vater in Belgien, einem alten Bauern, machen müssen, als der mitten in der Nacht vor Schmerzen halb von Sinnen war. Schon bei der Vorstellung davon hätte ich ihm ins Gesicht springen können, aber ich brachte es doch fertig, nicht unliebenswürdig zu werden.

In zwei Gehegen lebten Okapimütter mit je einem Kind. Diese kleinen Okapis benahmen sich ganz überraschend. Lief ich hinter ihnen im Gehege her, schnitt ihnen den Weg ab und erreichte sie so beinahe, dann duckten sie sich einfach hin, drückten den Kopf auf die Erde und legten die Ohren an. Ich konnte sie sogar ganz vorsichtig berühren. Mutter und Kind hielten sich überhaupt nicht viel zusammen an der gleichen Stelle des Geheges auf. Auch unsere europäischen Rehe benehmen sich ja ähnlich. Wenn das Kitz noch nicht so schnell laufen kann wie die Mutter, duckt es sich, die Alte zieht die Aufmerksamkeit des Feindes auf sich, lockt ihn hinter sich her und führt ihn von dem Jungen weg. Finden Spaziergänger so ein vereinsamtes Kitz, dann glauben sie, es sei von der Mutter verlassen worden und nehmen es mit. Jedenfalls mag es nicht schwer für die Pygmäen sein, ein junges Okapi lebend zu fangen. Daß trotzdem so wenig Okapis in die Händer von Weißen kamen, lag wohl mehr daran, daß die fleischhungrigen Pygmäen sie lieber aufaßen.

Die beiden jungen Okapis waren nicht in der Station gezüchtet worden, das war bis dahin überhaupt noch nie in Gefangenschaft gelungen. (Am 15. September 1954 kam erstmals ein Kind bei dem Okapi-Paar im Zoo Antwerpen an. Anschließend ist das in verschiedenen Zoos geglückt. In Deutschland hat der Frankfurter Tiergarten als erster und bisher einziger Okapis gezüchtet, und zwar mehrfach.) Die Mütter waren schwanger in Fallgruben geraten und haben die Jungen dann in der Station geboren. Wie vorsichtig die Tiere gefangen werden, geht daraus hervor, daß ein Okapiweibchen, das am 16. Juli 1953 in Gefangenschaft geriet, vier Tage später ein gesundes Kind gebar. Herr Marinos sorgt sich sehr um seine Okapis, der Mist wird mehrmals täglich weggebracht, damit sie keine Parasiteneier aufnehmen können. Aus ähnlichem Grund werden die Futterbüschel aus grünblättrigen Zweigen in Kopfhöhe an Bäume gebunden. In jedem Gehege brennt die ganze Nacht eine Lampe, damit die Tiere sich nicht erschrecken. Auch Feuer, die mitten in ihrem Gehege entzündet werden, um Reiser und Papier zu verbrennen, stören die Okapis nicht im geringsten.

Michael hatte eine Leidenschaft für Automotoren entwickelt. Wenn wir mit den Pygmäen nach ein paar Tagen aus dem Urwald zurückkamen, zog es ihn immer wieder an unseren alten, blauen »International«. Eines Tages hatte er den halben Motor auseinandergenommen und sauber auf einer Zeltplane ausgebreitet. Ich kenne diese

Seite 196 links: »Dima« wollte durchaus nicht zum zweiten Male in die Transportbox.

Seite 196 rechts: Das ist Helene, ein wohlerzogenes Pinselschwein.

Leidenschaft von ihm, er hat sie früher an Kindereisenbahnen und Spieluhren betätigt. Nun ist er größer, aber ich äußerte meine Sorge, daß vielleicht ein paar Teile beim Zusammenbauen übrigbleiben könnten. Natürlich wurde ich mit Verachtung gestraft, und ich behielt auch nicht recht. Nach ein paar Stunden war der Motor gesäubert, aber er lief keinesfalls besser, er rührte sich überhaupt nicht. Wir mußten ihn wieder auseinandernehmen, wir grübelten, was falsch gemacht worden sein könnte, kamen aber nicht dahinter. Gegen Abend kam ein Schwarzer, der nur einen Lendenschurz, nichts von europäischer Kleidung an sich hatte. Er hockte sich neben uns und sah fassungslos das Gewühl von Schrauben und Drähten an. Es war ein noch ganz unzivilisierter Wilder aus irgendeinem entlegenen Dorf tief im Wald, so glaubten wir und kamen uns sehr überlegen vor.

Bis dieser wilde Mann mit seinen schwarzen Fingern die Kappe des Vergasers abschraubte, einen kleinen Stift herausfischte, der an einem Ende zugespitzt war, ihn umdrehte und verkehrt wieder hineinsetzte. Dabei lachte er uns freundlich an und erklärte uns in irgendeiner Sprache die ganze Geschichte offensichtlich sehr genau. Wir verstanden kein Wort davon. Als ich den Zündschlüssel einsteckte und auf den Anlasser trat, sprang der Motor sofort an, als ob er darauf gewartet hätte. Es schien mir empörend, daß solch ein riesiger Lastwagen wegen eines winzigen Stiftchens sich nicht hatte bewegen wollen.

Wenn wir mit Bambutis im Walde steckten, dann war unser Tagewerk immer eintönig gleich. Die Pygmäen hängten sich ihre großen Netze auf Kopf und Schultern und marschierten mit uns im Gänsemarsch los. Einer trug immer einen Holzklotz mit, der an einem Ende glühte. Daran zündete sich jeder die Zigaretten an, die wir verteilten. Machten wir irgendwo halt, sei es auch nur für zwanzig Minuten, dann wurde gleich ein Feuer angemacht und abgeschabte Flechten von Bäumen hineingeworfen, so daß ein dichter Qualm entstand.

Die Kleinen warfen die Netze, welche oft über dreihundert Meter lang waren, irgendwo auf die Erde, sobald sie Spuren entdeckten. Dann rollten sie die Wickel auf und knüpften die Netze auf einem der Okapiwege an Büschen, Zweigen und Baumstämmen an, so daß sie in einer langen Reihe, meistens im Halbkreis, hingen, immer ein Netz neben dem anderen. Die Frauen schleppten an Lederstreifen, die über die Stirn liefen, immer große leere Körbe für die erhoffte Beute auf dem Rücken. Sie gingen dann im Kreis von dem Netz weg leise in den Wald hinein und stellten sich dort auf. Einer der Männer krümmte seinen nackten Arm vor die Brust und schlug mit der flachen Hand auf die Höhle, die der Oberarm mit der Brust bildet. Das gab einen dumpf hallenden Schall, den man weit in dem dichten Wald hörte. Auch sonst, wenn wir mit Pygmäen im Wald marschierten und einer von ihnen so knallte, antwortete es immer irgendwo von fern her. Sie verständigten sich derart ganz einfach, aber sehr wirkungsvoll. Hier bei der Jagd fingen die Frauen auf dieses Zeichen hin laut zu rufen an, sie schlugen mit Knüppeln ins Gebüsch und rückten langsam gegen die Netzwand vor. Meistens war die Mühe vergeblich, es fing sich nichts. Dann wurden die Netze wieder aufgerollt, über den Kopf gehängt, weitergetragen und woanders von neuem aufgebaut. Lief beim dritten oder vierten Mal endlich ein Ducker oder ein halbwüchsiges Wildschwein in die Maschen, dann stürzten die Kleinen von allen Seiten hinzu und stachen mit den Speeren darauf ein. Nur ein paarmal gelang es uns, das Leben der gefangenen Tiere zu retten. Man sah den Zwergen an, wie unfaßbar es ihnen war, daß die Beute nicht getötet und gegessen werden sollte.

Wir hatten uns inzwischen entschieden, Nepoko, den größten und prächtigsten der Okapimänner, nach Frankfurt mitzunehmen. Da brachte eines Tages ein Laufbote ein Telegramm aus Mombasa, worin mitgeteilt wurde, daß wir freie Wahl unter den männlichen Okapis »mit Ausnahme von Nepoko« hatten. So ging das Raten von neuem los. Wir malten uns aus, daß ausgerechnet unser Tier, gleichviel, welches wir auch wählten, schon auf dem Weg zum Flugzeug zugrunde gehen würde, während die dagelassenen lustig weiterlebten. Wir hatten unsere Wahl schon auf zwei Tiere begrenzt, auf Andudu und Epulu. Andudu war ein ausgewachsener Hengst, er lebte bereits zwei Jahre in der Station und war seitdem nicht gewachsen. Aber wer konnte wissen, wie alt er schon war, als er in die Fallgrube ging? Vielleicht war er in ein oder zwei Jahren ein Greis. Epulu hatte noch keine Hörner; junge Tiere sind oft empfindlich gegen Parasiten, aber sie gewöhnen sich leichter in neue Umgebung ein. Mal waren wir fest für Andudu entschlossen, das nächste Mal für Epulu. Wir erwogen schon, die Sache einfach mit einem Francstück — Ziffer oben oder Wappen — zu entscheiden.

Ich wand mich jeden Tag dreimal eine gute Stunde vor Schmerzen auf der Feldbettstelle, immer wenn ich etwas gegessen hatte. Es kommt schließlich nur darauf an, täglich eine gewisse Menge Nahrung zu sich zu nehmen, und es ist nicht so wichtig, auf wieviel Portionen sie verteilt wird, so überlegte ich mir. Deswegen ging ich dazu über, nur noch einmal am Tag ganz schnell recht viel zu essen, bis der Zahn sich meldete — schließlich genügte es ja, daß ich *einmal* Zahnschmerzen hatte, es mußte nicht dreimal sein. Der nächste Zahnarzt war fünfhundert Kilometer von hier entfernt, ein anderer sollte nur halb so weit in anderer Richtung wohnen. Aber man sagte mir gleich, daß er schon über siebzig sei und ihm die Hände zitterten. Er könnte nicht mehr behandeln, sondern nur noch beraten.

Pünktlich, wie ich sie bestellt hatte, kam unsere kleine Dima aus der Elefantenstation Gangala an. Die Kornaks hatten dort einen Verschlag aus schweren Hartholzbohlen gebaut. Beim ersten Anblick schien er viel zu schwer für dieses Tierchen, das erst einmal ein Elefant werden wollte. Dima aber hatte diesen Behälter in ihrer Empörung vorn zerbrochen und zertrampelt, sie stand nur noch zur Hälfte drin, also in Wirklichkeit frei auf dem kleinen Lastwagen. Wir machten die Hinterklappe des Wagens auf und überlegten gerade, was wir anbauen könnten, damit der kleine Elefant sich herunterzugehen trauen würde, da ließ sich Dima auf ihr Hinterteil nieder, rutschte mit den Vorderbeinen an der Klappe herunter und war im nächsten Augenblick auf die Erde geklettert. Zum Glück war ein männlicher Arbeitselefant in der Nähe. Wir riefen ihn herbei, Dima stieß einen Entzückensschrei aus, suchte vergeblich zwischen seinen Vorderbeinen nach einem Euter und war sofort von dem großen Elefanten nicht mehr zu trennen. Das erleichterte uns, denn auf diese Weise brauchten wir den kleinen Elefanten nicht mehr einzusperren, er konnte bis zur Abreise frei mit seinem großen Freund herumlaufen und weiden.

Wir kochten täglich viermal Mais und Reis und gaben acht bis neun Liter Trocken-Vollmilch aus Pulver dazu. Dima lief bald jedem nach, der mit einem Eimer klapperte. Wenn sie nichts bekam, konnte sie sehr böse werden. Sie rannte uns dann einfach um. Man hält so ein Elefantchen immer für ein fast zerbrechliches kleines Ding; wenn es einen jedoch das erstemal richtig anrempelt, merkt man, daß es mit seinen sechs Zentnern schon etwas schlimmer stoßen kann als ein Ziegenbock!

Diese langen, langen Nächte im Zelt mitten im Urwald.

Ich habe nicht herausbekommen können, wie es Weiße und Schwarze dort fertigbringen, elf bis zwölf Stunden hintereinander zu schlafen. Immer war ich mitten in der Nacht munter, lag lange wach und grübelte. Was wird inzwischen zu Hause alles geschehen sein? Lebt der neugeborene Schimpanse noch, sind die Gorillas gesund, hat das Bauamt endlich mit der Löwenfreianlage angefangen? Ein Zoodirektor hat eine große Familie, immer ein paar tausend Sorgenkinder auf einmal. Heute rot, morgen tot. Was lebt, kann jederzeit sterben. Manchmal beneide ich die Museumsdirektoren; wenn sie ein Okapi in ihre Sammlung bekommen haben, dann brauchen sie nur noch aufzupassen, daß die Motten es nicht überfallen. Mein guter alter Zooinspektor Dr. h. c. Lederer hatte den Grundsatz, mir unterwegs möglichst nicht das Herz schwer zu machen. In den ersten Jahren wurde mir dann bei der Rückkehr am ersten Tag schonend dosiert alles Unglück beigebracht, das sich inzwischen angesammelt hatte.

Drüben sind die Hütten der Schwarzen. Man weiß zu wenig von ihren Nöten. Und doch gibt es sicher da drüben auch Menschen, die jetzt nicht schlafen können. Schließlich stand ich vor Langeweile auf, ging an den rauschenden, reißenden Epulu oder sah den Okapis zu. Sie hatten ein merkwürdiges Spiel in der Dämmerung und im Mondschein. Zwei stellten sich nebeneinander auf, Kopf an Schwanz, und boxten sich mit den kurzen Hörnern in die Flanken. Es war mir nicht klar, ob das ein Spiel oder Kampf war. Wenn ich sie dabei knipste, so störte sie der helle Elektroblitz nicht. Krachte oder brach dagegen etwas in den Wipfeln über ihrem Gehege, dann rasten die Okapis blindlings nach allen Richtungen auseinander, und es hätte mich

Seite 201 oben: Der Uapaca-Strauch blüht auf den wildreichen Hochebenen des Upemba-Nationalparkes. Er ist mit über 11 000 qkm etwa so groß wie ein Viertel der Schweiz.

Seite 201 unten: Die Hochebenen im Upemba-Nationalpark, etwa 2200 m über dem Meeresspiegel gelegen, sind niemals richtig heiß. Hier fühlen sich die Europäer sehr wohl. Für kleine Gruppen von Besuchern, die am besten mit einem Taxiflugzeug kommen, hat man bestens vorgesorgt. Hier blüht gerade das Gras rötlich, so daß die Landschaft stellenweise an die Lüneburger Heide erinnert.

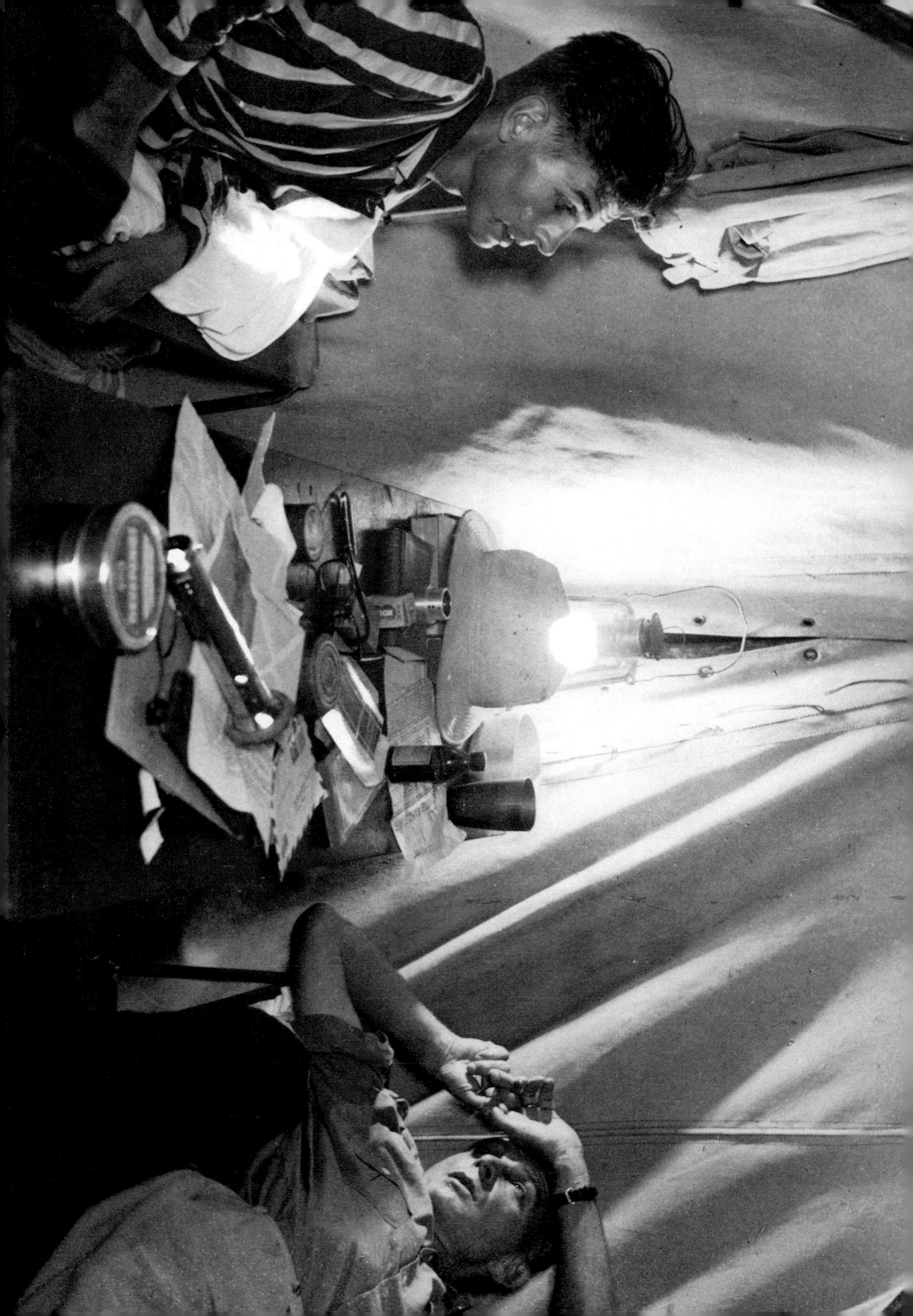

nicht gewundert, wenn eines in der Aufregung gegen den Zaun gerannt wäre. Ähnliches habe ich in Frankfurt festgestellt, als wir in den ersten Nachkriegsjahren noch kaum wieder Häuser und Tiere hatten und durch Veranstaltungen Geld für den Wiederaufbau sammelten. Damals machten wir oft Feuerwerke. Ich bin fast regelmäßig während dieser Feuerwerke im Garten herumgegangen und habe beobachtet, wie sich die Tiere dabei verhielten. Selbst die schreckhaften indischen Antilopen, die Hirsche und die Affen störten sich an dem Knallen und Blitzen nicht, wir haben nie durch die Feuerwerke einen Verlust oder einen Unglücksfall bei den Tieren gehabt. Die Gründe sind eigentlich ganz klar. Wenn der Blitz irgendein Tier trifft, dann hat es keine Zeit mehr wegzulaufen; Erschrecken und Panik infolge Donnerkrachens aber kann nur Schaden verursachen: die Tiere rennen gegen irgend etwas oder werden kopflos die Beute von Leoparden. Beim Krachen von Geäst wegzulaufen, kann hingegen das Leben retten, denn es dauert doch einige Sekunden, bis ein Urwaldriese mit seiner breiten Krone sich aus der Verfilzung mit den Nachbarn herausreißt und niederstürzt. Wenn es so richtig im Wald krachte und blitzte, wenn der Sturm die Bäume durcheinanderwarf, dann wurde mir manchmal Angst in unserem Zelt, denn wie leicht kann in solchen Fällen ein schwerer Ast herunterkommen.

In einer der Nächte konnte Michael nicht schlafen, weil seine Haut an der Brust und um die Hüften unerträglich juckte. Er war ganz von roten Flecken übersät. Ich gab ihm Tabletten ein, welche gegen Allergie, also Überempfindlichkeit gegenüber bestimmten Stoffen, helfen, aber der Ausschlag verschwand erst innerhalb einer Woche allmählich. Wir bekamen heraus, daß er von einer bestimmten Raupe herrührte, die ihm ins offene Hemd gefallen war und sich oberhalb des Gürtels am Körper zerrieben hatte.

Eines Tages brachten uns die Pygmäen drei Schuppentiere. Das sind ganz verwunderliche, fast unglaubhafte Tiergestalten, die man aber trotzdem so gut wie nie in einem europäischen Zoo zu sehen bekommt. Wenn man so einen Pangolin das erstemal erblickt, möchte man ihn immer eher für ein Reptil halten oder noch mehr für eine Art Tannenzapfen, denn genau wie ein gewöhnlicher Tannenzapfen ist er von Hornschuppen bedeckt. Er rollt sich ganz zu einer Kugel zusammen, und man kann ihn dann auch mit Gewalt nicht auseinanderbiegen. Es gibt auf der Erde noch sieben Arten von diesen altertümlichen Tieren, drei davon leben in Asien und vier in Afrika. Alle vier sind auch im Kongo-Urwald vertreten, der ja überhaupt nicht die Tierwelt hat, die man in Afrikabüchern für gewöhnlich beschrieben findet. Hier hat sich Alt-Afrika versammelt, Tiere, die eine ehrwürdige Vorgeschichte haben und letzte Nachzügler von früher weit verbreiteten Gruppen sind.

Noch niemand hat so recht herausbekommen, wie man Schuppentiere in Gefangenschaft am Leben erhalten kann. Sie sind fast immer nach zwei oder vier Wochen tot, sogar schon in Afrika. Deswegen habe ich es auch nicht über mich gebracht,

Seite 202: Oft können Michael und ich nachts im Zelt nicht schlafen.

diese drei mit nach Frankfurt zu bringen, ich habe sie wieder laufenlassen. Die Pangoline kratzen und brechen mit ihren Vordergliedmaßen Termitenbaue auf und stecken dann ihre klebrige, lange Zunge in die Gänge hinein. Diese Zunge ist ein fast unwahrscheinliches Gebilde, sie ist bei einigen Arten am Brustbein festgewachsen, bei anderen läuft sie hinten unter der Bauchdecke über die Eingeweide hinweg, schlägt am Becken um und geht am Rücken wieder zurück bis in die Nierengegend. Auf andere Weise läßt sich das lange Gebilde im Körper nicht verstauen. Jetzt, als die schwarzen und die roten Ameisen in Herdenzügen zu Zehn- und Hunderttausenden durch den Wald marschierten, brauchten sich die Schuppentiere allerdings keine Arbeit zu machen. Sie stellen sich nur an so ein rotes Band, das aus ungezählten marschierenden Ameisen besteht, halten die Zunge hinein, ziehen sie zurück und lecken sie ab. Schuppentiere haben keine Zähne, aber dafür einen Magen, der mit Hornhaut ausgekleidet ist, und am Ausgang des Magens nach hinten zwei Sägeblätter, die aufeinanderreiben. Da werden die härtesten Chitinpanzer der Ameisen fein zu Mehl verarbeitet. Das Gebiß ist also aus dem Mund, wo wegen der Zunge kein Platz dafür ist, in den Bauch verlegt worden. So ein Schuppentier kann sich gemütlich zusammenrollen und schlafen, während sein Bauch arbeiten muß, um die Nahrung zu zerkauen.

Eines Tages hat uns so ein Wanderzug von roten Waldameisen aus unserem Zelt vertrieben. Wir haben vergeblich dagegen gekämpft, haben DDT-Pulver in breiten Sperriegeln quer über die endlose Marschkolonne gestreut. Sie schwärmten nur aus, marschierten todesmutig darüber, schleppten das Pulver weg, und über sterbende Kerbtierleiber quollen neue, unerschöpfliche Massen anderer hinweg. Wir haben Benzin im Halbkreis ausgegossen und angezündet, doch das flammte nur für ein paar Sekunden, und dann waren die Ameisen wieder da. Schließlich sind wir für einen Tag ausgezogen, haben unsere Habe den roten Räubern überlassen und sind erst wiedergekommen, als sie das Feld geräumt hatten.

Michael hatte in der Hitze wieder Furunkel bekommen, und ich mußte ihm Spritzen geben. Aber es ist eine geringe Sorge, man weiß, was los ist und was man dagegen tun kann. Als er bei unserer letzten Afrikareise sechs Wochen nach mir mit einem kleinen Dampfer und zweihundert Tieren in Hamburg ankam, war er gelb, abgemagert und ging ganz krumm. Wohl weil er zuviel Medikamente gegen Fieberanfälle während der Fahrt auf dem Dampferchen genommen hatte, war seine Leber geschädigt, und er mußte für ein paar Wochen ins Krankenhaus. Ein halbes Jahr später überfiel ihn aus heiterem Himmel mitten in der Nacht ein Schüttelfrost, so stark, daß das ganze Bett klapperte. Ich brachte ihn gleich mit dem Rettungswagen zu Chirurgen, weil wir annahmen, ein Leberabszeß sei durchgebrochen. Nach zwei Tagen war der Anfall vorbei, aber er kam alle vier Wochen wieder. Michael, der damals, drei Jahre zuvor, erst sechzehn Jahre alt war, ist die nächsten acht Monate immer wieder in andere Krankenhäuser gereist, auch in die Tropeninstitute nach Hamburg und Tübingen, ohne daß wir je herausbekommen konnten, was ihm fehlte. Bei einem Schimpansen, der am Ende der Reise gestorben war, hatte die

Sektion Milben in der Lunge ergeben. Das ist bisher nur sehr selten bei Menschen, und zwar vor allem in Indien, festgestellt worden. Deswegen besorgte ich mir indische medizinische Fachblätter über diese seltene Krankheit. Spezialisten behandelten Michael eine Zeitlang versehentlich gegen Malaria, dann wieder nahmen sie Strahlenpilzerkrankung in der Lunge an. Als nichts anschlug und keine Diagnose zu finden war, hörten wir mit aller Behandlung auf, und zum Glück war die Geschichte dann nach einem Vierteljahr von ganz allein verschwunden. Ich selber stellte zwei Jahrzehnte später fest, daß ich mit Bilharzien angesteckt war, als ich, fast aus Übermut und Langeweile, einmal in Arusha eine Blutprobe untersuchen ließ. Ich mußte dann eine ekelhafte Kur dagegen durchmachen. Das sind die wirklichen Sorgen, wenn man in den Tropen weitab von Städten und dem gewohnten Verkehr reist — nicht wilde Tiere oder Giftschlangen, nach denen man immer wieder gefragt wird.

Immer, wenn wir ins Lager zurückkehrten, kamen uns kleine Gestalten so weit entgegen, wie die Kette an ihrem Halse reichte. Es waren acht Schimpansenkinder, die aus der Umgebung stammten. Einer hatte große Wunden an der linken Hand. Er war in eine Schlagfalle geraten, ein Marterinstrument, das für andere Tiere bestimmt gewesen war. Diesen Schock hatte er noch nicht überwunden, er flüchtete immer den Baum hinauf, an dem er angebunden war, sobald ich mich näherte. Wenn seine Kette sich verwickelt hatte, dann konnte er nicht weg, griff in seiner Angst an und versuchte zu beißen. Wir haben vierzehn Tage gebraucht, um sein Vertrauen zu gewinnen. Einer der kleinsten hatte einen dicken Bauch wie ein krankes Eingeborenenkind, ein ganz gelbes Gesicht. Er saß den ganzen Tag teilnahmslos vor seinem Holzkistchen, das als Nachtunterkunft bei ihm stand. Das war ein Todeskandidat. Aber er machte mich um eine Erfahrung reicher, die vielleicht einigen von den anderen, die mit nach Frankfurt gekommen sind, das Leben gerettet hat.

Ein polnischer Bakteriologe, der in einem der Forschungsinstitute des Kongo tätig ist, sah ihn auf der Durchreise, entnahm eine Blutprobe und stellte schwere Malaria fest. Ich hatte bis dahin bei eingeführten Menschenaffen eigentlich nie an Malaria gedacht, die ja heute verhältnismäßig leicht zu bekämpfen und zu heilen ist. Jedes der Schimpansenkinder hielt uns immer eine leere Konservenbüchse entgegen, und wir waren dann eine Weile beschäftigt, Wasser zu holen und sie ihnen zu füllen. Es ist mir nicht ganz klargeworden, ob sie wirklich Durst hatten oder ob sie damit nur erreichen wollten, daß wir uns mit ihnen beschäftigten. Schimpansen sind ja die Tiere, welche dem Menschen am meisten verwandt sind und ebenso regsam und interessiert sind wie er. Ständig wollen sie spielen, etwas unternehmen, und nichts ist so schlimm für sie wie Einzelhaft. Wir haben den kleinen Kerlen, die mit uns kommen sollten, damals schon prophezeit, daß ihnen noch die Augen übergehen und sie sich wie im Paradies vorkommen würden, wenn sie erst in Frankfurt wären. So ist es dann auch gekommen.

Diese Schimpansenkinder sind nicht für Zoos gefangen worden. Wer wollte auch einer Schimpansenherde im Wald Jungtiere abjagen! Wenn man jedem Fall einzeln nachgeht, kommt man immer wieder zu dem Schluß, daß die Mutter unter Mißachtung der Schutzgesetze totgeschossen worden ist. Die Menschenaffenkinder, welche irgendwo als Spieltiere gehalten werden oder heimlich verkauft werden sollen, werden von der Jagdverwaltung beschlagnahmt und an Zoos übergeben, welche eine gute Pflege verbürgen können. Auch hier war die Entscheidung schwer, wen wir mitnehmen sollten, denn es waren alles liebe Kerle. Sie hießen nach Ortschaften oder Flüssen, in deren Nähe sie in Menschenhand geraten waren: Irumu, Buta, Yindi, Popeye und Koki. Zwei, die wir zurückließen, sind nach Philadelphia und Antwerpen gegangen.

Dima wurde von Tag zu Tag frecher. Wenn wir nicht schnell genug einen neuen Eimer voll Milch zurechtrührten, wurde sie handgreiflich, stieß uns mit dem Kopf und suchte, den Eimer zu erwischen. Wir mußten dann wohl oder übel flüchten, und Dima war besonders geschickt oder ungeschickt darin, uns durch die Spannschnüre unseres Zeltes zu verfolgen. Das Zelt hatte überhaupt mancherlei zu erdulden. Irumu, die eine von den kleinen Schimpansen, hatte etwas schräg stehende Augen und sah aus wie ein kleiner Spitzbube. Sie war ein wahrer Entfesselungskünstler. Wenn sie einen Hammer oder eine Zange erwischte, bearbeitete sie damit ihre Kette, zog die Verankerung aus der Erde und wackelte so lange an dem Pfahl, bis sie ihn aus dem Boden herausheben konnte — wehe, wenn sie dann frei und nicht einmal unser Boy in der Nähe war! Sie hat einmal in dem Zelt unsere Fotokoffer, den Stapel mit frisch gewaschenen Hemden, die offene Marmeladendose so gründlich untersucht, Nescafé und Zucker über unsere Betten gestreut, daß wir bei unserer Heimkehr gar nicht glauben wollten, dies alles sei das Werk eines kleinen Schimpansen.

Der Arbeitselefantenbulle, dem sich Dima angeschlossen hatte, fühlte sich allmählich für seinen Pflegling verantwortlich. Das hätte mich beinahe Kopf und Kragen gekostet. Ein anderer Arbeitselefant aus Gangala hatte gerade einige Tage vorher seinen Kornak durchbohrt und zertrampelt. Es war noch gut, daß ich dadurch wieder etwas vorsichtiger gegenüber gezähmten Elefanten geworden war. Während ich Dima vor unserem Zelt davonjagte, stieß der Bulle plötzlich einen kurzen schrillen Schrei aus, sperrte die Ohren ab und sprang förmlich auf mich zu. Ich fuhr zurück und glitt im selben Augenblick im schlammigen Boden aus, der vom Regenguß in der letzten Nacht und von den ausgegossenen Abfällen unserer Kochkünste entstanden war. Ich sah mich schon unter den Vorderbeinen des gar nicht einmal großen Bullen liegen, konnte mich aber mit dem anderen Bein noch fangen und ein paar Meter rückwärts laufen. Bis dahin hatte der Kornak, der auf dem Rücken des Elefanten saß, das Tier mit seinem eisernen Haken wieder in die Gewalt bekommen. Bei Angriffen von Elefanten genügen meistens ein oder zwei Sekunden, in denen die Tiere den Menschen wirklich in die Gewalt bekommen. Bis dahin hatte ich es immer etwas belächelt, daß man in Gangala stets zwei Lanzenträger vor jeden großen Elefanten stellt, welche die Spitzen ihrer Lanzen auf den Kopf des Elefanten gerichtet haben.

Daß Elefanten einen Feind, den sie nicht im ersten Ansturm erwischen, für längere Zeit verfolgen, ist selten, kommt aber immerhin vor. In dem Teil des Albert-

Nationalparkes, der für Besucher zugänglich ist, hielt ein Auto an, weil die Insassen einem Kampf zwischen zwei Elefantenbullen zusehen wollten. Ganz unerwartet ließ aber der eine von seinem Gegner ab und wendete sich gegen das Auto. Der Fahrer gab schleunigst Gas und fuhr zum Hause des Konservators, das gar nicht weitab lag. Der Elefant lief immer hinterher. Er folgte auch hartnäckig, als das Auto eine große Schleife machte und notgedrungen auf derselben Straße wieder zurückfuhr, da keine andere von dem Anliegen des Konservators wegführte. Zum Glück stand der andere Elefantenbulle in der Nähe der Straße. Der Verfolger wandte sich ihm wieder zu, und der wütende Kampf ging weiter. Die schwarzen Wildläufer fanden einen Tag später den einen der beiden Kämpen, er war tot und lag gar nicht weit weg von dem Kampfplatz.

XIV

EIN FLUGZEUG VOLL WILDER TIERE

Mir fiel eines Tages auf, daß die meisten Arbeitselefanten der Station, die nachtsüber am anderen Ufer des Epulu angekettet waren, scheu zurückwichen, wenn Michael, ich oder auch Marinos, der Chef des Lagers, an sie herangingen. Die Schwarzen dagegen konnten sie anfassen, um den Rüssel nehmen, die Beinketten nachsehen — die Tiere waren zu ihnen stets zutraulich. Woran unterschieden die Elefanten uns Weiße — durch unsere bleichen Gesichter oder durch unseren Geruch?

Ich habe früher wegen ähnlicher Fragen viele Versuche angestellt, über die ich in meinen anderen Büchern berichtet habe. Pferde zum Beispiel kannten ihre Herren nicht am Gesicht, sie ließen sich durch Verkleidungen ohne weiteres täuschen. Für Hunde wieder war der Geruch des Mantels oder der Kleider oft wichtiger als der Mann, der darin steckte. Deswegen ließen wir uns eine der kurzen Hosen und blauen Jacken und eine Kappe geben, wie sie die Kornaks der Elefanten tragen. Diese Kleider waren frisch gewaschen und gekocht, sie hatten also den Körpergeruch von Schwarzen wohl nicht mehr an sich. Für Michael waren sie reichlich klein, denn er überragte auch die größten von den Schwarzen hier. Als mein Sohn so verkleidet an die gleichen Elefanten heranging, waren diese dem »weißen Kornak« gegenüber bei weitem nicht mehr so ängstlich wie vorher uns gegenüber.

Sicher aber war ein Europäer in dieser Kornak-Uniformierung für die schwarzen Elefantenreiter etwas Unerhörtes. Ich beobachtete ihre Gesichter und merkte, daß sie mit sich kämpften, um nicht herauszulachen. Michael sah wirklich in diesen ausgewachsenen Kleidern mit seinen langen Armen und Beinen höchst komisch aus. Um ihn für die Elefanten noch echter zu machen, ließ ich vom Lagerfeuer Holzkohle holen, und Michael malte sich damit an. Er sah mit jedem Augenblick schöner aus. Seine Zähne leuchteten auf einmal schneeweiß aus dem Mund. Die Haare an den Beinen und an den Armen aber kamen nach wie vor blond aus der schwarzen Haut. Ich mußte lachen, und das war endlich das erlösende Zeichen für die Kornaks, welche gerade seine Glieder bearbeiteten.

Die Elefanten aber fielen völlig auf die Bemalung herein. Michael konnte jetzt genau wie ein Kornak an sie herangehen, ja, er hieß einen Elefanten sich niederlegen und setzte sich statt des Kornaks auf seinen Rücken. Der Elefant folgte seinen Kommandos, nur war er nicht zu bewegen, von den übrigen wegzugehen. Pferde machen das ja genauso, man muß schon ein sehr guter Reiter sein, um sich mit seinem Pferd von der Schar der ihm vertrauten anderen Pferde abzusetzen. Im Lager lief Michael zwischen den anderen Schwarzen herum, ohne daß dies Herrn Marinos auffiel. Als Michael dreist vertraulich an ihn heranging, ihm auf die Schulter klopfte und beiseite schob, fuhr er zunächst abweisend auf.

Wieso es schwarze und weiße Menschen gibt, erklärt ein Negermärchen, das in vielen Teilen von Afrika verbreitet ist. Danach waren ganz zu Anfang alle Menschen schwarz. Eines Tages fanden einige von ihnen mitten im Herzen Afrikas einen versteckten Teich. Da er völlig frei von Krokodilen war, wagten sie, darin zu baden. Zu ihrem Erstaunen kamen sie ganz weiß wieder heraus. Darauf setzte ein großer Zulauf zu diesem kleinen Waldsee ein. Er faßte kaum die vielen, welche darin ihre schwarze Farbe loswerden wollten. Weil sie das Wasser so aufwühlten und trübe machten, wurden die Badenden nicht mehr weiß, sondern nur noch braun und gelb. Zu ihnen gehören die Pygmäen. Durch den großen Ansturm nahm das Wasser immer mehr ab, und zum Schluß waren nur noch Pfützen und Lachen am Grunde. Die letzten Menschen konnten bloß ihre Fußsohlen und Handteller darin netzen. So kommt es, daß alle Schwarzen bis auf den heutigen Tag helle Handflächen und Fußsohlen haben.

Ich möchte einmal in Afrika so reisen, wie Leute in ihren Ferien es tun, ohne jeden Tag und jede Stunde ein schlechtes Gewissen zu haben, daß man irgend etwas übersieht und versäumt, ohne die ständige Verpflichtung, zu beobachten und Aufzeichnungen zu machen, bei jedem Ereignis und jedem schönen Bild die innere Aufforderung zu spüren, jetzt den Fotoapparat und dann die Farbkamera und dann den Filmapparat herauszuholen, aufzubauen und die Sache richtig festzuhalten. Und dann dazu noch Tiere holen und lebend heimbringen. Blieb die Rinderpest auch wirklich fern? Würde nicht im letzten Augenblick irgend jemand tausend Kilometer weit weg einen toten Büffel finden und dann eine Ausfuhrsperre über die ganze Provinz einschließlich der Station verhängt werden? Ein Okapi ist ein Tier, auf das die ganze Fachwelt und halb Deutschland sieht. Wenn es mir nun starb, ehe ich es aus dem Wald herausgebracht hatte oder während es noch am Flugzeug stand? Während der letzten Monate waren drei Okapis hintereinander hier in der Station gestorben, woran, konnte man mangels Untersuchungsmöglichkeiten nicht herausfinden.

Ich hatte in langen nächtlichen Spaziergängen, von Zahnschmerzen gequält, Zeit, mir vielerlei Möglichkeiten des Mißlingens auszumalen. Mitten in der Steppe schon waren mir die ersten Zweifel über den Flugtransport aufgestiegen. Man hatte mir geschrieben, daß die Tür in das Innere des Flugzeuges zwei Meter hoch sei, und dieses Maß hatte ich der Okapistation weitergegeben, damit der Transportbehälter entsprechend hoch gebaut werden konnte. Dann fiel mir aber unterwegs ein, daß ich mich damals immer bücken mußte, wenn ich in ein Passagierflugzeug stieg. Da ich knapp 1,90 Meter groß bin, konnte die Tür also unmöglich zwei Meter hoch sein.

Ich malte mir aus, was geschehen würde, wenn ich kurz vor Abgang des Flugzeuges mit dem wertvollen Okapi in einem Behälter ankam, der nicht ins Flugzeug hineinzubekommen war. Die Sache ließ mir keine Ruhe. Deswegen war ich von dem Flughafen in Irumu schnell die fünfhundert Kilometer über den Ituriwald bis nach Stanleyville geflogen, um eigenhändig nachzumessen. Ich fand Berge von Post vor — im Frankfurter Zoo lebte noch alles —, konnte mir endlich einmal richtig die Haare schneiden lassen und im Sabena-Gästehaus mit Genuß kochend heiß baden. Ich hatte längst heraus, daß heißes Baden in Afrika viel angenehmer ist als kaltes Duschen. Mitten in der feuchten Wärme Stans — im ganzen Kongo hieß damals Leopoldville nur Leo und Stanleyville nur Stan — konnte man in Sabena-Hotel auch europäisches Klima genießen. Der Speisesaal war »air conditioned« — eine völlig neue Sache mitten in Afrika. Ich hatte das schon ein paar Jahre vorher zum erstenmal mitten im tropischen Mittelamerika in Puerto Rico kennengelernt und fand es scheußlich. Wenn man in so einen gekühlten Raum hineinkommt, fröstelt man und spürt unangenehm am ganzen Körper, daß man naß geschwitzt ist. Hat man sich dann an die Temperatur gewöhnt, so glaubt man, in eine Waschküche zu geraten, wenn man wieder zur Tür hinausgeht. Als endlich eine DC 4 landete und ihre siebzig Passagiere ausspie, nahm ich den Zollstock hervor: 1,60 Meter Türhöhe! Der Sprung über den Urwald hatte sich gelohnt.

Als ich daher dann von Irumu aus zur Okapistation kam, mußten wir den fertigen Transportbehälter zerschlagen und ihn neu berechnen. Das war gar nicht so einfach und machte mir viel Kopfzerbrechen. Die Kiste durfte nicht höher als 1,60 Meter sein, das Okapi war aber, wenn es nicht gerade den Kopf senkte, über 1,80 Meter groß. Es konnte ja nicht tagelang geduckt stehen. So erfand ich einen verstellbaren Behälter, der sich aus einem Oberteil und einem Unterteil zusammensetzte. Das Oberteil war größer, ließ sich darüber stülpen und mit vier Schrauben hoch und tief stellen. Ich konnte also die ganze Kiste für den Augenblick, in dem sie durch die Tür des Flugzeugs mußte, niedrig machen, innen drin dem Okapi jedoch nachher wieder volle Bewegungsfreiheit geben. Nach diesem Muster wurden seitdem bis heute alle Transportbehälter für die Okapis der Station gebaut.

Ich hatte gelesen und herumgehorcht, was ich über frühere Okapitransporte erfahren konnte. Einmal war eines in der schlüpfrig gewordenen Transportkiste ausgerutscht und hatte nicht wieder auf die Beine kommen können. Es hatte sich so aufgeregt, daß es an Herzschlag starb. Man hatte die Querleisten auf den Fußbodenbrettern vergessen. Ein anderes Mal war eines durch eine zu große Futterklappe an der Stirnwand der Kiste herausgesprungen und dann frei auf dem Verdeck des Schiffes herumgelaufen; in diesem Fall konnte es unversehrt wieder eingefangen werden. Bei einem Flugtransport von Leopoldville aus war die Kiste ebenfalls zu hoch für die Tür, weswegen die Begleiter zu guter Letzt in halber Verzweiflung versuchten, die Boxe schräg zu stellen und halb liegend durch die Öffnung zu schieben. Das Okapi zerschlug daraufhin seinen Behälter, verletzte sich und kam frei. Ist eine Kiste gar zu eng, so zerschrammt sich das Tier, ist sie zu breit, so versucht es, sich darin umzudrehen, klemmt sich ein und bricht sich leicht das Genick.

Meine Sorge waren die eisenharten und leider auch eisenschweren afrikanischen Edelhölzer. Jedes Kilo kostet im Flugzeug auf so weite Entfernungen viel Geld, und für Schiffstransporte baut man in Afrika immer Tierboxen, die viel schwerer sind als das Tier selbst. Ich mußte die Behälter so luftig und so leicht wie nur möglich machen, aber doch wieder fest genug, daß sie von den Tieren nicht zerbrochen wurden.

Eines Nachmittags brachten mir die Bambuti ein berühmtes Tier an, das ich noch nie lebend gesehen und das mitbringen zu können ich nicht erträumt hatte. Ein Riesenwaldschwein, Hylochoerus meinertzhageni. Allerdings wirkte der Name in diesem Falle etwas lächerlich, denn dieses »Riesenwaldschwein« war ein kleines schwarzes Ferkelchen, es hatte jedoch schon die breite Nase, die für seine Sippe kennzeichnend ist, und ein ziemlich freches Benehmen. Diese Schweineart gehört auch in das Tier-Altertums-Museum des Kongo-Urwaldes. Von ihr hatte Stanley ebenfalls schon gehört. Der deutsch-russische Forschungsreisende Wilhelm Junker erzählte, daß die Eingeborenen behaupten, neben dem Pinselschwein und dem Flußschwein noch eine dritte Schweineart zu kennen — gesehen hatte er sie allerdings nicht. Weil die Schwarzen immer betonten, daß die Tiere sehr groß wären, viel größer als sonst Wildschweine sind, nahm man lange Jahre ihre Erzählungen nicht ernst und glaubte, sie meinten das Zwergflußpferd, welches schon 1849 entdeckt worden ist. Bis dann Hauptmann Meinertzhagen von den »British East African Rifles« im Jahre 1904 einen Schädel und den größten Teil des Felles von dieser neuen Schweineart nach England schicken konnte. Sie war seit dem großen Rinderpestzug von 1891 sehr selten geworden. Diese Riesenwaldschweine wachsen bis zu einer Schulterhöhe von 1,20 Meter und werden 150 bis 200 Kilogramm schwer. Sie waren bisher nur einmal lebend nach Europa gekommen, nach Hamburg, wo sie einige Monate gelebt hatten. Diese Riesenschweine sind nicht in jedem Falle ganz harmlos. Ein Farmer in der Nähe von Rutshuru, einem Ort zwischen dem Eduard- und dem Kivusee, ging nachts mit einer Fackel in seine Pflanzung, um eine Rotte Schweine zu vertreiben. Ehe er sich versah, wurde er von ihnen angenommen und mußte Hals über Kopf auf einen Baum klettern, wobei noch die Büchse unten liegenblieb. Derselbe Pflanzer stieß eines Tages unerwartet im Gestrüpp auf einen Riesenwaldschwein-Eber und verwundete ihn tödlich. Auch dieses Tier griff ihn an, und plötzlich saß der Mann rittlings verkehrt auf dem Rücken des großen Tieres. Dieses brach aber gleich darauf tot zusammen. (Wir haben einige Jahre später Riesenwaldschweine nach Frankfurt bekommen und konnten sie — erstmals in einem Zoo — mehrere Jahre lang am Leben erhalten, aber davon ahnte ich damals natürlich noch nichts.)

Helene, das Pinselschwein, war lange nicht so eine Seltenheit, aber ich fand sie viel schöner mit ihrem rot behaarten Körper, ihren Büscheln an den Ohren und dem weißen Bart. Vor allem konnte man sich mit ihr unterhalten. Sie antwortete, wenn man sie ansprach, ließ sich streicheln und aß aus der Hand. Pinselschweine sind wohl überhaupt die prächtigste Wildschweineart, die es gibt. Ich beschloß, auch Helene mitzunehmen, dazu noch Meerkatzen, Ducker, Situtunga-Antilopen, Warane, und täglich fand sich immer mehr an.

Kennen Sie das Märchen vom Brüderchen und Schwesterchen? Der Brunnen murmelt immer: »Wer aus mir trinkt, wird ein Reh, wer aus mir trinkt, wird ein Reh« — und das Brüderchen kann trotzdem nicht widerstehen, es trinkt zum Schluß doch. Zwanzig Meter von unserem Zelt rauschte der Epulu, er schoß mit Schaumwirbeln über die Felsen, er füllte schöne klare Buchten am Ufer, die zum Baden einluden. Krokodile, die Menschen angreifen, gab es hier nicht. Wir waren eines Tages schon in Badehosen unterwegs, da sah uns Merinos und sagte, daß das Gerücht umgehe, es gäbe hier im Epulu Bilharziose. Diese Saugwürmer rufen eine der niederträchtigsten Tropenkrankheiten hervor. Sie dringen durch die unverletzte Haut in den Körper ein, leben in den kleinen Venen der Blase, der Harnwege und des Dünndarmes, machen Geschwüre, Blasensteine, oft sind sie der mittelbare Anlaß zu Krebs. Man kannte noch keine gut wirksamen Mittel gegen diese langsame Krankheit, die häufig tödlich verläuft. Andere Leute sagten uns wieder, daß das Wasser ganz ungefährlich sei, aber ich stellte dann fest, daß sie auch noch nicht drin gebadet hatten. So ließen wir den Epulu murmeln und rauschen und kochten weiter im Urwaldbackofen.

Unser Okapi »Epulu« marschierte in aller Gemütlichkeit in seine Transportkiste. Wir hatten das mit ihm vorher zwei Tage lang geübt, hatten es durch den Laufgang getrieben, der hinten wieder in seinem Gehege endete. Es war daran gewöhnt wie an einen Spaziergang. Am Vorabend aber wurde der Laufgang bis an eine Rampe und in die Kiste geführt, in der Epulu bis nach Frankfurt fliegen sollte.

Schlimmer stellte sich Dima an. Sie hatte bereits auf der Reise von Gangala na Bodio zur Okapistation die Erfahrung gemacht, daß man aus seiner Box nicht mehr so ohne weiteres herauskam, und sie hatte es sich viel Mühe kosten lassen, ihren ersten Behälter zu zertrümmern. Deswegen waren alle unsere Verführungskünste vergeblich, sie in den zweiten zu locken. Sie drehte einfach um und ging davon. Als wir Gewalt anwenden wollten, schleuderte dieses winzige Elefantchen vier Schwarze beiseite, daß sie sich überkugelten. Es blieb nichts anderes übrig, als Dima zum zweitenmal in ihrem Leben kunstgerecht mit Schlingen und Stricken zu fangen, auf die Seite zu legen und sie dann mit Hilfe aller verfügbaren schwarzen Hände gewaltsam in ihr Abteil zu schieben. Früh um drei — vier Stunden vor Sonnenaufgang — ging der Transport los. Wir schickten zuerst das langsamste Gefährt los, nämlich den großen Lastwagen mit den vielen Tierkisten. Eine Stunde später fuhr Michael mit unserem blauen »International« ab und wieder eine Stunde später ich selbst mit dem großen Chevrolet, dem Personenwagen von Marinos. Wir wollten die Strecke von fast fünfhundert Kilometern durch den Wald möglichst in anderthalb Tagen bewältigen, der Lastwagen mußte also unaufhörlich fahren und nur haltmachen, um die Tiere zu füttern und zu tränken. Aber schon nach zwei Stunden hatten wir ihn eingeholt. Der schwarze Fahrer und die Begleitmannschaft hatten offensichtlich gebummelt und irgendwo in einem Dorf angehalten. So wagten wir nicht, den Tiertransport zu überholen, sondern blieben immer dahinter und dem Lastwagen auf den Fersen. Wie schön es sich jetzt nach Monaten wieder in einem Personenwagen fuhr, mit Zwischenpolstern aus Flechtwerk, um luftig zu sitzen, und mit Radio. Charlotte, eine junge schwarze Dame, die ihre Eltern in Stan besuchen wollte, erzählte unterwegs unaufhörlich. Ich ließ mich verlocken, von ihr gebratenes kaltes Hammelfleisch zu essen; es war eines der wenigen Fleischgerichte, die auf dieser Reise wirklich kaubar waren. Aber Charlotte hatte es so stark gepfeffert, daß mein Zahn sich etwa sechzig Kilometer lang dafür rächte.

In Bafwasende holten wir Michael ein. Er erwartete uns mitten im Ort und fuhr mit uns bis zur großen Fähre über den Lindi. Die Straße geht da ziemlich steil bis an die Wasserfläche hinunter, und die Autos müssen warten, bis sie an die Reihe kommen. Personenwagen und Weiße hatten Vorrang. Manche schwarzen Chauffeure, die Eiltransporte fahren, sollten auf Grund von Ausweisen ebenfalls beschleunigt übergesetzt werden, aber das ließen die anderen einfach nicht zu.

Michael zeigte wortlos auf den »International«. Er war wirklich nicht wiederzuerkennen: Der Kühler völlig in den Motor gedrückt, die Seitenscheibe zerbrochen, die Kotflügel zerquetscht, die Türen nicht mehr zu schließen. Während Michael als letzter in der Reihe mit abgestelltem Motor hinter einem großen Lastwagen festgebremst stand, war von hinten ein schwerer, voll mit Kies beladener Lastwagen in ihn hineingefahren und hatte ihn mit Wucht gegen den davorstehenden Wagen gedrückt. Hätte unser blauer Wagen als erster in der Reihe gestanden, so wäre er sofort in den Fluten des Lindi verschwunden, ehe Michael aus seinem Nachmittagsdösen zur Besinnung gekommen wäre. Und ein Personenauto hätten die beiden Lastwagen wohl so zerquetscht, daß es notwendig gewesen wäre, Michael herauszusägen. Aber auch so langte es. Ausgerechnet einen Tag vor dem Ende der Reise! Zum Glück war die ganze Sache gerade hundert Meter vor der Distriktsverwaltung passiert. Es kam sofort ein weißer Polizeibeamter und nahm die ganze Geschichte auf — ein wahres Wunder bei einem Autounfall in Afrika. Der Lastwagen, der auf unseren gerollt war, hatte kaum noch Bremsen, und er gehörte der Kolonie. »La Colonie payera tout!«, die Kolonie wird alles bezahlen, stellten die Beteiligten tröstend fest, aber wann und wo? Wir mußten morgen mit unseren Tieren abfliegen, unser Sonderflugzeug stand schon auf dem Flughafen. Michael blieb zurück, um unser Gepäck und womöglich das Auto weiterzuschaffen. Wir fuhren hinter dem »deutschen« Okapi her.

Am Nachmittag trafen wir auf einen Lastwagen mit zwei klagenden und weinenden Schwarzen. Der große Holzaufbau, der in Afrika auf Lastwagen üblich ist, war halb abrasiert und zersplittert. Die beiden waren nicht nur Chauffeure, der Wagen gehörte ihnen auch. Es war ein Wagen der Kolonie, der sie so hart gestreift und angerempelt hatte, und sie hatten auf einem Zettel sogar die Nummer notiert. Marinos als Weißer sollte ihnen helfen. Er sah den Zettel an und dann mich. Es war die Nummer unseres Lastwagens, der die Tiere beförderte. Wir überlegten, dann meinte Marinos, es seien arme schwarze Teufel und man müßte ihnen anstandshalber helfen. »La Colonie payera deux fois!«, die Kolonie wird eben zweimal bezahlen, sagte er, und gab ihnen einen Zettel mit einer Bestätigung und der Adresse, wohin sie sich zu wenden hatten. Ich aber malte mir aus, was wohl bei diesem Zusammenprall aus Dima, Epulu, Helene, dem kleinen Riesenwaldschwein und den anderen vierzig Tieren geworden sein würde. Wir gaben Gas und holten unseren Camion nach einer Stunde ein. Natürlich sagten der Fahrer und die schwarzen Begleiter kein Wort von dem Unfall, und es war auch keine Schramme an dem Wagen zu sehen. Die Sache war sehr einseitig zum Nachteil des anderen Wagens verlaufen.

Wir schafften es in der folgenden Nacht gegen Morgen noch bis nach Stan, versorgten Tiere und Menschen und schliefen in fürstlichen Zimmern des Sabena-Hotels unter riesigen Deckenpropellern, welche die ganze Nacht liefen.

Auch Michael kam am nächsten Morgen mit unserem »International« an. Der Wagen lief wieder.

Später traf ich den griechischen Automechaniker, der eine kleine Werkstatt in Bafwasende unterhielt. »Alle Hochachtung vor Ihrem Jungen«, sagte er mir. »Mein eigener Sohn hatte gerade an diesem Tag Hochzeit, und wir waren den ganzen Abend beim Feiern. Sie wissen ja, wie es da in einem Dorf und in einer Familie zugeht. Wir haben Ihren Michael dazu eingeladen. Der Junge hat es doch fertiggebracht, mit der größten Liebenswürdigkeit den ganzen Nachmittag und den Abend beim Festessen auf mich einzureden, doch Ihren zusammengeschlagenen Wagen anzusehen und wieder ganz zu machen! Ich hätte es selber nicht geglaubt: in der Hochzeitsnacht meines Sohnes habe ich Ihr Auto repariert und bin überhaupt nicht ins Bett gekommen. So etwas hätte ich mir selber niemals träumen lassen.«

Hier in Stanleyville mußten wir früh morgens Milch und Reis kochen für das Elefantchen, grüne Äste holen für das Okapi und die anderen Tiere — und dann noch rasch ein Blick zu den Schweinen, die wir über Nacht in einem Grasgarten freigelassen haben.

O Helene, du sauberes, gebürstetes, von allen verwöhntes Muster eines umgänglichen Schweines, wie sahst du aus! Der ganze Rasen war verschwunden, sorgsam umgepflügt, nichts als frische rote Erde. Helene mußte die ganze Nacht angestrengt gearbeitet haben. Ihr Kopf war mit Dreck bis an die Ohren verkrustet, der hübsche helle Bart verschmiert, sie antwortete uns kaum, sondern war immer noch eifrig beim Wühlen — zum letzten Male in ihrem Leben in afrikanischer Erde.

Ich aber ging schnell zum Zahnarzt. In afrikanischen Städten, die keine Hausnummern und keine Straßenschilder haben, findet man so etwas nur mit einer Taxe. Die Frau des Zahnarztes meinte, ihr Mann würde froh sein, mal wieder deutsch sprechen zu können. Er hieß Dr. Müller, war aber ein Ungar aus Budapest. In zehn Minuten hatte er den Übeltäter schmerzlos herausgeholt. Ich war erleichtert, aber ich sah ihn mir doch ein bißchen traurig an. Jedesmal wenn ich aus Afrika zurückkomme, bleibt ein Stückchen von mir dort. Meistens ein Stück Herz, diesmal auch ein Stück Knochen, das nie mehr nachwächst.

Ausfuhrbescheinigungen, Genehmigungen, Bank, Zoll, Polizei, tierärztliche Atteste, Abschied von unserem Boy. Bei meiner letzten Reise hatte mir mein damaliger Boy die Hälfte meiner Hemden geklaut. Diesmal hatten wir eine Liste von all unseren Wäschehabseligkeiten mitgenommen, und ich hatte sie im Zelt mit dem Lexikon ins Französische übersetzt und sauber auf einen Zettel geschrieben. Der Boy konnte ihn zwar nicht lesen, aber ich sah später einmal, wie er mit diesem Zettel in der Hand eifrig mit anderen Schwarzen palaverte. Das hatte immerhin die Auswirkung, daß mir diesmal nichts fehlte. Ob nun ein Teil der Sachen gestohlen wird oder man sie zum Schluß freiwillig dem Boy schenkt, kommt praktisch auf dasselbe heraus, beklaut zu werden aber schafft Minderwertigkeitsgefühle. Ganz zum Schluß kam ich erst dahinter, daß unser Bedienter im Eingeborenenviertel mit seinen vier Frauen eine recht angesehene Person war.

Zwischen den Gehegen in der kleinen Zoostation von Stan lag ein frischer Elefantenschädel. In den letzten Tagen war hier ein Unglück passiert. Die Elefantenstation hatte für ein paar Wochen drei Elefanten, einen Bullen und zwei Kühe mit ihren Kornaks hier einquartiert. Wie üblich gingen die Tiere den halben Tag über in den Wald weiden. Der große Bulle war einer der zahmsten, den die Station besaß. Er hatte sich auf Befehl seines Kornaks im Wald gerade niedergelegt, als ihn eine der Kühe von hinten anstieß. Da dabei der Gurt riß und der Kornak vom Rücken heruntergleitt, sprang der schwarze Chef dieser kleinen Abteilung etwas rasch an ihn heran. Das Tier erschrak, durchstieß den Mann mit den Zähnen und trampelte ihn tot, woraufhin die Kornaks mit ihren beiden Elefantenkühen zum Standplatz bei den Tiergehegen zurückritten. Nach zwei Tagen kam der Mörderbulle ganz allein auf der Straße durch die Stadt zurück und stellte sich an seinen Platz. Er wurde mit drei Ketten an die Pfähle angehängt, bald griff er aber die Menschen an, die sich ihm näherten. Am ersten Tag riß eine Kette, am zweiten Tag die zweite. Die Lage wurde bedrohlich, weswegen man ihm 27 Gramm Gardenal zur Beruhigung eingab. Das Medikament half nichts, das Tier tobte immer mehr. Daraufhin ließ der Betreuer dieser Station den Bullen erschießen.

Die ganze große Flugmaschine war für uns ausgeräumt worden. Die bequem verstellbaren Polstersessel standen in der Flughalle aufgestapelt, nur für uns beide waren vier in einer Ecke des Passagierraumes an den Boden geschraubt. Bei solchen Tiertransporten tauchen Schwierigkeiten auf, an die man zunächst nicht denkt. Zum Beispiel gab es am Flughafen keine Waage, mit der man einen Elefanten oder Okapi samt Behälter hätte wiegen können. Mein Vorschlag, die ganze Sache abzuschätzen, fand bei den Sabena-Leuten keinen großen Anklang, und so fuhren wir mit dem beladenen Lastwagen noch unten an den Kongo in eine Fabrik, die eine Brückenwaage hatte.

Ein Elefant, Antilopen, Schweine, Okapi trinken viel, und sie geben dementsprechend ausgiebig Harn von sich. Der Fußboden in einer Passagierkabine ist nicht wasserdicht, unter ihm verlaufen die elektrischen Leitungen des Flugzeuges. Wenn sie von innen her naß werden, kann es Kurzschlüsse und ein Unglück geben. Deswegen legten wir erst den ganzen Boden mit einer großen wasserdichten Segeltuchplane aus, bestreuten sie dicht mit Sägemehl, stellten dann die Kisten darauf und banden das Segeltuch seitwärts an ihnen hoch. So standen sie sozusagen in einer Wanne.

Die Behälter mußten fest am Fußboden vertäut werden, damit sie nicht in dem Raum herumrutschten. Die Wände eines Flugzeuges sind ja in Wirklichkeit aus dünnem Blech, und sie können leicht durchschlagen werden. Deswegen hatte ich auch so große Sorge, den Elefantenbehälter diesmal fester zu bauen als das erstemal. In Wuppertal ist einmal ein kleiner Elefant, den man in der Hochbahn fahren ließ, einfach durch die Wand des Wagens marschiert und acht Meter tief in die Wupper abgestürzt, übrigens ohne Schaden zu nehmen. Eine Flugzeugwand ist noch dünner, und der Elefant würde nicht nur statt acht Metern dreitausend Meter tief fallen, sondern das Flugzeug mit aufgerissener Flanke auch. Das Verladen ging glatt. Die Kisten wurden mechanisch in die Höhe gehoben, in den Bug des Flugzeuges geschoben, und wir flogen auf die Minute um ein Uhr mittags ab über die sauberen gleichmäßigen Straßen von Stan hinweg, über den breiten Kongo, wieder über die unendlichen Urwälder.

Wie lustig doch die Flüsse fließen, wenn die Flußbaumeister noch keine begradigten Wasserablaufrinnen aus ihnen gemacht haben. Läuft da ein Strom durch den Urwald, mit Inselchen und Sandbänken mitten darin, macht dann plötzlich kehrt und fließt kilometerlang genau wieder zurück neben sich selbst her; die beiden Stromrinnen sind nur hundert oder zweihundert Meter voneinander entfernt. Kein europäischer Flußregulierer könnte es sich versagen, an der kürzesten Stelle einen Durchstich zu machen und die endlosen Schlingen verlanden zu lassen. (Natürlich sinkt dadurch ringsum das Grundwasser, und den Bauern schwindet die Ernte auf den Wiesen.) Dann glitten wieder Straßen im Urwald unter uns weg, zwei Flüsse taten sich zusammen, der eine hatte tiefschwarzes Wasser, der andere kakaorotes, trübes. Von der Stelle, wo sie sich vereinigt hatten, floß ein Fluß weiter, der zur Hälfte rot, zur anderen schwarz war, Kilometer um Kilometer, bis wir in ein paar Augenblicken darüber hinweggehuscht waren.

Es war schön, daß wir ein ganzes Flugzeug für uns allein hatten. Sechs Mann waren vorn in der Führerkanzel tätig, um uns beide zu fliegen und sicher heimzubringen. Der Steward wollte uns Essen bringen, aber wir waren gerade selbst dabei, unseren Tieren zu servieren. Wir redeten ihnen gut zu, gossen kunstgerecht aus einer Kanne mit langem Strahl Wasser tief unten in die Trinkgefäße innerhalb der Kisten, machten sie mit Hammer und Zange auf, um den Mist herausholen zu können, gaben dem einen Bananen, dem anderen Kuchen, den wir noch auf dem Wochenmarkt eingekauft hatten. Der Steward gab auf, er zeigte uns seine Küche, mit der sonst über fünfzig Fluggäste bedient werden, und lud uns ein, uns selbst zu holen, was wir wollten. Es ist eine raffinierte Einrichtung, so eine Flugzeugküche. Sie hat einen Eisschrank mit Bier, Wein, Sekt, Mineralwasser, Limonade, Milch, und wir konnten uns nehmen, worauf wir Lust hatten. Während einer von uns bei den Tieren tätig war, untersuchte der andere alle Möglichkeiten eines solchen Flugzeuges. Wir entdeckten vorn die Knöpfe, mit denen man es in der ganzen großen Kabine kalt und heiß machen kann, wir fanden Schubladen voll Schokolade, Kisten voll herrlicher butterweicher Birnen, voll Äpfel, Bananen, Apfelsinen, die natürlich zu unseren Tieren wanderten, andere Kisten mit fünferlei Sorten Brot, hygienisch verpackte Bestecke, Sortimente von Pfeffer, Salz, Mostrich und Sardellenbutter in winzigen Tuben, einen Topf voll Kartoffelsalat, kiloweise fein geschnittenen Braten, Schinken, gebratene Hühner, Torten, Kekse, Rettungsringe, Verbandszeug, Karten, Kisten — man glaubt gar nicht, was ein Flugzeug alles im Bauch hat.

In Libenge, gerade an der Grenze des Kongo nach Französisch-Äquatorial-Afrika hin, landeten wir noch einmal auf einem winzigen Flughafen. Das sparte den Belgiern Landegebühr in Devisen, und aus diesem Grund sollte in Kürze auch noch ein Flughafen dicht an der Grenze zum englischen Sudan hin entstehen, um auf der Route über Ägypten möglichst im eigenen Land tanken zu können. In Libenge wurden 14 000 Liter Benzin aus einzeln herangerollten Tonnen in unser Flugzeug hineingepumpt. Es brauchte im ganzen 25 000 Liter, um das erste Okapi von Stanleyville nach Deutschland zu bringen, und ich fand, schon diese Tatsache mußte unseren Epulu verpflichten, lebend anzukommen! Nebenbei kamen vier Schwarze mit einem Handkarren, machten eine Klappe am Bauch des Flugzeuges unter uns auf und warfen kleine Barren hinein, die einzeln in Tuch genäht und versiegelt waren. Es waren ein paar Zentner Gold, Erträgnisse der Minen im Kongo. In Filmen werden solche Goldtransporte von Panzerautos und Polizei mit Maschinenpistolen begleitet, hier ging das so harmlos vor sich, als ob eine Bäckerei Brote abliefert. Mich aber dünkte der goldene Boden unter uns gerade die würdige Beifracht für diesen seltensten afrikanischen Gast, der je in einen deutschen Zoo gereist ist.

Man glaubt gar nicht, wie uns diese Pfleglinge beschäftigt hielten. Dem Okapi und dem Elefantchen »Dima« machte das Fliegen gar nichts aus. Epulu aß seelenruhig von seinen Zweigen, die wir ihm in den Behälter stecken, Dima langte mit dem Rüssel nach uns, wenn wir vorbeigingen. Die Schweine schliefen. Aber die Schimpansen! Erst waren sie aufgeregt, als wir einstiegen und als sich das Flugzeug in die Luft hob. Aber je höher wir flogen, um so matter wurden sie. Deswegen holten wir Popeye heraus, doch sie gähnte und machte ein abweisendes, leidendes Gesicht — ihr machte die Höhenluft zu schaffen, sie war seekrank. Nur die kleinste, Koki, lief frei herum, schleppte überall Bananen hin und hängte sich an unsere Beine.

Als der Morgen graute, waren wir über dem Mittelmeer. Korsika tauchte auf und schwand unter uns dahin. Ich hatte erreichen können, daß wir nicht wie auf dem

Seite 219 links: Eine schwierige Aufgabe: die Transportkiste für das Okapi mußte höher sein als die Eingangstür des Flugzeuges.

Seite 219 rechts: In diesem mäusesicheren Silo lagern die Mangbetu-Frauen-Familien gemalztes Korn. Seit altersher verstehen sie es, ein klares Bier zu brauen.

Hinweg über die Alpen flogen, denn eine DC 4 hatte damals noch keine Luftdruckregelung für die Passagierkabine wie die noch größere DC 6. Ich wußte nicht, wie dem Okapi ein Luftdruck in einer Höhe von über viertausend Metern bekommen würde, und ich mochte keine unnötigen Gefahren riskieren. Deswegen schlichen wir uns zu Beginn des Tages durch das Rhônetal aufwärts. Rechts lagen die Alpen, unter uns ein welliges Wolkenmeer. Sobald ich einmal durch ein Loch auf die Erde sehen konnte, fröstelte es mich, so kalt sah noch alles mitten im Mai aus. Dann der Rhein, der Main, der rote Dom von Frankfurt. Wir setzten auf, kamen zum Stehen, wir machten den Ausstieg weit auf. Die Sonne schien, aber es wehte ein kalter Wind. Unsere Reisegefährten sehen uns von unten aus ihren Käfigen an. Gute, vertraute Gesichter. Wir hatten sie lebend heimgebracht. Die eine Sorge war beendet und die neue begann: Werden sie am Leben bleiben?

Wenn ich nun wohlausgeruht und wieder rundgefüttert vom fünften Stock über dem Frankfurter Zoo auf diese Monate unter »Bestien« zurückblicke, so frage ich mich manchmal: Muß man sich eigentlich immer wieder das Leben so unbequem und mühselig machen?

Nach der Legende in der Bibel hat einmal einer unserer Urväter ein großes Schiff gebaut und, als die Wasser stiegen, von Löwen und Tigern, Pferden und Rindern, Giraffen und Kamelen je ein Paar vor dem Ertrinken gerettet. Noah dachte während der Sintflut nicht nur an seine Mitmenschen, sondern an alle Mitgeschöpfe, und er hat dadurch die späteren Geschlechter reicher beschenkt, als alle Großen der Menschheitsgeschichte das mit Werken der Kunst, mit Entdeckungen, Erkenntnissen, Religionen, Erfindungen getan haben.

Das unaufhörlich steigende, brodelnde Meer aus Menschen erstickt die Tiere heute wie die Sintflut der Bibel. Diese neue Überschwemmung tötet sicherer und dauert länger. Die Schöpfung braucht bitter wieder Noahs.

Ein paar Leute müssen sich daher schon um die wilden Tiere mühen — um der Tiere, aber auch um der Menschen willen.

Unsere Passagiere von damals aber haben überlebt. Der Okapihengst Epulu haust sogar heute, im Sommer 1973, noch im Frankfurter Zoo, im sehr gereiften Alter von einundzwanzig Jahren. Mit der Okapistute »Safari«, die 1958 nachkam, haben wir das erste Okapi gezüchtet, das je in Deutschland zur Welt kam. Insgesamt wurden bei uns bisher zehn junge Okapis geboren. Epulu ist schon Großvater geworden, und das Schimpansenkind Koki zweimal Großmutter. Auch die Waldelefantin Dima ist noch am Leben. Alle Okapis, die von diesem Zeitpunkt an in die Zoos verschie-

Seite 220: Im Kagera-Nationalpark Rwandas, der ein Fünftel der Größe des Serengeti-Nationalparkes hat, gibt es erstaunliche Wildmengen. Der Tourist kann sie aus nächster Nähe besichtigen – wie etwa diesen Impala-Bock unter einer Kandelaber-Euphorbie.

dener Erdteile versandt wurden, sind mit dem Flugzeug gereist; es gab kaum noch Verluste dabei, im Gegensatz zu früher. Ich bin mit Michael und, nach seinem Forschertod in Afrika, allein immer wieder in den Kongo, nach Zaire, gefahren. Allerdings nie mehr, um Tiere zu holen, sondern um mitzuhelfen, den Wildtieren im Herzen Afrikas letzte Heimstätten zu erhalten.

XV

IM KONGO DREHTEN WIR UNSEREN ERSTEN FILM

Nimmt man frühere Landkarten von Afrika zur Hand, auf denen der Erdteil noch in europäische Kolonien aufgeteilt ist, dann findet man mitten im östlichen Kongo einen Punkt und daneben den Namen »Putnam«. Das ist der Platz, an dem heute — ebenso wie damals — mitten im Ituri-Urwald am Epulu-Fluß die Okapi-Fangstation liegt. Als wir zum erstenmal hinkamen, erwarteten wir nach der Landkarte, eine kleine Stadt oder wenigstens ein Dorf vorzufinden.

Es waren aber nur zwei Häuser, aus Lehmwänden erbaut und mit Rieddächern. In ihnen wohnte Frau Putnam, die letzte Frau und Witwe eines amerikanischen Anthropologen. Er war vor Jahrzehnten hierher gekommen, um das Leben der Bambuti, der Pygmäen, zu erforschen, und war bis zum Ende seines Lebens mitten im Urwald wohnengeblieben. Zwei Frauen waren schon vorher verstorben oder hatten ihn verlassen. Das erstemal hatten wir uns mit den Okapis für den Frankfurter Zoo beschäftigt. Diesmal wollten wir uns ganz den Zwergmenschen im Urwald widmen, wir wollten sie filmen. Frau Putnam ließ uns in ihrem Gästehaus wohnen. Die Bambuti in der Nachbarschaft nannten sich selbst die »Putnam-Bambutis«. Das hatte seinen guten Grund. Wie ich schon beschrieben habe, stellen sich Bambuti-Stämme gern unter den Schutz eines Dorfes von großen, schwarzen Afrikanern. Sie tauschen mit ihnen gejagtes Wild gegen Feldfrüchte ein und wurden so etwas wie Schutzabhängige des Dorfes. Für diese Pygmäen hier waren Herr Putnam und später seine Frau Schutzherren geworden. Der alte Putnam legte als Völkerkundler besonderen Wert darauf, daß sie möglichst ihre alten Stammessitten und ihre Kleidung behielten. Sie wußten also genau, daß man zum Filmen keine europäischen Hemden oder Hosen, Hosenträger, Sandalen oder Hüte trägt.

Kasimo und Epini, ein junges Bambuti-Liebespaar, wurden die Hauptdarsteller in unserem Film »Kein Platz für wilde Tiere«. Wir freundeten uns mit dieser hilfswilligen und liebenswürdigen Pygmäengruppe sehr an. Abends sangen sie gern am Feuer. Wir zeichneten ihre Gesänge mit unserem Tongerät auf. Einige waren geradezu Gesangskünstler. Wir waren sehr stolz, ganz alte, urtümliche Urwaldgesänge eingefangen zu haben. Natürlich verstanden wir nicht die Bambuti-Sprache, ebensowenig wie die schwarzen Afrikaner hier. Aber eines Tages trafen wir später einen Missionar, der Bambuti beherrschte. Er übersetzte uns bereitwillig diesen Urgesang. Er lautete: »Oh wie schön ist es, in einem Auto spazierenzufahren...«

Fürs Autofahren waren sie immer zu haben. Bei einem unserer späteren Besuche hatten wir einen bequemen, großen amerikanischen Personenwagen, einen Viersitzer. Begeistert probierten die Bambuti zusammen mit uns aus, wieviel von ihnen darin und darauf Platz hatten. Ich glaube, wir kamen auf über dreißig! Allerdings behaupteten unsere Begleiter nachher tagelang hartnäckig, es röche so unangenehm in dem Auto. Mich selbst haben solche Gerüche eigentlich niemals gestört.

Es war damals, so kurz nach dem Krieg, gar nicht einfach für Deutsche, in afrikanische Kolonien einzureisen. An Tourismus dachte damals noch kaum jemand. Man mußte Fragebögen ausfüllen und hohe Geldsummen hinterlegen, für den Fall, daß man im Lande krank würde und zurück nach Europa befördert werden müßte. Die Belgier waren jedoch erstaunlich hilfsbereit. Wir hatten sie ja sogar überedet, das erste Okapi, welches nach dem Weltkrieg wieder von der Kolonialverwaltung ausgeführt und wie immer verschenkt, nicht verkauft wurde, zu uns nach Deutschland zu geben — nachdem Belgien jahrelang von Hitler besetzt gehalten worden war. Einige Leute ärgerten sich damals darüber und versuchten, es zu verhindern, zum Glück ohne Erfolg.

Wir haben den Film »Kein Platz für wilde Tiere«, unseren ersten, abendfüllenden Film, vor allem im Ituri-Urwald und im Albert-Nationalpark des Kongo gedreht, der heute Virunga-Park heißt. Es gelang uns damals nicht, Visa zu der Einreise in die angrenzende englische Kolonie Uganda zu bekommen. Dabei reizte es uns natürlich, dort auch den Murchison Falls-Nationalpark und den Queen Elizabeth-Nationalpark zu sehen, die unmittelbar an den Kongo angrenzen. Deswegen fragten wir die belgischen Zollbeamten, ob es nicht eine Grenzstelle gäbe, wo auf der anderen Seite noch keine englischen Beamten säßen. Es gab so eine, wir bekamen behelfsmäßige belgische Kongo-Ausweise und versprachen, genau an derselben Stelle wieder in den Kongo zurückzukommen. So waren wir damals vierzehn Tage auf »schwarze« Weise in der britischen Kolonie Uganda, ohne daß uns dort irgend jemand nach Ausweisen fragte. Der Besuch dieses von Engländern gegründeten Nationalparks überraschte uns.

Die Nationalparks im Belgischen Kongo waren geradezu ein Muster für die ganze Welt. Das ist das Verdienst des verstorbenen Professors Dr. Victor van Straelen in Brüssel. Im Gegensatz zu den britischen Kolonien waren die Nationalparks im Belgischen Kongo unter wissenschaftlicher Leitung, während die ostafrikanischen Nationalparks durchweg von früheren Offizieren, Kolonialbeamten oder berufsmäßigen Großwildjägern verwaltet wurden. Einer der Kongo-Parks, der Garamba-Nationalpark, durfte überhaupt nicht von Touristen und Reisenden betreten werden; er diente ganz allein der wissenschaftlichen Forschung. Nicht einmal der belgische Generalgouverneur in Leopoldville durfte die Genehmigung geben, ihn zu betreten, sondern nur das Institut der Nationalparks in Brüssel, Belgien, also Professor Victor van Straelen. Als wir das erstemal zum Garamba-Park kamen, mußten wir telegrafisch die Eintrittsgenehmigung von ihm erbitten. Seine Stellung war so stark, daß er sogar den belgischen König mit Erfolg bat, die Absicht aufzugeben, die Nationalparks im Flugzeug zu überfliegen. Van Straelen hielt das damals für eine unverantwortliche Störung der wilden Tiere. Zum Erstaunen und zum Teil zum Ärger der belgischen Kolonial-Verwaltung wurde Professor Jean-Paul Harroy Generalgouverneur von Rwanda-Urundi, dem Teil des Belgischen Kongo, der nach dem Ersten Weltkrieg von Deutsch-Ostafrika abgetrennt und mit der belgischen Kolonie Kongo vereinigt worden war. Professor Harroy stammte aus der Nationalpark-Verwaltung, nicht aus der Kolonial-Verwaltung. Etwas Vergleichbares hat es in britischen oder anderen Kolonien niemals gegeben.

Auch der Albert-Park durfte nur in Begleitung eines schwarzen Wildhüters besucht werden. Der achtete streng darauf, daß man mit dem Wagen nicht die Pisten verließ, daß man den Park nicht mit Papier verschmutzte, Blüten abriß oder die Tiere störte. Ein österreichischer Reisender erzählte mir empört, er hätte einen Stein aufgehoben. Ohne ein Wort zu sagen, nahm ihm der schwarze Begleiter diesen Stein aus der Hand und legte ihn wieder zurück... Weil wir uns selbst nicht gern im Geländewagen auf Straßen fahrend filmen wollten, beredeten wir damals den begleitenden Wildhüter, doch wenigstens für kurze Strecken durch das Gras zu fahren. Wir waren nachher alle zusammen emsig damit beschäftigt, das Gras wieder mit den Händen aufzurichten...

Wie erstaunt waren wir daher, im britischen Uganda in den Nationalparks gedruckte Prospekte für die Besucher vorzufinden: »Wie man am besten Wildtiere fotografiert«. Es hieß darin, man sollte sie mit dem Auto im Kreis umfahren und den Kreis immer enger ziehen...

Die Administrateurs, die Direktoren der belgischen Nationalparks, hatten wunderschöne, gut ausgestattete Villen, aber auch die schwarzen Wildhüter wohnten in netten kleinen Steinhäusern. Das »Institut des Parcs Nationaux« in Brüssel gab seit Jahrzehnten eine Sammlung wissenschaftlicher Arbeiten aus den Nationalparks heraus. Eine davon stammte später von meinem Mitarbeiter Dr. Dieter Backhaus. Wir konnten seine Reisen und Aufenthalte aus dem Erlös des Filmes »Kein Platz für wilde Tiere« finanzieren. Mein Freund Professor Dr. Victor van Straelen hat sich später, nachdem der Kongo selbständig geworden war, in den letzten Jahren seines Lebens der berühmten Galapagos-Inseln im Stillen Ozean angenommen und dort ein Forschungsinstitut aufgebaut. Auch dabei konnten wir ihm aus den Erlösen der Fernsehsendungen und meiner Sammlungen helfen.

Weil wir damals zum Filmen allerlei Geräte, Zelte und Ausrüstung mitschleppen mußten, versuchten wir, in Stanleyville einen Anhänger für unser Auto zu kaufen, das diesmal geliehen und sehr viel neuer war als unser alter »International«. Aber erst nach tagelangem Suchen trieben wir einen auf, den der Besitzer eines Sägewerkes außerhalb von Stan sich aus den Rädern und einer Achse eines alten Personenwagens selber zusammengebastelt hatte. Ausgerechnet als wir hinkamen, war in dem Sägewerk menschliche Pest ausgebrochen! Auf diese Weise habe ich Pestfälle gesehen, wozu heute kaum noch ein Arzt in der ganzen Welt Gelegenheit hat.

Mit diesen Anhänger hatten wir dann während der »Schwarzfahrt« in Uganda noch einigen Kummer. Als ich zurückblickte, kommt da eines Tages auf einmal ein Rad des Anhängers seitwärts heraus, die Achse wird immer länger, sie ist rotglühend und fällt dann zusammen mit dem daran befestigten Rad heraus.

Wir hatten nicht gewußt, daß ja in der Achse des Anhängers noch das Getriebe des Personenwagens saß. Es hätte geölt werden müssen, auch wenn es nicht mehr von einem Motor angetrieben wurde. So war es in Hitze und Glut geraten.

Wir aber mußten mit unserem Gepäck und dem Anhänger zurück in den Kongo. Wo nur eine neue Achse zu einem uralten, längst vergessenen Peugeot-Typ auftreiben? Ein Farmer verriet uns, daß ein Häuptling in der Nähe so etwas haben müßte. Er hatte mit einem Streichholz in den Tank geleuchtet, ob noch genug Benzin darin sei... Wir fanden den Mann, aber er verlangte so unsinnig viel Geld für die Achse aus dem ausgebrannten Wrack, daß wir es einfach nicht zahlen konnten oder wollten. Wieder fünfzig Kilometer weiter fand sich bei einer Farmers-Witwe dann der Überrest eines passenden Autos, schon mit Büschen überwachsen und halb in der Erde verschwunden. Sie schenkte uns die Achse sogar, und siehe da, sie paßte! Ja, so fuhr man damals, oder fuhren jedenfalls wir, in Afrika umher.

Eines Nachmittags kamen wir in Mutwanga am Fuße des Ruwenzori-Gebirges an, gerade außerhalb des Albert-Nationalparkes. Das einzige Hotel aber war besetzt. So etwas ist ärgerlich, wenn man keine Zeltausrüstung bei sich hat oder sie wegen einer Nacht nicht gern aufbauen möchte. Deswegen gingen wir, wie so manches Mal in solchen Fällen, zur nächsten Mission, in diesem Falle zu den Weißen Vätern. Sie nahmen uns gastfreundlich auf. Aus Höflichkeit mußten wir am nächsten Morgen zur Messe gehen. Wie die Menschen in ihren bunten Kleidern den Berg heraufströmten! Die große Kirche war bald überfüllt. Ich bin ganz und gar nicht religiös, aber es rührte mich doch an, hier, in einer Kirche voll schwarzer Menschen, die gleichen lateinischen Meßgesänge, die gleichen Worte zu hören wie in meiner Kindheit im Dom zu Neisse oder in der Dorfkirche von Twardawa bei unserem Stammgut in Oberschlesien. Die lateinische Liturgie war für mich wie ein Stück Heimat. Vier Patres teilten am Ende der Messe die Kommunion aus, an viele hundert Menschen, es dauerte fast eine halbe Stunde.

„Es ist erstaunlich, wie religiös die Bauern hier sind und wie große Massen früh morgens zur Messe kommen", sagte ich anschließend zu den Patres, mit denen wir zusammen frühstückten. Die Antwort des einen von ihnen beschämte mich etwas: „Aber natürlich, es ist doch Ostersonntag!"

Wir hatten im Busch völlig außerhalb der Zeitrechnung gelebt, wir hatten gar nicht gewußt, welcher Wochentag, und schon gar nicht, daß Ostern war...

Die Patres, die fast alle aus Belgien und Frankreich stammten, hatten in ihrem Haus die bekannten „östlichen" oder „asiatischen" Toiletten. Das sind einfach Löcher im Fußboden. Man setzt sich dazu auf die eigenen Fersen und braucht nicht wie bei unseren Toilettensitzen eine Brille zu benutzen, die schon von anderen berührt oder beschmutzt ist. Mir sind auf Reisen diese östlichen Toiletten stets sehr angenehm. Der deutsche Pater aber hatte sich ein Häuschen nach heimatlicher Art gezimmert. Daran hing, genau wie an einem Beichtstuhl, ein Schildchen „Pater Eusebius".

Ein ander Mal wollte mich der Bischof von Rwanda kennenlernen. Es war damals einer der ersten, neu ernannten schwarzen Bischöfe der katholischen Kirche. Den beiden nicht katholischen Kameraleuten, die uns begleiteten, schärften wir vorher ein, daß man einem Bischof oder dem Papst den goldenen Siegelring zu küssen hat. Schließlich müßte man ja bei einer Königin auch einen Hofknicks machen, und wer sich diesen alten Sitten nicht fügen wollte, könnte halt nicht hingehen. Der Bischof war hoch gewachsen, noch einen halben Kopf größer als ich, ein Tutsi, und sehr freundlich. Ich aber hatte die Kamera bereit gemacht und knipste unseren weißen Kameramann genau in dem Augenblick, wie er dem schwarzen Priester die Hand küßte. Das Bild hat damals, so kurz nach unserer Nazizeit, immerhin eine Reihe von Menschen in Deutschland empört...

Ein Belgier baute am Epulu-Fluß, neben der Okapi-Fangstation, mitten im Urwald ein hübsches Hotel. Die Witwe Putnam ging darauf in die Vereinigten Staaten zurück, und ihr Lehmhaus verfiel sehr schnell.

Als wir eines Tages wieder aus Europa hinkamen, trafen wir auf der Straße durch den Urwald, wohl noch gute dreihundert Kilometer von Epulu entfernt, einen Bambuti, der uns bekannt vorkam. Es war einer der Putnam-Pygmäen! Wir hielten an und fragten ihn, was er denn hier, so weit weg von seinem Stamm, eigentlich machte. Die Antwort war verblüffend. »Je suis en congé! — Ich bin auf Urlaub«. So nannten es die belgischen Kolonialbeamten, wenn sie nach zwei Jahren drei Monate Europa-Urlaub bekamen. (Man fuhr damals übrigens grundsätzlich mit dem Schiff, nicht mit dem Flugzeug. Denn die lange Dampferreise auf dem Ozean, die recht erholsam war, wurde nicht auf den Urlaub angerechnet, sondern noch zusätzlich gewährt.)

Als wir dann in Epulu, dem alten »Putnam« ankamen, gab es helles Entzücken bei den Bambutis. Sie glaubten, ihre abgereiste Beschützerin, Frau Putnam, käme jetzt wieder, und wir wären die ersten Vorboten. Die Zwerge duldeten nicht, daß wir uns in dem neuen Hotel einquartierten. Wir mußten in das letzte, noch stehende Drittel des alten, zusammengebrochenen Putnam-Hauses einziehen. Die Kleinen schleppten von überall alte Möbel herbei. Sie brachten sogar eine Hälfte des Putnam Gästebuches, und wir mußten uns nach altem Brauch dort einschreiben. Nachts »beschützten« sie uns, sie machten ein Feuer vor der Lehmruine und schliefen da, einfach in einem großen Haufen, alle halb übereinander und durcheinander. Sie sangen wie in alten Zeiten. Aber die schönen, alten Zeiten waren vorbei für sie.

Wir haben damals lange Zeit in dem Regierungs-Gästehaus von Ishango gelebt, das auf dem hohen Ufer am Eduardsee gerade dort steht, wo der Semliki herausfließt. Dieser Platz ist nur auf einer Stichstraße von Mutwanga aus zu erreichen und wird daher von Touristen kaum aufgesucht. Wohl aber hat man stets bedeutende Gäste hierher gebracht. Wir konnten uns scherzend rühmen, schon im selben Bett geschlafen zu haben wie die Königin Elisabeth von England und der belgische König Baudouin. Es gab wohl ein richtiges Badezimmer in diesem Gästehaus, aber keine Wasser-Zuleitung. Das Wasser kam aus einem großen Eisenbehälter unter dem Dach, und dieser mußte immer wieder mit Hilfe eines Tankwagens aus dem Semliki aufgefüllt werden. Wir hatten einmal ein paar Wochen hier mit unseren Damen aus Frankfurt verbracht. Erst am letzten Tag kamen wir dazu, wie die schwarzen Bedienten unten am Semliki, ein paar hundert Meter vom Haus entfernt, den Tankwagen mit Eimern vollfüllten. Sie taten das unmittelbar neben einem toten, aufgedunsenen Flußpferd, das dort schon lange am Ufer im Wasser lag, und sie hatten das schon die ganze Zeit an dieser Stelle so gemacht...

Michael hatte einen deutschen Kameramann angestellt und filmte selbst. Wildtiere aufzunehmen ist etwas anderes, als Spielfilme oder Fernsehfilme zu drehen. Bringt man Kameraleute aus Europa mit, so sind sie zunächst immer sehr ängstlich vor Löwen, Büffeln und Elefanten. Später merken sie, daß die Tiere viel harmloser sind, als man nach den Übertreibungen in den Büchern von »Großwildjägern« und Abenteurern annimmt. Dann werden solche Neulinge allmählich immer zudringlicher und frecher, bis sie des Guten zuviel tun. Dieser Kameramann filmte in späteren Jahren selbständig in Uganda. Eines Tages las ich in den Monatsberichten der Uganda-Parks, daß ein Elefant ihn gepackt und dreimal in die Luft geworfen hatte. Zum Glück machte der Dickhäuter ihm nicht den Garaus, sondern ging weiter. Das Opfer hatte nur ein paar Abschürfungen davongetragen, keine Knochenbrüche.

Diesen Mann setzten wir damals etwa ein oder zwei Kilometer von dem Gästehaus entfernt an das Ufer des Semlikis. Er sollte dort den ganzen Tag über bleiben und die Kolonien von Webervögeln mit ihren kugelförmigen Nestern an den Ästen der Bäume filmen. Ein paar Stunden später aber zog ein drohendes Unwetter herauf, worauf er beschloß, unsere Rückkehr nicht abzuwarten, sondern zu Fuß zurückzugehen.

Gesagt, getan. Auf dem Rückweg aber fand er einen ausgewachsenen, leibhaftigen Löwen mitten auf dem Wege sitzen. Es war der erste, den er im Leben sah. Wenn

Seite 229 oben: Die hochgewachsenen Tutsi oder Watussi sind begeisterte Tänzer.

Seite 229 unten: Ankole- oder Watussi-Rinder mit ihren langen Hörnern sind eine Hauptschwierigkeit der übervölkerten zentralafrikanischen Kleinstaaten Burundi und Rwanda. Eine Kuh gibt im Durchschnitt nur einen Liter Milch je Tag. Obwohl es über 600 000 Kühe im Lande Rwanda gibt, müssen Butter und Milch aus Kenia eingeführt werden.

Seite 230: Die DC 4, welche wir von der Sabena gechartert haben, nimmt die kostbarer Kongo-Tiere auf.

Seite 231: Wir hatten während der ganzen Flugreise zu tun, um unsere vierzig seltener Pfleglinge zu verköstigen und den Luftkranken unter ihnen beizustehen.

SABENA
BELGIAN AIRLINES
OO-CBR

CRN

man allein, zu Fuß und ohne Waffe ist, hat man vor einem Löwen sehr viel mehr Achtung, als wenn man als Tourist in einem Auto sitzt. Der Kameramann wußte nicht, was er tun sollte. Schließlich nahm er zwei Steine, begann ein Lied zu pfeifen, schlug dabei die Steine im Takt mit beiden Händen gegeneinander und ging vom Wege ab im weiten Bogen um den Löwen herum. Als er bei uns ankam, hatte er sich beide Daumen mit den Steinen blutig geschlagen — ohne in der Aufregung davon überhaupt etwas gemerkt zu haben.

Um die Flußpferde mitten im Wasser und in voller Bewegung zu filmen, fuhren wir eines Tages mit einem großen, eisernen Boot dicht an eine Flußpferd-Ansammlung im Semliki heran und zwischen die auseinderstrebenden Tiere. Dabei griff eine Flußpferdmutter, die ein Junges führte, unser gerudertes Boot wütend an. Ein Wildhüter, der unvorsichtig auf dem Rand des Bootes gesessen hatte, kippte bei dem Stoß über und verschwand mitten zwischen den aufgeregten Flußpferden im Wasser. Zum Glück tauchten bald darauf erst seine rote Kappe und dann sein Gesicht auf, das vor Schreck grau geworden zu sein schien. Wir zogen ihn heraus. Die Flußpferdmutter hatte ihn nicht angegriffen, aber er war mit dem Gesäß genau auf einen ihrer Stoßzähne gefallen und hatte es sich aufgerissen. Ich konnte ihn nur verbinden und ihm Schmerztabletten geben. Die Wunde heilte rasch. An sich können Flußpferde sehr wohl Menschen töten. Wir erfuhren das später im Queen Elizabeth-Park von Uganda. Dort hatte ein Flußpferd ein junges Mädchen, das nachts unerlaubt durch den Nationalpark radelte, ganz zerbissen. Obwohl wir uns zusammen mit den Wildwarten die ganze Nacht um das arme junge Ding bemühten, starb sie gegen Morgen an den schweren Wunden.

Weit gefährlicher sind Krokodile, wenn man in einem Fluß oder in der Nähe eines Seeufers ins Wasser fällt oder gar badet. Zum Glück gibt es im Eduardsee und im oberen Teil des daraus fließenden Semliki-Flußes keine Krokodile. Nach vorweltlichen Knochenfunden sollen jedoch früher hier welche gelebt haben. Die umgebenden Hochgebirgsketten sind alle vulkanisch. Vermutlich ist einmal alles Leben oder sind zumindestens die Krokodile in früheren Erdzeitaltern durch Vulkantätigkeit vernichtet worden. Der weiter nördlich tiefer gelegene Albertsee ist durch den Semliki-Fluß mit dem Eduardsee verbunden. Im Albertsee lebten große Mengen von Krokodilen, wenigstens bis in die jüngste Zeit, bevor sie durch die Krokodilleder-Mode fast restlos ausgerottet worden sind.

Seite 232 oben: Dieses viersitzige Kleinflugzeug wurde dem Nationalpark von Zaire vor einigen Jahren aus der Sammlung »Hilfe für die bedrohte Tierwelt« zum Geschenk gemacht. Damit gelang es, die Wilddieberei in den ausgedehnten Parks nach dem Bürgerkrieg sehr rasch zu unterbinden. Im Hintergrund die einzigen gezähmten Elefanten in Afrika in der Elefantenstation Gangala ná Bodio im nördlichen Zaire, nicht weit von der Grenze des Sudan. Vor dem Flugzeug der Kommandeur der Elefantenstation und ich.

Seite 232 unten: Zwei Kaffernbüffel-Bullen, die sich eben noch im Schlamm gesuhlt haben, kämpfen hier miteinander.

Warum sind die Krokodile nicht den Semliki aufwärts in den Eduardsee eingewandert? Wahrscheinlich liegt es daran, daß dieser hohe Wasserfälle hat, die von dichtem Urwald umgeben sind. Die Krokodile wandern offensichtlich nicht gern zu Land durch tiefen Wald. Außerdem strömen hier Zuflüsse in den Semliki, die das Schmelzwasser von dem Schnee und den Gletschern des Ruwenzori-Gebirges heranbringen. Dieses kalte Wasser mag den Krokodilen nicht behagen. Auf jeden Fall haben Michael und ich diese Gelegenheit benutzt, um im Eduardsee zu baden, weil es dort keine Krokodile gibt und weil er nach den Untersuchungen der Belgier auch frei von Bilharzien ist. Die vielen Flußpferdherden am Ufer haben uns dabei weniger gestört. Die Bullen machten wohl drohende Scheinangriffe und stürmten im aufplatschenden Flachwasser mit hoher Bugwelle drohend auf uns zu, machten aber immer mindestens fünfzig Meter vor uns halt und drehten dann um. Wir waren damals noch sehr leichtsinnig.

Trotzdem war das Baden kein Vergnügen. Der Boden war dicht mit einer schlammigen, schleimigen Schicht bedeckt, dem aufgelösten Kot der Flußpferde. Außerdem trat man immer wieder auf glitschige Knochen toter Flußpferde. Wir mußten nach dem Baden erst einmal gründlich duschen.

Die Zehntausende von Flußpferden im Albert- (Virunga-) Nationalpark und im Königin Elisabeth-Nationalpark, die den Eduardsee rundum umgeben, sind höchstwahrscheinlich die Ursache für seinen unvorstellbaren Fischreichtum. Mit ihren vierzehn Mägen können die Flußpferde auch das ausgetrocknete hohe Gras während der Trockenzeit abweiden und verdauen, welches von Antilopen und anderen Wildtieren gemieden wird. Der massenhafte Kot, den die Riesentiere überwiegend im Wasser absetzen, bildet wieder die Nahrungsgrundlage für viele Kleinlebewesen. Von diesen leben die Fische. In den wenigen Jahrzehnten der Kolonialzeit hat man aus reiner Schießwut die Flußpferde, welche einst jeden afrikanischen Fluß von der Quelle bis zur Mündung bevölkerten, sinnlos abgeschossen, meist ohne überhaupt auch nur ihr Fleisch zu verwerten. Das hat zur Eiweiß-Unterernährung bei vielen afrikanischen Menschengruppen stark beigetragen. Im Naturhaushalt einer Wildlandschaft greifen nun einmal die Pflanzen- und Tierarten in oft erstaunlicher Weise ineinander, sie bilden ein Wechselgefüge. Wer unüberlegt ein Rädchen aus diesem Getriebe herausnimmt, löst oft traurige Folgen in riesiger Breite aus. Das ist in großen Teilen Afrikas in den letzten hundert Jahren geschehen.

Wir hatten uns das Geld für den Farbfilm »Kein Platz für wilde Tiere« geborgt und uns dabei schwer verschuldet. Mein Sohn Michael mußte sich, genau wie einst auch ich 26 Jahre früher, vorzeitig im Alter von neunzehn Jahren vom Gericht für großjährig erklären lassen, um unter anderem einen Wechsel von über 100 000 Mark vollgültig unterschreiben zu können. Wie wir den unerwarteten Erlös aus diesem Film der Verwaltung des Serengeti-Nationalparkes, des damals einzigen Nationalparkes im noch britisch verwalteten Tanganyika (später Tansania) zur Verfügung gestellt hatten, habe ich in der Einleitung meines Buches »Serengeti darf nicht sterben« beschrieben, — und auch, mit welchen Ängsten wir diesen Kongo-Film 1954 zum Wettbewerb während der Berliner Filmfestspiele anmeldeten.

Die Filmfachleute hatten schon vorher beanstandet, daß wir die wilden Tiere zu friedlich zeigten. Die Kinobesucher waren damals gewohnt, daß in Afrikafilmen alle paar Augenblicke ein Raubtier seine Beute umbringt oder daß bösartig angreifende Büffel erschossen werden. Wir waren sehr niedergeschlagen, als sich herausstellte, daß unser Film im Wettbewerb mit einem neuen Afrikafilm des berühmten Walt Disney »Geheimnisse der Steppe« (African Lion) stand. Alle unsere Hoffnungen schwanden dahin. Um so mehr verblüffte es uns dann, daß wir einen »Goldenen Bären« bekamen, weil das Publikum die meisten Stimmen für den Film abgegeben hatte, einen zweiten »Goldenen Bären« vom internationalen Preisgericht, und überdies wurde dem Film noch der Bundesfilmpreis verliehen. Er lief in München zwölf Wochen lang im selben Kino und wurde in 63 Ländern gezeigt. Wir waren unsere Schulden und unsere Sorgen los.

XVI

IM BÜRGERKRIEG

Am 1. Juli 1960 gaben die Belgier dem Kongo überraschend schnell, ja fast überstürzt, die Selbständigkeit. Sie zogen ab. Alle Welt meinte, nun hätte für die Elefanten und Nashörner, die Giraffen und Büffel die letzte Stunde geschlagen, hier und in den anderen neuen afrikanischen, schwarzen Staaten auch. Schließlich waren die Strauße und Löwen, die Leoparden, Geparden, die Oryx- und die Mendes-Antilopen in den arabischen Staaten Nordafrikas erbarmungslos und restlos ausgerottet worden, alle Wälder niedergeholzt. Und was haben unsere Vorfahren mit Bibern, Auerochsen und Wisenten, die Amerikaner mit ihren riesigen Bisonherden getan! Die Schwarzen würden sicherlich nicht besser sein, nun nachdem der belgische König die Nationalparks im Kongo nicht mehr beschützte. Außerdem sollen Schwarze, nach Auffassung vieler Europäer, keinerlei Gefühl und kein Herz für wilde Tiere haben.

Dann kam ein Brief von George Schaller, dem bekannten amerikanischen Biologen, der bis zu seinem neunten Lebensjahr in Dresden gelebt hat. Er arbeitete damals in den Berggorilla-Gebieten des Albert-Parks und schrieb mir erstaunliche Dinge. Während der belgischen Zeit hatten die hochgewachsenen Watussi (Batutsi) aus dem angrenzenden Rwanda immer wieder ihre nutzlosen, langhörnigen Rinderherden in die Gorilla-Gebiete des Albert-Parks getrieben. Professor van Straelen hatte nie erreicht, daß die belgische Verwaltung scharf dagegen einschritt, weil die Watussi politisch viel Einfluß hatten und die Königreiche Rwanda und Burundi beherrschten. Nun hatte sich George Schaller an den neuen schwarzen Präsidenten der Kivu-Provinz, Herrn Jean Miruho, gewandt. Der gab ihm sofort Soldaten mit, und die schossen zwölf Watussi-Kühe tot und beschlagnahmten weitere 56. Für eine ganze Weile war der Wald in diesem Teil des Parks jetzt vor Überweidung und Abholzung sicher. Ich sollte Herrn Jean Miruho einen Dankbrief schreiben, so bat mich George Schaller, und andere Leute veranlassen, das gleiche zu tun.

Selbstverständlich tat ich das.

Nach ein paar Wochen kam die Antwort von Herrn Miruho: Natürlich wollte er den Albert-Park als wichtiges Erbe des kongolesischen Volkes und der ganzen

Menschheit schützen. Aber wenn keine Touristen mehr hinkämen, werde es kaum möglich sein, Geld dafür aufzubringen. Ich sollte doch Touristen schicken.

Nun waren damals schon die Zeitungen voll von Greuelberichten über politische Wirren und den Bürgerkrieg im Kongo. Weil die meisten Leute die Namen der afrikanischen Länder nicht auseinanderhalten, wollten viele Touristen deswegen sogar Ostafrika nicht besuchen. Ich schrieb dem Präsidenten der Kivu-Provinz also, ich wagte nicht, Leute zu Fahrten in sein Land aufzufordern, so lange ich mich nicht selbst überzeugt hätte, ob der Kivu ruhig und ungefährlich sei. So machte ich mich auf den Weg, zunächst in das angrenzende Uganda. Das war damals noch unter britischer Verwaltung.

Die englische Polizei wollte mich nicht in den Kongo hinüber lassen, weil Uganda von belgischen Flüchtlingen von dorther überfüllt war. Niemand von der weißen Nationalparkverwaltung in Uganda hatte bisher gewagt, aus dem Queen Elizabeth-Park über die Grenze in den anschließenden Albert-Park zu fahren, dort nach dem Rechten zu sehen und nötigenfalls zu helfen.

So machte ich mich mit Alan Root, der seit Jahren für mich filmte und gerade vierzehn Tage vor seiner Hochzeit stand, in dessen Geländewagen allein auf den Weg. In meinem Buch »Auch Nashörner gehören allen Menschen« habe ich unsere damaligen Erlebnisse ausführlich beschrieben. Die englischen Zollbeamten wollten uns nicht über die Grenze lassen, weil es zu gefährlich sei. Näheres konnten sie uns nicht sagen, denn die neuen, schwarzen kongolesischen Beamten, deren Haus auf der anderen Seite der Grenze nur hundert Meter entfernt war, sprachen nur französisch. So fuhren wir einfach 'rüber — ohne gültiges Visum, so wie ich das zehn Jahre vorher umgekehrt aus dem Kongo nach Uganda gemacht hatte. Ich fragte die Zollbeamten, ob sie, Hand aufs Herz, jetzt hineinfahren würden, wenn sie Weiße wären. Sie meinten, man hörte an der Grenze nicht viel, was drinnen passierte, aber in den nächsten Tagen würde es wohl ruhig sein. Natürlich war mir ein bißchen unbehaglich, denn man las überall Berichte von Ermordungen, gefolterten Missionaren, geschändeten Nonnen, niedergebrannten Farmen. Alle belgischen Beamten hatten fluchtartig den Kongo verlassen. Aber andererseits hatte ich schon oft die Erfahrung gemacht, daß es, kommt man an Ort und Stelle, meistens nicht ganz so schlimm ist, wie es in den Zeitungen sensationell aufgemacht wird. Trotzdem war ich aufgeregt. Alan beschwerte sich, daß ich ihn immer wieder auf französisch ansprach.

Man sah hier auf der Straße und in den wenigen Autos nur noch schwarze Gesichter. Deswegen durchfuhren wir den Ort Rutshuru ohne anzuhalten und gleich weiter, stundenlang bis in den Albert-Nationalpark, zu der Hotelunterkunft in Ruindi. Es war erstaunlich, daß die Kaffernbüffel noch zahm und vertraut neben der Hauptstraße standen, obwohl hier schon Trupps von Soldaten durchgezogen waren. Weiße Soldaten in Europa hatten in den letzten Weltkriegen immer auf alles geknallt, was an Wildtieren vor ihre Flinten kam. Hier aber hatte der neu ernannte schwarze

Richter für Wilddieberei sofort sechs Monate Gefängnis verhängt, mehr als doppelt soviel wie sein weißer Vorgänger.

Wie würde das Hotel jetzt, 1961, aussehen, nachdem die Belgier über ein Jahr weg waren? Ich war auf das Schlimmste vorbereitet. Aber alles blitzte, die Tische waren weiß gedeckt, wir bekamen in einer Viertelstunde von einem tadellos angezogenen Ober ein gutes Mittagessen serviert, in den Toiletten und in den Gästezimmern hingen frische Handtücher — es war kaum zu glauben. Da die Belgier keine Schwarzen als Nationalparkbeamte ausgebildet hatten, war von der neuen schwarzen Verwaltung Herr Anicet Mburanumwe zum Direktor ernannt worden, der die Landwirtschafts-Hochschule besucht hatte. Er ist später noch ein Jahr lang zur weiteren Ausbildung bei uns im Frankfurter Zoo gewesen, ebenso wie sein Vorgesetzter, Herr Mokwa, in der Regierung der Hauptstadt Kinshasa.

Nach ein paar Stunden tauchte Dr. Jacques Verschuren auf — ein Biologe, der nichts mit der Nationalpark-Verwaltung zu tun hatte, aber zur Zeit des Umbruches zufällig mit Forschungsarbeiten im Albert-Park tätig gewesen war. Im Gegensatz zu den belgischen Beamten war Verschuren nicht geflohen, sondern dageblieben. Die neuen Herren hatten ihn zum Berater ernannt. Er ist ein leidenschaftlicher Naturfreund und hatte schon damals die riesigen Gebiete des Parkes auch in den Gebirgen in vielen Fußmärschen durchquert und an 170 verschiedenen Stellen im freien Gelände übernachtet. Seinem Ausharren haben die Nationalparks von Zaire viel zu verdanken.

Auch die Wildhüter hatten durchgehalten. Da sie nur mit Speeren, nicht mit Gewehren bewaffnet waren, hatten sie allerdings einen sehr schweren Stand gegen die Wilddiebe, vor allem gegen Verbrecher, die bewaffnet aus Uganda über die Grenze in den Park kamen. Einige der Wildhüter waren bereits ermordet worden, der Wildhüter Valere Kurubandika in geradezu barbarischer Weise.
Mehrfach fand man Leichen von ermordeten Wildhütern im Eduardsee schwimmend. Der junge kongolesische Konservator des Albert-Nationalparkes, Albert Buni, wurde in Mutsora, im Norden des Parkes, von Rebellen gefoltert, die unbedingt in das Schutzgebiet eindringen wollten. Seine letzten Worte während des furchtbaren Todeskampfes waren: »Ihr könnt mich töten, aber es wird euch niemals gelingen, den Nationalpark zu zerstören. Er wird mich und euch auf ewig überleben!« — Ich mußte eine militärische Parade abnehmen und unter der gelbblauen kongolesischen Fahne eine Ansprache an diese tapferen Männer und an die Witwen der Ermordeten halten. »Die ganze Welt bewundert euren Mut und eure Standhaftigkeit in diesen Kriegszeiten!«

Im Augenblick war jedoch am beunruhigendsten, was mit Jean Miruho geschehen war, der mich ja hierher eingeladen hatte. Erst vor ein paar Tagen waren Soldaten der abtrünnigen Gizenga-Regierung aus Stanleyville (Kisangani) durch den Park gefahren und zwei Tage später aus der Provinzhauptstadt Bukavu wieder zurückgekehrt. In einem Käfig auf ihrem Wagen saß gefangen der Provinzpräsident Jean Miruho. Sein Schnurrbart war ihm halb ausgerissen, die Zähne des Unterkiefers eingeschlagen worden. Die Leute im Lodge durften ihm kein Wasser geben, obwohl er durstig war und darum bat.

»Wir kommen wieder! Haltet alle Europäer fest!« hatten die Soldaten gesagt.

Alan und ich wurden trotzdem freundlich aufgenommen, man räumte uns die beste Kabine ein, deren einzige Tür unmittelbar auf die Hauptstraße führte. Alan schlief wie ein Murmeltier, ich aber lauschte die ganze Nacht auf Motorengeräusche oben im Gebirge, von der Straße nach Stanleyville. Wenn ein Lastwagen kam, hatte ich schon die Stiefel an und war bereit, aus dem Fenster zu springen. Aber es waren immer nur Arbeiter, Benzinfahrer oder Biertransporte.

Als wir ein paar Tage später mitten im Albert-Park waren, erwartete uns auf dem Rückweg zum Lodge auf einem Hügel im Gelände ein schwarzer Bote. Inzwischen waren ein paar Wagen voll Soldaten aus Stanleyville angekommen. Sie hatten alles kurz und klein geschlagen, den ganzen Alkoholvorrat ausgetrunken, Frauen vergewaltigt, und nun suchten sie nach uns. Wir sollten nur ja nicht zurückkommen.

Nun kannten wir gottlob den Park besser als die Soldaten aus Stan. Wir machten einen Bogen durchs Gelände um Ruindi und fuhren unmittelbar nach Rwanda, in den Kagera-Nationalpark zu dem letzten belgischen Nationalparkdirektor Guy de Leyn, der mutig dorthin zurückgekehrt war. Er bewohnte mit seiner fast eleganten, gutaussehenden Frau ein schloßartiges, weißes, breit hingelagertes Haus auf der Spitze eines Hügels. Alles sah aus wie ein Herrensitz irgendwo in Belgien, nicht wie ein einsames Haus mitten in der Wildnis — eine schöne Freitreppe, eine riesige Halle, gekachelte Bäder, große Glastüren, weit offene Veranden. Aber wie eine kleine Villenkolonie wirkten auch die steinernen Häuschen der afrikanischen Wildhüter am Fuße des Hügels.

Ich sah in den Sümpfen und Seen am Kagera-Fluß den ersten freilebenden Schuhschnabelstorch, Abu Markub, meines Lebens. Er stand stundenlang auf einer Grasinsel und starrte ins Wasser. Rings herum weideten Situtunga-Antilopen. Wegen ihrer breit auseinander zu spreizenden Doppelklauen können sie auf den halb schwimmenden Schilf-Inseln im grünverwachsenen Gewässer umherlaufen. Wir haben später aus dem Kongo drei dieser Situtunga in den Frankfurter Zoo bekommen, eine große Herde daraus gezüchtet und jahrelang viele Zoos mit diesen Antilopen versorgt.

Acht Tage später wurde Guy de Leyn von den Batutsi grauenhaft verstümmelt und ermordet, übrigens am 10. Januar, genau am Todestag meines Sohnes Michael. De Leyn hatte darauf bestanden, in dieser unruhigen Zeit seinen Posten nicht zu verlassen. Allerdings ahnten während meines Besuches weder er noch ich, daß es hier so gefährlich geworden war. Auch Guy de Leyn gehört zu den Schwarzen und Weißen, die in den letzten fünfzehn Jahren in Afrika »für Elefanten« gestorben sind.

In Uganda traf ich Jacques Verschuren, der einen Tag später auch geflüchtet war. Allerdings ist er bald zurückgekehrt und hat während aller Wirren jahrelang im Kongo ausgehalten, im Gegensatz zu so vielen anderen Belgiern. Als ich ein paar Tage später in der Serengeti beim Abendessen saß, sprach mich ein Engländer an. »Wissen Sie nicht, daß der Polizeifunk Sie schon in ganz Ostafrika sucht? Sie sollen im Kongo von den Aufständischen festgenommen sein und im Gefängnis sitzen!«

Auf Einladung der schwarzen Verwaltungsbeamten und von Dr. Jacques Verschuren bin ich während des Bürgerkrieges immer wieder in den Kongo gefahren. Das eine Mal verlangten die Zollbeamten an der Grenze, die Witwe meines Sohnes Michael und ich sollten bei ihnen die Pässe zurücklassen — damit sie sicher wären, wir würden auch zurückkommen. Ich wollte den Administrator Anicet Mburanumwe aufsuchen. Die Verwaltung und sein Wohngebäude stehen nicht unmittelbar im Albert-Park, sondern recht abseits in Rumangabo. Ich wußte nicht recht den Weg von der Grenze aus dorthin. Deswegen schlugen die Grenzer vor, ich sollte einen kongolesischen Soldaten und seine junge Frau mitnehmen, sie könnten mir den Weg zeigen. Unterwegs stieg noch eine andere Soldatenfrau mit Baby ein.

Wir kamen nach Rumangabo, aber ich traf Mburanumwe nicht an, sondern nur seine Frau, und wollte dann weiter nach Ruindi, dem Hauptquartier im Albert-Nationalpark, fahren. Der Soldat aber bestand auf einem neuen, mir ganz unbekannten Weg, der eine Abkürzung sein sollte. Nun gut, er mußte es ja wissen.

Plötzlich aber standen wir vor einem Tor, dem Eingang zu einem kongolesischen Militärlager — ohne Pässe. Ich wollte sofort umdrehen, aber der Wachposten duldete das nicht. Er hätte bereits den Kommandanten im Lager angerufen, und der wollte uns sehen. Das Tor öffnete sich, wir fuhren hinein, hinter uns gingen die Torflügel wieder zu. Wir stiegen aus und wurden durch das Lager geführt. Dabei gab man uns immer an einen neuen Begleiter ab, der jeweils einen höheren Rang hatte. Zum Schluß führte uns ein Leutnant in das Büro des Kommandanten, zu einem recht jungen Major. Er fragte uns, was wir bei ihm wollten.

»Nichts, Herr Kommandant«, antwortete ich, »wir wollen nach Ruindi in den Albert-Nationalpark.«

»Warum kommen Sie dann aber hierher ins Militärlager?«

Mir war unbehaglich, mit Militär ist in Kriegszeiten meistens nicht gut Kirschen essen. (Ein paar Jahre später bin ich von arabischen Soldaten im südlichen Sudan wegen Spionage verhaftet und eine Woche lang gefangengehalten worden.)

»Das weiß ich nicht, ich wollte nicht hierher. Da müssen Sie schon Ihren Soldaten fragen, der uns hierher geleitet hat, Herr Kommandant!«

Der Soldat wurde geholt, er klappte die Hacken zusammen, stand stramm — und dann kam heraus, daß er sich und seiner Frau hatte den Fußweg zum Militärlager ersparen wollen. Zum Glück verfiel der Kommandant nicht auf den naheliegenden Gedanken, uns nach Ausweisen zu fragen. Der Leutnant führte uns wieder zurück bis zum Eingangstor. Ich fragte ihn »Comment ça va? — wie geht das hier so?«

Die Antwort war sehr kurz und deutlich: »Huit cent Francs le mois! — 800 Franken den Monat!«

Hinter uns schloß sich wieder das Tor zum Militärlager, und wir fuhren erleichtert weiter in den Albert-Park.

Wieder etwa ein Jahr später klingelte mich in Frankfurt eines Abends ein Herr aus Kairo an. Er kündete mir für den nächsten Vormittag den Besuch von zwei

Ministern aus Stanleyville (Kisangani) an, von der abgefallenen Gizenga-Regierung, die mit der Zentralregierung in Leopoldville (Kinshasa) Krieg führte. Einer von ihnen war Marcel Bisukiruso, und der Polizeipräsident von Bukavu war ebenfalls mitgekommen. Die Gizenga-Regierung war von der deutschen Bundesregierung nicht anerkannt und hatte keine diplomatischen Beziehungen mit ihr. Sie galt als kommunistisch. Die ganze Sache war sehr geheimnisvoll.

Aber die schwarzen Politiker versicherten, daß die Gizenga-Regierung alles tun würde, um die beiden Nationalparks in ihrem Gebiet, den Albert- und den Garamba-Nationalpark, zu erhalten. Doch ich sollte mich bemühen, Touristen aus Europa und Amerika hinzuschicken! Diese Bitte kam mir während des Bürgerkrieges entwaffnend ahnungslos vor.

Aber ich hielt den Herren vor, daß gegen vierhundert Wildhüter und Arbeiter im Albert-Nationalpark, und ganz sicher auch die im Garamba-Park schon seit vielen Monaten keinen Lohn mehr bekommen hatten, denn es gab keine Verbindung mehr zur fernen Hauptstadt Leopoldville. Das war besonders hart für die Angestellten des Parks, weil sie noch aus belgischer Zeit, größtenteils frühere Soldaten waren. Den jetzt noch tätigen Soldaten in der Armee aber hatten die Politiker die Gehälter vervierfacht!

Die Kassen der Gizenga-Regierung in Stanleyville seien leer, versicherten mir die Minister. Ob ich nicht Geld für die Parks auftreiben könnte? So schloß ich in meinem Frankfurter Büro schriftlich eine Art Staatsvertrag mit den Ministern der Gizenga-Regierung ab. Danach würde ich das Geld nicht an sie abliefern, sondern persönlich an die Angestellten des Parks auszahlen. Die Regierung verpflichtete sich, mir von Stanleyville aus eine Militärbegleitung zu meinem Schutz mitzugeben. So kommt man an die große Politik...

Aber niemand wollte mir Geld geben. Die Bundesregierung hatte nichts mit der Gizenga-Regierung zu tun, ebensowenig die UNO, die UNESCO oder irgendwelche internationalen Körperschaften und Verbände. Jeder wollte erst einmal abwarten, wer im Kongo die Oberhand behalten würde. Abwarten aber bedeutete Hunger und Elend für die Wildhüter, hieß den Untergang der Kongo-Nationalparks. So mußte ich die Geldbeträge aus Spenden und von meinen Büchern und Fernsehsendungen zusammenbringen. Dr. Jacques Verschuren zog mit dem Geld in den Kongo ab. Lange hörte ich nichts mehr von ihm.

Dann bekam ich eines Tages eine Postkarte eines belgischen »colon«, eines Farmers — ob ich gehört hätte, daß Dr. Verschuren und Mburanumwe verprügelt und ins Gefängnis geworfen werden wären, weil sie »die Nationalparks an Europäer verkauft« hätten? Inzwischen hatten sich aber die Politiker zeitweise geeinigt, Marcel Bisukiruso war Minister der Zentralregierung in Kinshasa geworden. Ich schickte ihm Telegramme und Briefe, und alles kam für den Augenblick in Ordnung.

In jenen Zeiten übernahm also die Sammlung »Hilfe für die bedrohte Tierwelt« über ein Jahr lang die — übrigens sehr bescheidene — Bezahlung dieser Wildhüter. Wir stellten auch Armbinden mit Wappen und Inschriften in Frankfurt her, damit diese Leute, die längst keine Uniform mehr hatten, als amtliche Verteidiger des Parkes kenntlich waren. Da alle Fahrzeuge beschlagnahmt worden waren, stiftete die »Zoologische Gesellschaft«, Frankfurt, einen Geländewagen, den Dr. Jacques Verschuren mühselig von Daressalaam durch ganz Ostafrika bis in den Kongo fuhr.

Immer wieder aber drangen Wilddiebe aus Uganda über die Grenze in den Albert-(Virunga-) Nationalpark ein, hausten dort unter den Wildtieren und schossen die kongolesischen Wildhüter im Albert-Park ab. Wurden sie dann von herbeigerufenen Soldaten oder Polizisten verfolgt, so zogen sie sich über die Grenze nach Uganda zurück und lachten ihre Verfolger aus. 32 tapfere Wildhüter im Virunga-Nationalpark sind auf diese Weise ermordet worden.

Im Kidepo-Nationalpark in Uganda an der Grenze zum Sudan ging es ähnlich zu. Auch dort hatten einfallende Sudanesen schon vier Wildhüter getötet. Wir konnten ebenfalls aus der Spendensammlung »Hilfe für die bedrohte Tierwelt« ein Flugzeug und manches andere zur Verteidigung der Tiere und Menschen stiften. Bei der feierlichen Übergabe in Kampala, der Hauptstadt von Uganda, erlaubte ich mir, vor den Ministern der Obote-Regierung Klage zu führen, daß die Wildwarte in den aneinandergrenzenden Nationalparks Ugandas und des Kongo und daß die Uganda- und die kongolesische Polizei an der Grenze nicht zusammenarbeiteten, nur weil sie ihre Stammesbrüder jenseits der zufällig entstandenen Kolonialgrenzen bereits als Fremde und »Ausländer« ansähen.

Dafür hätten arme, kleine, schlechtbezahlte Afrikaner ihr Leben lassen müssen
Diese Zusammenarbeit ist später zustande gekommen.

XVII

WIEDERSEHEN MIT DEM KONGO

Bald zwanzig Jahre nach meiner ersten Reise mit meinem Sohn Michael, über die ich in den vorangegangenen Kapiteln dieses Buches berichtet habe, lud mich Präsident Joseph Desiré Mobutu ein, Zaire, die Kongorepublik, als sein Gast zu besuchen. Was ist inzwischen alles geschehen! Mein Sohn liegt am Rande des Ngorongorokraters in Afrika begraben, der Bürgerkrieg hat lange im Kongo gewütet. Neue Machthaber sind gekommen und wieder verschwunden. Natürlich reizte es mich, manche Plätze, die mir einst so vertraut gewesen waren, nach so langer Zeit wiederzusehen und überdies kennenzulernen, was man in den allerletzten Jahren neu begonnen hatte. Daher bin ich zuerst zur Hauptstadt Kinshasa (früher Leopoldville) geflogen. Kinshasa ist mit 2,2 Millionen Einwohnern heute nach Paris die zweitgrößte französisch sprechende Stadt der Welt. Das heutige Zaire, die République Démocratique du Congo oder der »Kongo-Kinshasa«, wie man diese frühere belgische Kolonie (zum Unterschied von dem nördlich angrenzenden »Kongo-Brazzaville«, der früheren französischen Kolonie) nannte, umfaßt 2 345 409 Quadratkilometer. Es ist also sechs- bis siebenmal so groß wie Deutschland (BRD und DDR zusammen), hat dabei aber nur 17,5 Millionen Einwohner gegenüber 78 Millionen bei uns. 85 von Hundert aller Tier- und Pflanzenarten Afrikas kann man in diesem gewaltigen Land vertreten finden.

Im Zoologischen Garten von Kinshasa treffe ich zu meinem Erstaunen einen sehr alten Bekannten wieder: den südamerikanischen Tapir »Nicco«, der im September 1953 im Frankfurter Zoo geboren wurde und ein halbes Jahr später als Geschenk hierher gereist ist. Trotz seines hohen Alters sieht er recht munter und jugendlich aus. Der Zoo ist sauber gehalten, die Tiere gut sind gepflegt. Offensichtlich hat man in den letzten Jahren aber nichts Neues mehr darin gebaut, weil der Präsident dabei ist, außerhalb der Stadt am Ufer des Kongoflusses einen neuen, riesigen zoologischen Garten anzulegen, der etwa zweitausend Hektar umfassen soll. Die ersten Einrichtungen dafür sind schon gebaut worden.

Ich fliege von der Hauptstadt aus im großen Verkehrsflugzeug vier Stunden lang über die ungeheuren Urwälder des Kongobeckens bis nach Kisangani, dem früheren

Stanleyville. Mit einem einmotorigen Kleinflugzeug würde ich diesen Flug nicht gern machen. Muß man nämlich in diesen Urwaldgebieten zwangsweise niedergehen, so wird erfahrungsgemäß ein solches Flugzeug niemals gefunden. Die Baumwipfel schließen sich darüber. Diese Waldflächen sind einfach unendlich. Selbst wenn man lebend auf den Erdboden kommt, muß man im Urwald eine Notlandung machen, man hat gar keine Möglichkeit, jemals zu Fuß herauszukommen. Weite Teile dieser unendlichen Urwaldflächen sind noch niemals von Weißen, ja auch sicher überhaupt noch nicht von Menschen betreten worden.

Kisangani, wo ich in ein anderes Verkehrsflugzeug umsteige, hat heute viel an Bedeutung verloren. Das große moderne Sabena-Hotel am Flughafen ist ein Teil der Universität geworden. Früher flogen wir von Brüssel aus unmittelbar hierher, ohne den ungeheuren Umweg über die fern westlich gelegene Hauptstadt Leopoldville. Heute gibt es hier keine internationalen Flüge mehr.

Nichts hat sich hier in den letzten anderthalb Jahrzehnten verändert, alles kommt mir sehr vertraut vor. Aber wo sind meine alten Bekannten geblieben? Ich fliege weiter nach Isoro, dem früheren St. Paulis, wo mich der belgische Pilot Alain Jamar mit einer kleinen, viersitzigen Cessna-Maschine erwartet.

Ich bin sehr begierig, ihn kennenzulernen, denn ich habe mich — aus großer Entfernung — drei Monate vorher viel um ihn kümmern müssen.

Alain Jamar wollte am 28. Januar dieses Jahres eben die gleiche Maschine über Uganda nach Nairobi in Ostafrika fliegen, um sie dort, wie vorgeschrieben, gründlich durchsehen zu lassen. Ganz kurz vorher aber war in Uganda eine Revolution ausgebrochen; der General Idi Amin Dada hatte die Macht in dem Augenblick übernommen, in dem Präsident Obote eine Konferenz in Ostasien besuchte. Als der Pilot Jamar ahnungslos im Flughafen Entebbe bei der Uganda-Hauptstadt Kampala zwischenlandete, wurde er, wohl als verdächtiger Spion, festgenommen. Man steckte ihn in Gefangenenkleidung, und er mußte von Maniokbrei und schmutzigem Wasser im Gefängnis leben, so erzählt er mir. In dieser Zeit hatte er eine Woche lang schwere Malaria und steckte sich mit Amöben an, ohne einen Arzt oder Tabletten zu bekommen. Immer, wenn er herumgeführt wurde und dabei anhalten mußte — etwa wenn eine Tür geöffnet wurde — mußte er sich auf die Erde setzen und seinen Kopf zwischen die Knie beugen. Er lag meistens mit drei weiteren, aber immer wieder anderen Gefangenen in der Zelle. Auch der Bruder des früheren Staatspräsidenten Obote war zeitweise mit ihm zusammen im selben Raum; er wurde später erschossen, so erzählte mir Jamar.

Die eingelieferten Mitgefangenen hatten häufig Wunden von Messerstichen, Schädel- und Rippenbrüche, Peitschenstriemen am Körper. Nur alle zehn Tage wurden sie von einem Sanitäter angesehen und bekamen bestenfalls eine Tablette Aspirin. In diesen ganzen Wochen sah Jamar nur einen Weißen, einen Engländer, der aber nicht weitermeldete, daß ein Europäer dort im Gefängnis saß. Erst ein griechischer Pilot, der vor ihm entlassen wurde, verständigte die Außenwelt.

Nach dem Eindruck von Alain Jamar wurde die Revolution in der Hauptsache von Angehörigen der Stämme im nördlichen Uganda, westlich des Nils, gemacht. Man soll sich aber hüten, als Europäer herablassend über solche Vorgänge zu urteilen. Wir sollten nicht vergessen, was in unseren eigenen Ländern geschehen ist, zu unseren eigenen Lebzeiten.

Ich war in dieser Zeit gerade in Ostafrika und erhielt nacheinander mehrere Telegramme aus dem Kongo: ich sollte versuchen, dem Piloten zu helfen. Zum Glück kannte ich einen der neuen Minister in Uganda, den Zoologieprofessor Banage von der Universität Makerere. Ich bombardierte also die Uganda-Regierung und die Botschaften mit Telegrammen. Am 27. Februar wurde Jamar endlich entlassen, flog seine Maschine nach Nairobi und kehrte dann, aber vorsichtshalber über Ruanda, in den Kongo zurück. (Ich wurde einige Jahre später von dem Präsidenten Idi Amin eingeladen und habe in seinem Hause beim Mittagessen die Erhaltung der Natur seines Landes besprochen).

Nun sehe ich also den armen Dulder Jamar selbst. Er ist zwar 34 Jahre alt, sieht aber wie 25 aus und hat sich inzwischen sichtlich gut erholt. Ich fliege mit ihm in der kleinen Maschine nach Gangala na Bodio, der berühmten Elefantenzähmungsstation hoch im Norden des Landes. Sie liegt nicht weit von der Grenze zum Sudan (wo man mich selbst vor ein paar Jahren nach einer Notlandung im Kleinflugzeug ebenfalls als Spion verhaftet und ins Gefängnis gesetzt hatte).

Während des Bürgerkrieges hatte ich gehört, Gangala na Bodio und die Okapi-Fangstation im Ituri-Urwald seien 1965 im Kongo-Bürgerkrieg zerstört worden; sie bestünden nicht mehr. Als wir jetzt zur Landung auf dem neu angelegten »Flughafen« ansetzen, stelle ich mit Befriedigung fest, daß das nicht wahr ist. Alle Gebäude stehen noch. Im Gegenteil, es ist ein kleines Hotel dazu gekommen. Ich klettere etwas steif aus der Cessna und bin verblüfft, daß hier alle Kornaks und Wildhüter in militärischer Parade unter der kongolesischen Flagge aufmarschiert sind. Eine Hornkapelle spielt; eine Ehrenpforte aus Palmen und Blumen ist gebaut worden, der Lehrer läßt die Schulkinder singen. Ich muß eine Parade abnehmen, eine Ansprache halten. (Und das, wie in den kommenden Wochen überall, auch noch auf französisch. Mein Französisch ist in den letzten zehn Jahren reichlich eingerostet.)

Hinter dem Flugzeug marschieren elf Arbeitselefanten auf, in Reihe und Glied, mit den Kornaks auf ihren Rücken. Mir fällt wieder wie damals auf, daß sie mitten auf dem Rücken der Elefanten sitzen, nicht wie in Indien auf dem Hals, mit den Beinen beiderseits hinter den Ohren. Auch ich muß auf dem Rücken Platz nehmen und mich an einem Seil um den Bauch festhalten, wenn ich später hier reite. Die indische Reitweise, die ich inzwischen in Assam kennengelernt hatte, ist bequemer und sicherer.

Die Leute hier gehören alle zum Stamme der Asandeh. Bis in die zweite Hälfte des vorigen Jahrhunderts waren die Asandeh Kannibalen, wie ich schon im siebenten Abschnitt dieses Buches erläutert habe. (Um gleich die europäische Überheblichkeit etwas zu dämpfen: auch in Europa hat man tüchtig Menschen gefressen, wie man zum Beispiel in den Gräbern in der Lüneburger Heide herausgefunden hat. Nur liegt das bei uns etwas weiter zurück. Die Feldbauer Mitteleuropas waren bis etwa 600 v. Chr. Kannibalen.)

Die jungen Leute führen mir zu Ehren schon am Nachmittag bei Sonnenschein einen Tanz auf. Der schwarze Kommandant erklärt mir, daß man sie ermuntern mußte, dazu wieder die überlieferte Asandeh-Kleidung anzulegen, nach der alten Art zu tanzen und auch die herkömmlichen Musikwerkzeuge herzustellen. Stillschweigend nimmt der Korporal den jungen Mädchen die Büstenhalter ab.

Die rhythmischen Klänge, die zuckenden Bewegungen kommen mir sehr vertraut vor — durchaus nicht aus Afrika. Junge Frauen in langen Kleidern oder bunten Umhängen, wie sie heute in Afrika Mode geworden sind, stehen mit ihren Kindern daneben. Man merkt, daß es in ihren Knien zu zucken beginnt. Gegen Abend sind sie alle dabei, es wird ein großes Volksfest.

Ich unterhalte mich abends bei einigen Glas Bier mit den jungen Männern. Sie sind erstaunt, daß man jetzt in Frankfurt, auf der ganzen Welt, afrikanische Tanzbewegungen und auch die rhythmisch betonte, jazzartige Musik afrikanischer Herkunft seit Jahren übernommen hat. Ihre afrikanischen Tänze haben die ganze Welt erobert.

An sich können ja in dieser Gegend, wie in den meisten Teilen Afrikas, keine Pferde leben. Sie gehen an der Naganaşeuche zugrunde. Trotzdem hielt man immer einige Pferde zum Elefantenfang, indem man ihnen ständig bestimmte Arzneien verabreichte. Obwohl man die während des Bürgerkrieges hier sicher nicht gehabt hat, gibt es zu meiner Verblüffung jetzt noch zwei Pferde hier, die geritten sind und recht gut aussehen. Sie sind Nachkommen der früheren Reitpferde.

Auch die Elefanten haben den Bürgerkrieg überdauert. Als die Aufständischen kamen, haben sich die Kornaks mit ihren Frauen und Töchtern darauf gesetzt und sind in die Wildnis verschwunden. Dort haben sie sich, mit Unterbrechungen, fast ein Jahr lang aufgehalten und sind nur gelegentlich nachts zurückgekommen, um heimlich Maniok von den Feldern zu holen. So hat Gangala na Bodio überlebt.

Es liegt an der Grenze des Garamba-Nationalparks, der sich von hier bis an die Grenze des Sudan ausdehnt. Er ist 1938 gegründet und umschließt fünftausend Quadratkilometer, ist also doppelt so groß wie der Staat Luxemburg. Nur in dieser Gegend des Kongo kommen Giraffen vor. Allein hier leben die »Weißen« oder Breitlippen-Nashörner der nördlichen Unterart noch frei in ihrer ursprünglichen Heimat. Seit seiner Gründung durfte dieser Park niemals von Touristen betreten werden, er diente ausschließlich wissenschaftlichen Zwecken.

Bis in den Bürgerkrieg hinein, bis 1963, haben im Garamba-Nationalpark 1300 Breitlippen-Nashörner gelebt. Dann kamen die Aufständischen und immer mehr Wilddiebe aus dem angrenzenden Sudan. So hat auch die Zahl der Giraffen stark abgenommen. Von den Nashörnern sollen zwanzig, nach neuerer Zählung jedoch 250 übriggeblieben sein.

Ich fliege stundenlang immer wieder über den Park, wir fahren auch im Geländewagen darin herum. Leider kann ich dabei im ganzen nur fünf Nashörner sehen, daneben allerdings sehr große Herden von Elefanten und Büffeln. Vor zwei Monaten ist hier ein Wildhüter von einem Büffel draußen im Gelände getötet, zwei andere sind von demselben Tier verwundet worden.

Das Gebiet ist sonst jetzt völlig sicher, die Wilddieberei im Park selbst ist ganz und gar abgestellt worden. Da ihr Lebensraum erhalten ist, werden sich die Wildbestände zweifellos sehr rasch wieder aufbauen. Daß aber wirklich im Augenblick 250 Weiße Nashörner vorhanden sein sollen, erscheint mir unwahrscheinlich.

Nach ein paar Tagen fliegen wir mit unserer Cessna bis nach Mambasa, einem Dorf im Urwald, das einen grasbewachsenen Landestreifen hat. Von dort geht es im Auto zwei Stunden lang auf der Straße bis nach Epulu, der Okapi-Fangstation am gleichnamigen Fluß im Herzen des Ituri-Urwaldes. J. Medina, der Sohn eines portugiesischen Arztes und einer Afrikanerin, hat die Station seit 1946 mustergültig aufgebaut und die Bambuti dazu angeleitet, diese erst 1900 entdeckten kurzhalsigen Waldgiraffen schonend in Fallgruben zu fangen. Ich habe dies im Abschnitt XIII beschrieben.

Medina, der im Bürgerkrieg fast ein Jahrzehnt lang fern der Station in Kisangani (Stanleyville) leben mußte, hatte die große Freude, als alter, gebrechlicher Mann vor einem halben Jahr dort wieder einzuziehen. Er ist aber vor ein paar Wochen gestorben. Immerhin sind inzwischen neue Gehege gebaut worden, man hat elf Okapis eingefangen, von denen bereits zwei im Privatpark des Präsidenten in Kinshasa leben — übrigens in guter Pflege und sehr gutem Zustand. Das Hotel, welches ein Belgier hier noch kurz vor der Unabhängigkeit des Kongo baute, steht noch. Aber Türen und Fenster fehlen, sogar die Dielen in den Zimmern. Eine Vorhalle ist eingestürzt. Bei der zweiten ist eine Tragesäule stark eingeknickt. Es sieht aus, als ob sie jeden Augenblick ganz zusammenbrechen würde. Mit erheblichem inneren Unbehagen folge ich meinen Führern hier die Treppe hinauf bis in das obere Stockwerk. Aber das Hotel an sich steht noch, das Dach ist in Ordnung. Man könnte es unschwer wieder in Betrieb setzen.

Auch Bongos und eine ganze Reihe von Waldduckern werden hier gefangen. In einem Schuppen entdecke ich noch schwere Arbeitsgeschirre für Elefanten, die in Gangala na Bodio fehlen. Früher hat nämlich hier eine Elefantenabordnung gearbeitet. Ich schlage vor, das auch jetzt wieder so zu halten. Besucher, die sicher jetzt in steigendem Maße in den Kongo kommen, können dann vom Albert-Nationalpark aus in ein paar Stunden Fahrt hier nach Epulu kommen, die Okapis und die anderen Waldtiere besichtigen, die Bambuti bestaunen. In nur ein paar Stunden Autofahrt von hier sind die Mount-Hoyo-Höhlen zu erreichen, dieses Labyrinth unterirdischer Kathedralen, Hallen, Dome mit ihren Zehntausenden fruchtessender Flughunde. Das alles sind Eindrücke, die man in anderen Teilen Afrikas nicht hat.

Bei meiner Ankunft tanzen die Bambuti, die gelbbraunen Zwerge, ein Freudenfest. Ihnen haben sicher in den letzten zehn Jahren die europäischen Besucher sehr gefehlt. Als ich nach Kasimu und Epini, den beiden Helden unseres Filmes »Kein Platz für wilde Tiere«, frage, bedauert man: sie seien für ein paar Tage im Wald. Aber eine erwachsene Tochter von ihnen ist da, sie heißt Djimale Maliamu. Ich sage ihr, daß ich mich gern mit ihr zusammen fotografieren wollte. Sofort legt sie wie selbstverständlich das große bunte Tuch ab, in das sie nach Afrikanersitte eingewickelt ist, zieht sich den Pygmäen-Lendenschurz zwischen den Beinen durch und stellt sich nackt neben mich. Die Bambuti wissen seit den Zeiten des alten Putnam, daß Europäer und besonders Filmleute echte Bambuti sehen wollen, und keine Pygmäen in europäischen oder afrikanischen Kleidungsstücken. Als ich ihr einen Zaire (kongolesische Währungseinheit = 7,50 DM) in die Hand drücke, liefert sie das Geld sofort einer älteren Frau ab.

Alles ist wie einst vor so langen Jahren. Der Epulu-Fluß rauscht durch den Urwald, die einzige Eisenbrücke im weiten Umkreis liegt noch darüber, die Zwerge singen dieselben Lieder. In den Gehegen, die sich im Urwald verlieren, stehen die gestreiften Okapis. Nur die Wasserleitung ist entzwei und die Klosetts arbeiten nicht mehr. Aber das mag sich schnell ändern.

Im Virunga-Nationalpark, dem früheren Albertpark, wohin ich weiterfliege, ist vieles schon sehr gründlich anders geworden. Er ist der älteste von allen Parks im Kongo, 1925 gegründet und 8000 Quadratkilometer groß, sicher einer der großartigsten Nationalparks der Erde. Obwohl ich schon oft dort gewesen bin, wird mir das erst jetzt so richtig klar, als ich ihn zum erstenmal im Flugzeug besuche.

Das Ruwenzori-Gebirge, das sagenhafte Mondgebirge des Altertums, habe ich zum Beispiel noch niemals richtig klar gesehen oder fotografiert; es war immer von Wolken umhangen. Diesmal aber weckt mich der Pilot Jamar schon eine halbe Stunde vor Sonnenaufgang, früh um sechs Uhr: Die schneebedeckten Bergwipfel sind klar! Schnell in die Maschine und empor. Wir fliegen erst den Semliki entlang, eine der »Quellen« des Nils. Er strömt aus dem Eduardsee heraus und führt dessen Wasser siebzig Kilometer weit bis in den tieferen Albertsee. Nach einer Auslegung soll Semliki heißen »Platz, wo es keine Mambas gibt«. In herrlichen Windungen — noch nicht von unvernünftigen Wasserbaumeistern begradigt wie unsere europäischen Ströme — schlängelt er sich durch die weiten Ishango-Ebenen und tiefer unten durch Urwald.

Die Gipfel des Ruwenzori-Gebirges kommen immer näher auf uns zu. Diese Bergmassen sind etwa hundert Kilometer lang und fünfzig Kilometer breit, die höchste Spitze mißt 5119 m. Nur der Kilimandscharo (5895 m) und der Kenia-Berg (5194 m) sind in Afrika höher. Bevor Europäer hier in diese Gegend kamen, war niemals ein Afrikaner bis an die Schneegrenze emporgestiegen. Alle glaubten daher, der obere Teil des Berges bestände aus weißem Stein.

Wir fliegen um diese weißen, zackigen Gipfel herum. So manche von ihnen sind auch bis heute noch niemals von einem Menschen bestiegen worden. Allmählich bilden sich immer mehr Wolken. Wir haben Mühe, sie zu umfliegen, kleine Wolken auch zu durchstoßen, damit ich nach allen Seiten filmen kann. So manche der Täler, in die ich hinabblicke, sind noch völlig unberührt wie in Urzeiten und bisher von keines Menschen Fuß betreten worden.

Das Ruwenzori-Gebirge liegt genau nördlich vom Äquator. Es gibt kein anderes Bergmassiv in Afrika, das vom Fuß bis zum Gipfel, wenigstens auf einer Seite, völlig unter Naturschutz steht. Der Virunga-Park geht vom Semliki-Fluß aus bis auf die Spitze der Berge. Die Pflanzenwelt, die ja alle paar hundert Meter Höhe allmählich wechselt, und die Tierwelt sind hier völlig ungestört.

Alle die anderen gewaltigen Berggruppen in Afrika, die Virunga-Vulkane im Kongo, der Kenia-Berg, die Aberdares bei Nairobi, der Kamerunberg, der Kilimandscharo, aber auch die Anden in Südamerika, der Himalaja in Asien sind in bestimmten Höhen ganz oder teilweise besiedelt, von Plantagen, Bauerngehöften, Pflanzungen umgeben, meistens etwa zwischen 1500 und 2000 Metern. Auf der Kongoseite des Ruwenzori aber ist alles, wie es seit Urzeiten war, hier gibt es keine menschlichen Zerstörungen. Das ist das Verdienst der hier ansässigen afrikanischen Häuptlinge, des Königs Leopold II. und vor allem auch von Professor Victor von Straelen, der von 1934 bis 1959 Generaldirektor der Nationalparks im Kongo war.

Nagetiere steigen hier mehr als 4600 m hoch, Elefantenfußabdrücke sind hingegen nur unterhalb dreitausend Meter Höhe zu finden. Leoparden wagen sich gelegentlich bis auf die Gletscher.

Ich schlafe wieder im Gästehaus von Ishango, auf dem hohen Geländestück gerade am Ausfluß des Semliki aus dem Eduardsee. Das Wasser ist klar und warm, ich bade hier, weil es, wie gesagt, im Eduardsee keine Bilharzia-Ansteckung gibt. Dabei halten wir uns in achtbarer Entfernung von den Flußpferden, die zeitweise neugierig näher kommen. Ishango ist einer der schönsten Plätze Afrikas, mit dem Blick nicht nur auf den Ruwenzori, sondern über den weiten, weiten See (viermal so groß wie der Bodensee!) bis zu den Virunga-Vulkanen. Von der Steilwand hier sieht man herab auf Flußpferdegruppen, die sich zwischen Hunderten von Pelikanen und Kormoranen zu sonnen pflegen. In den beiden kleinen Gästehäusern, die von der breiten Masse der Touristen niemals aufgesucht wurden, habe ich einst oft mit meinen Gefährten ganz allein gewohnt.

Dieser Platz ist vom Hauptquartier des Virunga-Parks, von Ruindi aus, nur schwer zu erreichen, indem man einen Tag lang außerhalb des Parks auf der Hauptstrasse hoch durch das Gebirge fährt und von der anderen Seite dann wieder in den Park zurückkommt. Deswegen waren Ishango und der ganze nördliche Teil des Virunga-Parks von 1961 bis sogar 1969 praktisch ohne Bewachung. Lange Zeiten haben hier Aufständische oder Soldaten gehaust, die mit Autos auf den Ebenen herumfuhren und oft mit Maschinengewehren auf alles schossen, was sich bewegte. Früher lebten hier fünf- bis sechstausend Büffel, jetzt sind es erst wieder 250. Zwar findet man an den Ufern des Semliki überall Knochen von totgeschossenen Flußpferden, aber im Strom wimmelt es schon wieder von diesen Tieren. Auch Thomas-Wasserböcke sehen wir in großer Zahl. Das Gästehaus ist wieder frisch gestrichen und bescheiden möbliert. Kein Zweifel, die Tierherden werden sich noch weiter vermehren. Hoffentlich baut man nicht auch genau an diesem Punkt ein großes Touristenhotel...

Große Teile des Virunga-Parks wurden schon 1960 am Anfang der Revolution durch die vernünftige Haltung der örtlichen militärischen Einheiten vor der Zerstörung bewahrt. Die Truppen hier in der Kivu-Provinz haben sich im großen und ganzen sehr diszipliniert benommen. Auch Ishango ist im Juli 1960 durch die nationale kongolesische Armee zunächst gerettet worden, wenn auch einige Jahre später andere Soldaten hier schwer gewildert haben.

Zum erstenmal lerne ich, dank des Flugzeuges, den Virunga-Park zwischen Ishango am nördlichen Teil des Eduardsees und den Ruindi-Ebenen an seinem Mittelteil kennen. Das Gebirge tritt nämlich hier dicht an den See heran. Eine Straße oder eine Fahrmöglichkeit gibt es nicht. Jetzt aber gleiten wir im Flugzeug immer wieder über Flußpferdeansammlungen, Scharen von Pelikanen, Nashörnern, Büffelherden, Antilopen hinweg. Der Eduardsee ist nirgends tiefer als hundert Meter. Schwere Wellen gibt es trotz seiner gewaltigen Weite kaum, sehr im Gegensatz zu vielen anderen afrikanischen Seen. Obwohl sich keine einzige Bucht findet, die als Hafen geeignet wäre, könnte man diese Strecke also sehr wohl mit einem Boot bereisen.

Während des Bürgerkrieges hatten sich hier Dörfer von Fischern angesiedelt. Sie sind in den letzten Jahren wieder entfernt worden.

Das Hauptquartier des Virunga-Nationalparks, das Ruindi-Lodge, liegt mitten in den Ruindi-Ebenen, die zu den wildreichsten Gegenden Afrikas gehören. Sie werden von vier größeren Flüssen durchströmt, dem Ruindi, dem Rutschuru, dem Nyarufango und dem Nyakakome, die alle im Nationalpark selbst entspringen und in den See münden. Dieser, 916 Meter hoch gelegen, ist einer der wenigen großen Binnengewässer der Welt, die fast ganz von Nationalparks eingeschlossen sind, hier auf der Kongoseite vom Virunga-Nationalpark, auf der Ugandaseite vom Queen-Elizabeth-Nationalpark. Auf diese Weise ist wirklich eine unberührte tropische Wildlandschaft erhalten geblieben. Ringsum sind die Ruindi-Ebenen von hohen, unbesiedelten Gebirgszügen eingefaßt, im Süden drohen die gewaltigen Vulkangruppen, die auch noch zum Park gehören. Hier leben die größte Ansammlung von Flußpferden auf der Welt, viele Antilopen, Pelikanschwärme, die hier brüten, Löwen, Riesenwaldschweine.

Selbstverständlich hat man auch hier wieder vor Jahrzehnten die erste bescheidene Touristenunterkunft am falschen Platz, mitten im Park, angelegt. Ein Hotel von nur hundert Betten verlangt auf die Dauer fast tausend Menschen, Bedienstete mit ihren Familien, die sich in einem großen Dorf, ja einer Kleinstadt ringsherum ansiedeln, mitten in der unberührten Wildnis.

Ich bin, wie berichtet, während der »périodes difficiles«, der »schwierigen Zeiten« (das Wort »Bürgerkrieg« ist hier verpönt) mehrmals hier gewesen. Wie in Bürgerkriegszeiten muß ich jetzt am Morgen wieder eine feierliche Parade abnehmen und eine Ansprache an die tapferen Wildhüter und an die Witwen der Ermordeten halten.

Der Geländewagen, den wir im Bürgerkrieg gestiftet hatten, wird übrigens heute noch benutzt, obwohl er schon 250 000 Kilometer hinter sich hat. Das will auf diesen Feldwegen und im Gelände schon etwas heißen!

Der vierundachtzigjährige Häuptling »Mwami Ndeze« in Rutshuru, der bei seinen 350 000 Stammesangehörigen sehr angesehen ist, beschützt den Nationalpark. »Ich gab den Park persönlich an König Albert«, sagte er, »und dabei bleibt es!« Dieses Schutzgebiet macht immerhin 75 v. H. des Stammbereiches aus. Die Wilddiebe kamen daher auch nicht oder meist nicht aus dem Kreis der umwohnenden Kongolesen, sondern über die Grenze aus Uganda und aus Ruanda, das seit dem Ersten Weltkrieg zum Belgischen Kongo gehört hatte.

Wie hat sich jetzt Ruindi in den letzten zwei Jahren verändert! Das Restaurant ist hochmodern geworden, man hat noch weitere vierundzwanzig Pavillons gebaut, mit teppichausgelegten Böden, elektrischem Licht, Klimaanlagen, Badezimmern, Salons. Achtzig Besucher können jetzt hier übernachten.

Der Präsident Mobutu war im vorigen Jahr mit dem belgischen Königspaar einige Tage hier in Ruindi. Er kam später mit seiner Frau und den acht Kindern allein zurück und hielt sich über eine Woche hier auf. In dieser Zeit erwärmte er sich immer mehr für den Nationalpark-Gedanken. Dr. Verschuren bewog ihn während dieser Tage, die Verordnung zu unterzeichnen, durch die vier neue Nationalparks geschaffen worden sind.

Ich fahre mit dem Geländewagen in die Gegend von Ishasa. Das war früher wegen des Rutshuru-Flusses nur auf großen Umwegen außerhalb des Parkes möglich, und deswegen wurde hier, genau an der Grenze nach Uganda, besonders viel gewildert. Tausende und Abertausende Antilopen, Büffel, Elefanten sind gerade hier in Schlingen erwürgt, mit Gewehren und vergifteten Pfeilen erschossen, Wildhüter ermordet worden. Präsident Mobutu hat veranlaßt, daß eine Wagenfähre über den Rutshuru-Fluß eingerichtet worden ist. So kann dieses Gebiet heute sehr viel leichter überwacht und gesichert werden.

Wir schlafen dort in Zelten, während gewaltige Elefanten ringsum weiden, manche im Abstand von nur zwanzig Metern. Ich bin ein wenig besorgt, daß einer quer durch mein Zelt marschiert.

Der Wildwart H. Letiexhe, der hier in Lulimbi tätig ist, berichtet mir, daß dort im September 1971 ein Fischer, der zur Fischerei Mwami N'Deze gehörte, bei Nyakakoma getötet und aufgefressen worden ist. Der Wildwart hatte mit dem Mann noch abends um sechs Uhr gesprochen, eine Stunde später kam er zu Tode. Der Löwe wurde bald darauf erschossen. In seinem Magen fanden sich noch Reste von Menschenhaar und Kleidung. Ein gleicher Unfall ereignete sich fast an derselben Stelle ein Jahr zuvor. Ebenfalls fast genau an derselben Stelle ist vor über vierzig Jahren der belgische Wildwart De Watteville von einem Löwen gefressen worden. Die Löwen sind hier gefährlicher für Menschen als etwa in der Serengeti.

Gleichfalls im Jahre 1971 kamen in Luama-Gebiet, das zur Kivu-Provinz von Zaire gehört, 22 Menschen durch menschenfressende Löwen um. 1970 wurden sieben Menschen nachts getötet. Sie standen auf dem offenen Hinterteil eines Lastwagens, der in der Nacht wohl wegen einer Reparatur anhalten mußte. Diese Leute wurden also bei Mavicura, ebenfalls in der Kivu-Provinz, von Löwen vom Wagen heruntergeholt und aufgefressen. Deswegen sollten auch die begeisterten Naturschützer und Tierfreunde nicht etwa verlangen, daß man in Afrika überall gefährliche Wildtiere schützen soll. Sie müssen der zunehmenden Menschenansiedlung weichen, genau wie einst in Europa und Nordamerika. Um so wichtiger ist es, rechtzeitig Nationalparks zu schaffen, in denen keine Menschen leben. Das haben afrikanische Regierungen klugerweise getan.

Am nächsten Morgen fliege ich mit Alain Jamar in den südlichen Teil des Parkes zu den Vulkanen. Einer davon, der Rugarama, hat sich erst im letzten halben Jahr gebildet und war bis vor vier Wochen voll tätig. Er ist eine »Tochter«, also ein Ausbruch an der Flanke des alten Vulkans Nyamuragira (3056 m), der selbst nicht mehr tätig ist. Noch raucht dieser »Ableger« kräftig, und Lavaströme haben sich nach allen Seiten ausgebreitet. Ich fotografiere von der Luft einen, der gerade einen kleinen See trifft. Das Wasser raucht und kocht. Neben den Lavaströmen sind die Bäume verbrannt und braun.

Dr. Verschuren hat einmal beobachtet, wie ein Vogel, ein andermal eine Fledermaus von emporgeschleuderten Steinen getötet wurden. Wenn die Lava hier fließt, werden oft kleine Hügel von ihr ringsum eingeschlossen, und damit auch Tiere. Es dauert vier bis fünf Wochen, bis die Lava so weit abgekühlt ist, daß die Tiere sie überqueren können. Schon nach drei Wochen trauen sich aber, merkwürdig genug, mitunter Leoparden über die erkaltende Lava zu gehen. Sie töten dann in wenigen Tagen alle Tiere in den Einschlüssen, weil diese nicht über die Lava zu flüchten wagen. Am Eduardsee liegt der moderne Ort Goma, der sich immer mehr zu einem Bade- oder Kurort entwickelt. Schon der deutsche Geologe Kirchstein hat etwa 1910 geschrieben, daß Goma eines Tages von Lava zerstört werden würde, vielleicht erst in tausend Jahren. Tatsächlich gibt es hier im ganzen Umkreis keinen Platz, der nicht innerhalb der letzten tausend Jahre von einem Lavastrom überdeckt worden ist. 1956 fing man an, ein neues großes Krankenhaus bei Goma zu bauen. Man mußte den Rohbau unvollendet stehenlassen, weil Erdgase in den Grundmauern aufstiegen.

Wir aber fliegen immer weiter zwischen den Vulkanen umher, die sich mehr und mehr umwölken. Am Hang des steil aufragenden Mikeno (4437 m) mache ich eine traurige Entdeckung. Ich sehe einen weiß leuchtenden Punkt. Wir kurven, fliegen dichter heran: dort hängt ein Flugzeug etwa von der Größe des unseren am Steilhang, wie ein helles Kreuz. Es handelt sich um eine kleine Maschine, die seit dem 16. Dezember des vorigen Jahres vermißt ist. Man hatte angenommen, sie sei im Urwald abgestürzt und verschollen. Es ist nur ein Mann darin; man wird seine Leiche und die Überreste des Flugzeuges aus dieser gewaltigen Höhe von den steilen Lavahängen sicher niemals bergen können.

Auf der Spitze des Karisimbi (4507 m) hat Dr. Verschuren schon Büffel gesehen, und ebenso Berggorillas oben auf dem Muhawura (4127 m), wo sich in jeder Nacht Eis bildet. Elefanten steigen offensichtlich hier niemals höher als 3400 Meter hinauf. Besonders tätig waren die Vulkane zwischen 1938 und 1958. Als wir damals in Ishango arbeiteten, sahen wir jede Nacht die rot leuchtenden Bergkuppen hinter dem anderen Ende des Sees. Die Straße von Goma nach Bukavu wurde durch Lavaströme gesperrt, ganze Dörfer wurden zugedeckt.

Der Nyragongo (3470 m) hat einen terrassenförmig nach innen absteigenden Krater. Wir umkreisen und überfliegen ihn wohl ein halbes Dutzend Mal, damit ich ihn filmen und fotographieren kann, wenn er nicht gar zu sehr von Wolken überdeckt ist. Außerdem steigt aus dem Innern immer noch Rauch auf. Nyragongo heißt »Feuer, das der Gott der Gebirge ist«. Bis zur ersten Terrasse nach innen steigen mitunter Paviane den Steilhang hinab. 1959 hat sogar eine Gruppe von Wissenschaftlern eine Woche lang auf der zweiten Stufe im Innern des Kraters verbracht — kaum glaublich, wenn man das von hier oben sieht.

Viele dieser Gipfel sind noch niemals von Menschen erstiegen worden. Auch die gewaltige Pyramide des Mikeno, an dem wir eben das Flugzeug entdeckt haben, war bis 1927 unberührt. Einer der ersten, die ihn bezwangen, war der belgische König Albert. Die verlassenen Hochmoore werden selbst von den meisten Tieren gemieden. Zwanzig Träger des Geologen Kirchstein erfroren hier eines Nachts, als sie in einen Sturm gerieten und vor Schreck den Kopf verloren. Sie kamen aus warmen Landstrichen und hatten noch niemals Schnee gesehen. Zu seinem Schrecken fand der Forscher am nächsten Morgen nur noch ihre Leichen.

Weiter unten hat Jacques Verschuren inmitten der Lavaebene des Nationalparkes regelrechte natürliche Gaskammern entdeckt. Recht oft ist in diesen Senken tagsüber das unsichtbare Gas gar nicht vorhanden, es ist vom Winde verweht, oder es liegt nur dicht über dem Boden. Doch gegen Abend nimmt die Luftfeuchtigkeit zu, mit ihr steigt die Giftgasschicht oft auf zwei oder drei Meter. Dann vermehrt sich das Kohlendioxyd, das ja auch für gewöhnlich in der Luft vorkommt, auf 40 bis 50 v. H. Zuerst lähmt es, dann tötet es. Eine Schlachtziege, die versuchsweise dort hineingebracht wurde, weidete ahnungslos zwei oder drei Sekunden und stürzte dann wie vom Blitz getroffen nieder. Sie war aber nur eingeschläfert. Erst, wenn ein Tier fünfundzwanzig Minuten in den Gasschichten geblieben ist, kann es sich nicht mehr erholen. Aber natürlich stirbt es in diesen Senken fast zwangsläufig, weil es ja sehr bald das Bewußtsein verliert. Vögel sterben sehr viel schneller, weil ihr Stoffwechsel rascher ist, während Schlangen, Frösche und Eidechsen dem Gas länger widerstehen. Die Schmetterlinge liegen zu Tausenden tot darin. Verschuren hat in wenigen Tagen die Überreste von 43 Meerkatzen, 39 Pavianen, 33 Löwen, Leoparden und Hyänen, 16 Klippschliefern, 38 Elefanten, 20 Flußpferden, 20 Warzen- und Riesenwaldschweinen, 22 Antilopen und Hunderten von Kleinsäugern, Vögeln und Kriechtieren gefunden. Manchmal steigt die Giftschicht nur zögernd in die Höhe und erreicht nur ein oder höchstens zwei Meter. So ist es wohl zu erklären, daß sich viele tote Elefantenkälber anfinden; die ausgewachsenen Tiere kommen dank ihrer Größe mit dem Leben davon. Sogar Pygmäen sind hier schon umgekommen. Verschuren sicherte sich, indem er eine brennende Laterne in der Hand trug. Sie geht aus, wenn die Gasschichten ansteigen.

Abends am Lagerfeuer erzählt mir Verschuren, wie ihn hier am Rwere-Fluß ein großer Elefant angriff. Der schlanke Forscher lief, so schnell er nur konnte, davon. »Ich erinnerte mich, daß ein Elefant eine Hundert-Meter-Strecke nicht unter zwölf Sekunden bewältigt, während ich sie in elf Sekunden schaffe. Aber eine herausragende Wurzel wurde mir zum Verhängnis; ich stürzte. Ich dachte noch — und dies hätte mein letzter Gedanke sein können: Seit zehn Jahren läuft alles reibungslos, und nun muß das geschehen! Hoffentlich geht nur wenigstens alles schnell vorbei. — Ich wartete fünf, zehn, zwanzig Sekunden: nichts ereignete sich. Schließlich wagte ich es, den Kopf zu heben, und sehe den Elefanten, einen wirklich braven alten Bullen: er betrachtet mich neugierig und beriecht mich beinahe vorsichtig. Dann entfernt er sich in aller Ruhe, zweifellos vom menschlichen Geruch angewidert.

An der Kabale-Bucht am Rand des Eduardsees war ich ein anderes Mal eingeschlafen, während einer kurzen Mittagspause. So etwas ist wirklich unvorsichtig. Als ich aufwachte, war ich buchstäblich von einem Dutzend gutmütiger Elefanten umzingelt, die sich vorsichtig bemühten, mich nicht zu zertrampeln!«

Wir fliegen weiter über die Gebirge, am Kivusee entlang. Dazu müssen wir immer höher steigen, denn es liegen jetzt, am Ende der Regenzeit, teilweise große Wolkenmassen über den Bergen, es blitzt und donnert. Bukavu, das frühere Costermansville, liegt am südlichen Ende dieses prächtigen, sechshundert Meter hoch gelegenen Sees, der ringsherum von großen Plantagen und Siedlungen fast völlig eingefaßt ist. In der schönen Stadt Bukavu leben jetzt wieder etwa 250 Belgier und einige andere Europäer. Den ersten Abend verbringe ich in der Villa des deutschen Konsuls Karl-Heinz Schneider. Von der Terrasse aus kann man den unbeschreiblich malerischen Sonnenuntergang auf der anderen Seite des Sees genießen. Herr Schneider ist während des Bürgerkrieges seine Möbel und seine Bücher losgeworden, die hinausgeworfen wurden und im Regen verdarben.

Von Bukava fährt man im Wagen in einer knappen Stunde auf bester Asphaltstraße ins Gebirge, in den neu unter Schutz gestellten Nationalpark Kahuzi-Biega, der nur sechshundert Quadratkilometer groß ist. Die Straße ist völlig leer, denn sie sollte ursprünglich weiter führen und als Verbindung dienen; während der »unruhigen Zeitläufe« hat man den Weiterbau eingestellt. Die Berge, ganz von unberührtem tropischem Urwald bestanden, ragen hoch empor, man hat den Eindruck, die Schweiz in den Tropen zu finden. Neben der Straße erstreckt sich in einem Bergtal eine Ebene. Beim Straßenbau hat man entdeckt, daß es in Wirklichkeit ein See ist, der von einer zwei Meter dicken Pflanzen- und Humusschicht überdeckt ist. Elefanten gehen ohne Bedenken darüber. Der belgische Wildwart de Schryver, der mit einer Kongolesin verheiratet ist, baut gerade Unterkünfte für die Wildhüter und ein bescheidenes Gästehaus auf. Wieder muß ich unter der kongolesischen Flagge eine Rede an die stramm stehenden Wildhüter halten.

An sich brauchte man diese Unterkunft hier gar nicht einmal. Man kann in einem der sechs modernen Hotels von Bukavu wohnen und täglich mit dem Wagen hier emporfahren. De Schryver verbürgt sich, daß man dann innerhalb zweier oder dreier

Tage freilebende Berggorillas zu sehen bekommt. Von denen gibt es nämlich in diesem kleinen Nationalpark etwa dreihundert. Sie sind bereits gegenüber Europäern recht zutraulich geworden. Vor Schwarzen laufen sie noch weg, wahrscheinlich weil während der »unruhigen Zeiten« hier häufig gewildert worden ist.

Wenn man sie angreift, sind die mächtigen Gorillas auch nicht so ganz harmlos. In diesem Gebiet leben noch rund dreißig Pygmoide, wohl Abkömmlinge von kleinen Pygmäen und Afrikanern. Sie sind erheblich größer als die Bambuti im Ituri-Urwald. Im Jahre 1963 wurde ein Pygmoide von einem Gorillamann getötet. Der Pygmoide hatte ein Gorillaweibchen verwundet, woraufhin der zuständige Gorillamann den Jäger umbrachte, ihm alle Eingeweide herausriß und sich einen Tag lang bei der Leiche aufhielt. Ein anderer Pygmoide wurde von einem männlichen Gorilla 1967 getötet, als er dabei war, Gorillas in Netzen zu fangen.

Es ist unglaublich, auf welche bequeme Weise Besucher hier Berggorillas sehen können! Bisher erforderte das immer regelrechte Expeditionen mit vielen Trägern im regenreichen, kalten Vulkangebiet.

Allerdings ist dieser Park noch nicht lange wieder so sicher wie heute. Vor einem Jahr kam der Bruder des belgischen Wildwartes zum erstenmal aus Europa nach Afrika zu Besuch. Der alte amerikanische Geländewagen des Wildwartes, den wir augenblicklich auch fahren, wurde dabei aus dem Wald heraus beschossen. Dabei wurde der Bruder des Wildwartes tödlich getroffen. Noch vor ein paar Wochen wurde der Wildwart mit Steinwürfen verwundet. Ein Lastwagen versuchte, seinen Wagen von der Straße zu stoßen. De Schryver schoß daraufhin in den Reifen des Lastwagens, worauf dieser über die Straßenseite den Hang hinunter abkippte. Seitdem aber ständige Rangerposten und Überwachungsgänge eingerichtet worden sind, haben auch diese Bedrohungen aufgehört.

Zum Upemba-Nationalpark in der Provinz Katanga fliegen wir von Bukavu aus mit unserer Maschine gegen vier Stunden, denn es sind gut achthundert Kilometer nach Süden. Der Upemba-Nationalpark, 1939 gegründet, hat mit 11 500 Quadratkilometern etwa ein Viertel der Größe der Schweiz. Er streckt sich rund 250 Kilometer lang von Norden nach Süden.

Es ist herrlich hier. Der Posten des Hauptwildwartes liegt auf einer Hochebene von etwa 2200 Metern. Auch im Sommer ist es also hier immer kühl und leicht windig. Die riesigen Grasflächen ringsum blühen, und zwar rötlich. Ich habe den Eindruck, in der Lüneburger Heide zu sein. Alles ist unter dem jungen, tatkräftigen kongolesischen Wildwart J. Makabuza peinlich sauber, das selbsterzeugte elektrische Licht brennt die ganze Nacht hindurch, klares Wasser läuft aus den Hähnen. Hier, weitab vom Strom der Reisenden in Afrika, kann man sich wohlfühlen. Allerdings sollte man ein Kleinflugzeug zur Verfügung haben. Denn das Riesengelände fällt in Gebirgsterrassen mit unberührten Tälern und lichten Waldbeständen hinab, bis auf fünfhundert Meter Höhe an einen großen See. Aus ihm heraus fließt der Oberlauf des gewaltigen Kongostromes. Allerdings haben von 1960 bis 1966 Soldaten der United Nations neun Zehntel der Wildbestände abgeschossen. Das waren vor allem chinesische, marokkanische und äthiopische Truppeneinheiten. Außerdem siedelten sich in dieser Zeit etwa fünfzehntausend Menschen innerhalb des Parks an. Ein Teil dieser Neusiedler ist bereits in andere Gegenden außerhalb des Nationalparks verbracht worden, weitere Dörfer folgen jetzt. Einige andere Fischersiedlungen, fernab am See allerdings, in denen man inzwischen sogar schon Kirchen errichtet hat, wird man belassen müssen. Dafür ist der Park im letzten Jahr an einer anderen Seite erheblich erweitert worden.

In den letzten fünf Jahren, seitdem der Upemba-Nationalpark wieder überwacht wird, sind die Wildbestände ordentlich angewachsen, wie man auch vom Flugzeug aus sehen kann. Warzenschweine laufen herum, Wardon-Wasserböcke, Kongonis, Zebras, Elenantilopen, Büffel, Schakale, Bergriedböcke mit rötlichen Köpfen und Hälsen und langem, weichwolligem Fell, viele Schuhschnabelstörche, Karunkelkraniche, Pferdeantilopen, Oribi, Klippspringer, Wasserböcke, Löwen, Leoparden, Servale, afrikanische Wildhunde, Honigdachse, Otter. Im lichten Brachystegia-Wald sieht man Rappenantilopen, Pinselschweine, Blaurückenducker — die größte Duckerart. Unten am See weiden Situtunga auf den riesigen Sumpfflächen, Hunderte von Lechwe-Antilopen jagen davon. Niemals habe ich so riesige Herden von Elefanten gesehen. Natürlich gibt es auch Flußpferde und Krokodile. Auf den Hochebenen wieder stehen mitten in den Grasflächen einsame Uapaca-Büsche, über und über mit rosa Blüten bedeckt. Das Herz kann einem hier schon weit werden!

Um hier besser vom Flugzeug aus filmen und fotografieren zu können, hängen Alain Jamar und ich die rechte Tür des Flugzeugs aus. Ich sitze also ganz frei, halb im Fahrtwind, und kann mich nach allen Seiten umsehen. Natürlich muß man sich dazu gut an den Sitz anschnallen, sonst kann man bei einem Hopser des Flugzeugs herausfallen. Ich glaube, so ein Fall ist nicht sehr angenehm. Man bleibt ja, wie man von Fallschirmabspringern weiß, dabei voll bei Bewußtsein. Aus fünf- oder siebenhundert Metern Höhe fällt man also recht lange durch die Luft, bis man endlich aufschlägt. Diese halbe Minute ist eine lange Zeit zum Nachdenken, wenn es die letzte im Leben ist.

Ich bin beim Fliegen sehr beschäftigt und passe nur auf, daß mir kein Objektiv, keine Kamera, kein Belichtungsmesser vom Schoß fällt, ich binde alles an oder drücke es Alain Jamar zwischen die Beine. Man hat viel mehr das Gefühl zu fliegen, wenn man so halb frei in der Luft sitzt, als wenn man in eine riesige Verkehrsmaschine hoch über den Wolken laut- und luftdicht eingesperrt ist. In unserer Dornier-Maschine haben Michael und ich früher beim Filmen über der Serengeti mitunter beide Türen herausgenommen und sogar noch den Fußboden. Allerdings waren wir dann wie in Militärflugzeugen angeschnallt, mit Gurten nach oben und nach den Seiten. Wie die Maschine jetzt in einem Luftloch ein paar Meter abfällt, merke ich plötzlich, daß ich aus dem Sitz hochgehoben werde und wieder zurückfalle. Der Gurt ist aufgegangen; vermutlich bin ich mit einem der Apparate gegen die Metallklammer gestoßen. Hätte die Maschine gleichzeitig eine Seitenbewegung gemacht, so wäre ich wahrscheinlich zwanzig Zentimeter neben dem Sitz wieder heruntergekommen und herausgefallen, um so mehr, als ich beide Hände voll habe. Aber es ging noch einmal gut.

Eine Flugstunde weiter südlich hat man im äußersten Zipfel von Zaire, bei Lubumbashi, dem früheren Elizabethville, den Kundelungus-Nationalpark neu geschaffen. Er ist nur 1200 Quadratkilometer groß, soll es aber hier vor allem den vielen Technikern in der Industrieprovinz Katanga ermöglichen, nach knapp zwei Stunden Autofahrt von der Hauptstadt aus Wildtiere zu sehen. Denn obwohl diese Riesenprovinz landwirtschaftlich fast unbesiedelt ist und nur Bergwerke, Fabriken, Stauseen, Autostraßen über das Land verteilt sind, ist die Wildnis dazwischen von jedem Getier völlig leergeschossen. Die vielen Angestellten, aber auch die Arbeiter in diesen Industriewerken haben sich offensichtlich mit »Jagd« vergnügt, bis kein Lebewesen mehr übriggeblieben ist. Daß dieser neue Nationalpark entstanden ist, muß man wohl vor allem dem Bemühen von Roger Minne zugute halten, der zugleich auch ehrenamtlicher Wildwart ist. Er besitzt eine Brotfabrik in Lubumbashi. Schon sein Vater ist 1915 in den Kongo ausgewandert. Damals reiste man sechs Wochen von Southampton aus mit dem Dampfer und fuhr dann mit der Eisenbahn entweder durch Rhodesien oder später durch Angola bis hierher in das Innere Afrikas.

Auch im Kundelungus-Gebiet ist während des Bürgerkrieges sehr viel geschossen worden. Aber nun ist die Überwachung gut, nicht nur durch die Eingeborenen-Wildhüter, sondern auch von der Luft aus. Roger Minne ist nämlich zugleich Präsident des Aeroklubs. Im Park rauscht der höchste Wasserfall der Erde, der Lofoi (340 m). Auch dieser Park liegt sehr hoch und ist entsprechend kühler, man fühlt sich daher als Europäer dort wohl. Während sich das übrige Wild schon wieder gut zu erholen beginnt, hat man leider die Nashörner ganz ausgeschossen. Hoffentlich gelingt es, wieder welche einzuführen. (1972 wurden auch wieder die ersten Geparden gesichtet.)

Von Lubumbashi fliege ich in genau zwei Stunden im riesigen Jet-Flugzeug der »Air Congo« (betrieben von »Panam«) zur Hauptstadt Kinshasa zurück. Um die beiden riesigen Nationalparks mitten im Kongo-Urwald zu besuchen, wären wochenlange Expeditionen erforderlich. Denn noch gibt es keine Flugmöglichkeit oder auch Straßen dahin, obwohl man dabei ist, diese Schutzgebiete nun zu erschließen und zu sichern. Im Salonga-Nationalpark, der mit seinen 30 000 Quadratkilometern so groß ist wie Belgien oder anderthalbmal so groß wie Hessen, sichert man unberührten, nie gefällten, jungfräulichen Tropenurwald und seine Tierwelt. Der Salonga-Nationalpark ist einer der größten Waldparks der Erde. Er ist gleichzeitig das einzige Schutzgebiet für den seltenen Zwergschimpansen oder Bonobo (Pan paniscus). Der Maiko-Nationalpark, 10 000 Quadratkilometer groß, beherbergt im Urwald (unter anderem) Okapis (was bis dahin gar nicht bekannt war), Gorillas und die seltenen, fast sagenhaften Kongopfauen.

In Kinshasa gibt mir der Ministerpräsident oder »Directeur du Bureau du président de la République«, Herr B. Bizengimana, ein Festessen zusammen mit den Ministern. Ich bin überrascht, welchen Einblick dieser hochgebildete Mann in die

Fragen der Umweltvergiftung und des Naturschutzes in der ganzen Welt hat. »Natürlich wollen wir auch Touristen«, sagt er in seiner Tischrede, »wir heißen sie herzlich willkommen, und sie werden sich bei uns wohlfühlen. Aber das ist nicht der Grund, warum wir die neuen riesigen Nationalparks geschaffen haben. Denn der Kongo ist kein armes Land, er hat die zweitstärkste Kupferproduktion und die einzige Kobaltproduktion in der Welt, Germanium, Uran, Zinn, Silber, Kohle, Diamanten, Baumwolle. Wir wissen, wie sehr die Pflanzendecke des Erdballs jetzt zerstört wird, auch im übrigen Afrika. Im Kongo sind 85 v. H. der Pflanzen- und Tierwelt des afrikanischen Erdteils vertreten. Ein Teil unserer Parks wird wohl für die nächsten fünfzig Jahre nicht oder vielleicht nie für große Massen von Besuchern geöffnet werden. Sie sollen der wissenschaftlichen Forschung dienen und unsere Natur erhalten.«

Ich bin gerührt, mit welcher Dankbarkeit man von der Sammlung »Hilfe für die bedrohte Tierwelt« und den Spendern spricht. »Als im Bürgerkrieg alle Welt glaubte, der Kongo würde in Blut und Schrecken untergehen und sich selbst zerfleischen, sind Sie, Herr Professor, hierhergekommen und haben in der schwierigsten Zeit geholfen. Sie haben an uns, an unsere Zukunft und an unsere Fähigkeiten geglaubt!«

Diesen Dank möchte ich hiermit an die Mitglieder der »Zoologischen Gesellschaft von 1858« und an all die vielen, vielen Spender weitergeben.

XVIII

...UND MIT RWANDA

Ich habe mich also seit dem Beginn der fünfziger Jahre bemüht, durch Fernsehen, Bücher und Zeitungsaufsätze der Bevölkerung Europas klarzumachen, daß Afrika ein Reiseland ist ebenso wie Italien, Spanien oder Griechenland, und kein Erdteil voller Giftschlangen, wilder Eingeborener, blutgieriger Tiere und Tropenseuchen, wie ihn die »heldenhaften« Großwildjäger so gern in ihren Büchern geschildert hatten. Unsere Propaganda war erfolgreich; die unvergleichbar eindrucksvollen Wildtiere Afrikas sind das Ziel für immer mehr begeisterte Reisende geworden. Der Tourismus war in den letzten Jahren eine der Haupteinnahmequellen einiger ostafrikanischer Länder; in Kenia wurde er sogar wirtschaftlich bedeutender als die Kaffee-Ausfuhr. So haben wir schwarzen und weißen Naturfreunde wirtschaftlich mehr für die armen Menschen einiger »unterentwickelter« Länder erreicht als die amtliche Hilfe unserer Regierungen.

Wer einmal in Afrika war, strebt danach, wieder und wieder hinzufahren. Aber man will gern Neues sehen. Außerdem stoßen sich wirkliche Naturfreunde daran, in gar zu stark anwachsende Touristenströme zu geraten. Diese Menschen, die nicht unbedingt in Luxushotels schlafen wollen, sondern die zwischendurch auch einmal ein paar Nächte mit wohleingerichteten Zeltlagern oder einfacheren Landgasthäusern mitten in der Wildnis vorliebnehmen, reisten in den letzten Jahren immer mehr auch in andere afrikanische Länder wie Sambia, Malawi, Botswana, Natal, Südwestafrika, Mozambique, Zimbabwe, Elfenbeinküste, Kamerun, die Seychellen, aber auch nach Indien, Australien, zu einzelnen Punkten Südamerikas, den Galapagos-Inseln. Sicherlich werden mehr und mehr Naturbegeisterte in den kommenden Jahren nach Zaire reisen, besonders von Ostafrika aus in den Virunga- (früher Albert-) Nationalpark.

Man kann heute, wegen der Unvernunft afrikanischer Länder in Flugverkehrsabmachungen, nicht unmittelbar von Ostafrika bis in den Osten von Zaire, also nach Goma oder Bukavu, fliegen, sondern bestenfalls bis nach Kigali, der Hauptstadt von Rwanda, oder man fliegt von Europa aus unmittelbar nach Kigali. Von dort aus muß man dann in einer Autotagesfahrt bis an die Grenze fahren, meist nach

Kisenyi. Das ist ein reizender Badeort voll Villen, Promenaden, netter Gasthäuser am Strande des Kivu-Sees, des höchstgelegenen zentralafrikanischen Sees (1460 m). Man kann auch gleich über die Grenze gehen und sich im unmittelbar angrenzenden kongolesischen Badeort Goma erholen. Von dort aus sind es nur drei Stunden Autofahrt oder 45 Minuten im Charterflugzeug bis nach Rwindi, dem fast luxuriösen Lodge in der Mitte des Virunga-Nationalparkes.

Auf diese Weise eröffnen sich für das kleine Land Rwanda gewisse Aussichten, einen Teil des Touristenstromes abzubekommen, und es hat das auch bitter nötig. Es hatte ja seit dem ersten Weltkrieg bis 1960 zum Belgischen Kongo gehört. Dieses zentralafrikanische Land, das keine Eisenbahn und keine Wasserverbindung zur Küste hat, ist 26 000 Quadratkilometer groß, hat also nur dreiviertel der Größe Baden-Württembergs. Es ist aber mit 133 Einwohnern je Quadratkilometer viel dichter bevölkert als etwa Frankreich (93,6 Einwohner je Quadratkilometer), und das ohne jede Industrie oder auch nur größere Städte. Dabei nimmt die Bevölkerung im Jahr um 2,7 vom Hundert zu, wird sich also in spätestens sechsundzwanzig Jahren wieder verdoppelt haben, dank der Erfolge unserer modernen Medizin, die nicht gleichzeitig für Geburtenbeschränkung sorgt. (Vgl. die Übersichten S. 20/21.)

Das Land ist — ebenso wie das kleine, ähnliche Nachbarland Burundi — überweidet von mehr als 600 000 riesenhörnigen Watussirindern, wohl beschützt gegen Seuchen durch die Erfolge unserer Veterinärmedizin. Gleichzeitig muß Rwanda aber Milch und Butter aus Kenia einführen!

Dieses gebirgige, einst ganz bewaldete Land ist — vielleicht schon seit der Zeit um Christi Geburt, sicherlich aber spätestens etwa seit dem 9. Jahrhundert — durch die Bahutu besiedelt, einen Bantunegerstamm. Sie rodeten allmählich die Berghänge und lebten dort als Ackerbauer in Familiengruppen, ohne viel staatliche Organisation. Um 1450 aber wanderten die Batutsi (Watussi) ein, ein hochgewachsener, zwar dunkelhäutiger, aber hamitischer Menschenschlag. Sie stammten wohl ursprünglich, ebenso wie die ihnen verwandten Massai Ostafrikas, aus Asien. Auch die Batutsi sind, genau wie die Massai, »Kuhfanatiker«. Die Kühe nahmen ihnen die harte Feldarbeit mit der Hand ab, lieferten ihnen Milch, Fleisch, Felle; sie waren ihre Tragtiere. Auf diese Weise konnten diese hamitischen Stämme ein weniger hartes Leben führen.

Die Bahutu aber konnten diese Kühe von den Eindringlingen nicht kaufen. Kühe waren bei den Batutsi nämlich keine Ware wie Getreide oder andere Feldfrüchte, sondern Eigentum des Königs. Sie verpachteten den Bahutu die Kühe lediglich, und alles Weideland, auf dem diese königlichen, wunderbaren Tiere weideten, gehörte auch dem Besitzer der Kühe. So wurden die Bahutu schließlich Leibeigene der Batutsi. Bahutu-Fürsten, die sich in einigen Landesteilen widersetzten, wurden von den kriegslustigen Batutsi leicht besiegt. Die königliche Trommel »Karyenda« ist mit den Hoden unterworfener Bahutu-Fürsten geziert.

Im Gegensatz zu den nomadisierenden Massai Ostafrikas wurden die Batutsi jedoch hier seßhaft; sie nahmen auch die Bantu-Sprache der Unterworfenen an. Obwohl sie keine Schriftsprache hatten, ist die Reihenfolge der Batutsi-Könige

Rwandas seit etwa 1450, sind ihre Geschichte und ihre Gesetze recht gut überliefert. Die Könige hatten nämlich besondere Beamte, die Bakomo, welche diese Gesetze, zum Teil in Gedichtform, auswendig zu lernen hatten. Jeder dieser eingeweihten Beamten kannte nur einen Abschnitt, der ihm vom König zugeteilt war. Damit nichts verlorenging, überschnitten sich die einzelnen Abschnitte; der nächste Beamte hatte einen Teil des Textes des Vorgängers mitzulernen. Er durfte diese Texte unter Androhung der Todesstrafe niemandem außer dem König mitteilen. Vergaß er auch nur einen Satz, so wurde er erdrosselt. Die kriegerischen Batutsi-Könige verhinderten immerhin, daß arabische Sklavenhändler nach Rwanda oder Burundi eindrangen.

Erst 1899 konnten die deutschen Truppen Rwanda besetzen. Es wurde ebenso wie Burundi zusammen mit Tanganjika ein Teil der Kolonie Deutsch-Ostafrika. 1923 wurde dann Belgien mit der Verwaltung dieser beiden Batutsi-Königreiche beauftragt. Die belgische Kolonialverwaltung hat sicher erhebliche Gelder dafür aufwenden müssen, ohne — im Gegensatz etwa zum Kongo — wesentliche Vorteile aus diesem Besitz zu ziehen. Nach dem Tode des Rwanda-Königs Mutara III. kam es 1959 zu einer blutigen Revolution, in der die Bahutu Abertausende von Batutsi mit ihren Frauen und Kindern grausam umbrachten. Tausende Batutsi leben seitdem als Flüchtlinge in den angrenzenden Ländern, zum Beispiel in Uganda. Die Bahutu riefen 1961 die Republik aus. Dadurch, daß 1964 die Wirtschafts- und Währungseinheit der beiden Nachbarländer Burundi und Rwanda aufgelöst wurde, hat sich die Wirtschaftslage noch verschlechtert. Da die Batutsi als die Reicheren in der Kolonialzeit noch am ehesten ihre Kinder in die Schulen und mitunter sogar zum Studium ins Ausland geschickt hatten, gehörten die meisten Beamten dieser Rasse an. Durch ihre Tötung und Vertreibung wurde der Aufbau einer Selbstverwaltung in Rwanda noch besonders erschwert.

Rwanda ist bereits voll besiedelt. Es gibt nur noch neun v. Hundert Wald, im benachbarten Burundi sogar nur eins v. Hundert (in der hochindustrialisierten Bundesrepublik dagegen 34 v. Hundert). Ich kenne kein Land auf der Erde, das allein mit Landwirtschaft heutzutage einen einigermaßen befriedigenden Lebensstandard erreicht hat. Bodenschätze oder andere Formen der Industrialisierung sind kaum zu erwarten; die Aussichten für eine Ausfuhr sind, wegen der noch nicht vorhandenen, auf jeden Fall aber sehr langen und beschwerlichen Beförderungswege aus dem Herzen Afrikas, im Wettbewerb mit anderen Staaten denkbar gering. Die riesigen Rindermengen, die überwiegend aus Besitzerstolz ohne wirkliche Nutzung gehalten werden, hungern während der Trockenzeit, werden aber noch weiter vermehrt. Die Bahutu-Bevölkerung, deren Intelligenzquotient etwa dem europäischen Durchschnitt entspricht, hat schon heute ein unglaublich niedriges Einkommen und einen sehr geringen Lebensstandard.

Unter diesen Umständen sind natürlich die Aussichten, durch Tourismus Geld ins Land zu bringen, äußerst wichtig. Zwei recht gute, moderne Hotels gibt es bereits in der Hauptstadt Kigali und in Kisenyi. Man trug mir Pläne vor, schon in den nächsten Jahren vier oder fünf große Hotels für Überseereisende in anderen Städtchen des Landes zu bauen. Allerdings pflegen ja Reisende nicht wegen der Hotels in ein Land zu kommen, sondern weil es dort etwas zu erleben und zu sehen gibt. Der Hauptanziehungspunkt der meisten afrikanischen Länder sind die Wildtiere in den Nationalparks, daneben das warme Wetter während des europäischen und amerikanischen Winters. In Rwanda ist allerdings die kleine Trockenzeit, welche in den europäischen Winter fällt, nicht ganz so zuverlässig wie in Ostafrika. Es gibt auch dann häufig Regenfälle. Deswegen will man sich sehr bemühen, das Straßennetz durchs Gebirge allmählich wenigstens in den Hauptzügen mit Teerdecke zu versehen.

Es ist verwunderlich, daß ein so übervölkertes kleines Land — im Gegensatz zu dem Nachbarstaat Burundi — immerhin zwei große Nationalparks hat. Natürlich liegen sie in Gebieten, die für die Besiedlung durch Menschen nicht in Betracht kommen, im Hochgebirge der Vulkanketten und in den Sümpfen, Seen und trockenen Gebieten am Kagera-Fluß, der in den Viktoriasee mündet. Ich habe beide wieder aufgesucht.

Der Kagera-Nationalpark ist 1934 von den Belgiern geschaffen worden. An seinem Eingang liegt ein modernes, nett eingerichtetes Hotel im Pavillonstil, in Gabiro. Er ist 2510 Quadratkilometer groß, hat also etwa ein Fünftel der Größe der Serengeti. Allerdings ist ein Viertel davon zwar unter strengem Naturschutz, aber nicht menschenfrei. Etwa fünfzehnhundert Familien leben darin, größtenteils Viehzüchter, deren Herden neben denen der Wildtiere weiden. Das Gelände liegt 1250 bis 1825 Meter hoch und ist von Westen nach Osten hin eine Folge von großen, weiten Tälern mit sanften Berglehnen und breiten Weideflächen am Grund. Die meisten haben kein ständiges Wasser. Nach Osten zu liegen jedoch darin vielfach Seen und Sümpfe des Kagera-Flusses. Dieses Grasland ist nur von wenigen Bäumen und Baumgruppen bestanden. Es gibt Löwen, Paviane, Leoparden, Wildkatzen, Zebras, Flußpferde, Warzenschweine, Büffel und verschiedene Antilopen, vor allem die sonst seltenen Situtunga-Sumpfantilopen, ferner Spitzlippen-Nashörner, von denen einige 1958 aus dem benachbarten Tansania eingeführt und freigelassen worden sind. Am Eingang des Nationalparks fahre ich an den guten Steinhäusern vorbei, welche die Belgier für die afrikanischen Wildhüter gebaut haben, empor bis auf die Spitze eines Berges. Dort steht die prächtige Villa des Verwalters des Kagera-Parks. Die englischen Wildwarte in den ostafrikanischen Nationalparks wären neidisch geworden, hätten sie gesehen, was für prächtige Wohnsitze die Belgier für ihre Nationalparkdirektoren erbaut haben.

Endlich finde ich den schwarzen Direktor, James Habiyambere. Er steht in der Wagenhalle in einer Zementvertiefung unter seinem Auto und repariert das alte Fahrzeug. Es ist sein persönlicher Besitz — der ganze Nationalpark hat heute nicht einen einzigen Geländewagen, kein Dienstfahrzeug. Die 42 Wildhüter, welche ihm, statt früher 110, noch unterstehen, können also das riesige Gebiet ohne Fahrzeuge auf keinen Fall überwachen. Der hilfsbereite afrikanische Direktor legt mir auch das alte, noch aus belgischer Zeit stammende Gästebuch für besondere Besucher vor. Ich entdecke darin, daß ich zum letztenmal vor zehn Jahren hier war.

Der afrikanische Konservator fährt mich in seinem alten Personenwagen den ganzen Tag auf der trockenen Piste herum, bis hinab zum Kagera-Fluß, wo die Flußpferde prusten und am anderen Ufer schon Tansania beginnt. Ich bin überzeugt, daß in dem ganzen riesigen Park, der gar nicht mehr überwacht wird, jetzt in großem Maße gewildert werden muß, besonders von Leuten, die mit Booten von Tansania herüberkommen. Dort drüben gibt es schwere Gefängnisstrafen für Wildfrevel in Nationalparks; hier ermahnt man die gefangenen fremden Staatsbürger aus dem Nachbarland nur und läßt sie dann laufen.

Aber hier, an der Hauptpiste vom Eingang hinunter zum Kagera-Fluß, die von den Wildhütern und auch von den wenigen Touristen ständig befahren wird, ist das Wild trotzdem sehr zutraulich. Die Antilopen machen nur zögernd dem Auto Platz; wir überfahren im hohen Gras beinahe ein großes Warzenschwein; ein Löwe nimmt uns kaum zur Kenntnis. In manchen breiten Tälern gibt es Riesenherden von roten Topi-Antilopen mit ihren bläulichen Schenkeln und gelben Beinen. In Ostafrika sieht man sie meist nur in kleinen Gruppen. Dafür sind die Gnus hier wieder weniger zahlreich. In dem mittelgroßen, gut in die Landschaft eingepaßten Hotel, das außerhalb des Parks, aber dicht am Eingang steht, kann man wirklich ein paar Tage oder Wochen verbringen. Wenn man hier einen Löwen entdeckt, braucht man nicht besorgt zu sein, daß ihn innerhalb einer Viertelstunde zehn oder zwölf VW-Busse mit fotografierenden, deutsch- oder englischsprechenden Touristen umzingelt haben werden.

Zu meinem Schrecken erzählt man mir, daß auch hier Pläne bestehen, mitten im Kagera-Nationalpark, an einem seiner landschaftlich schönsten Punkte, auf einer Halbinsel im Kagera-Fluß, ein modernes Hundertbetten-Hotel zu errichten. Selbst ein führender europäischer Naturschützer, den ich in Rwanda treffe, berichtet mir davon ohne die geringsten Bedenken. Dabei sollten wir doch langsam wissen, daß zu einem Hotel von hundert Betten mindestens tausend schwarze Bedienstete einschließlich ihrer Familien gehören, die ringsum ihre Häuschen bauen, dazu Schulen, Kirchen verschiedener Religionen, Hospitäler! Dabei bleibt es sicher nicht bei hundert Betten, bald werden es dreihundert, fünfhundert sein, und dementsprechend liegen schließlich Kleinstädte mitten in der »unberührten Wildnis«. Gerade um sie zu erleben, kommt aber der Tourist aus übervölkerten Industrieländern hier in das Herz Afrikas. In Seronera, im Mittelpunkt der Serengeti, das man trotz meines ständigen Einspruches mit einem Lodge ausstattete, leben heute schon, nach wenigen Jahren, 2200 Personen, und dabei wird man erst jetzt das neue Hotel mit einigen hundert Betten eröffnen. Hinzu kommt, daß so manche Gebiete in Afrika einst nur deswegen zu Nationalparks erklärt worden sind, weil dort Schlafkrankheit herrschte und die darin ansässigen Menschen daran elend zugrunde gingen. So sind zum Beispiel der Murchison-Falls-Nationalpark und der Virunga-(Albert-)Park im Kongo zustande gekommen. Man hat die letzten übrig gebliebenen Menschen damals in gesunde Gegenden gebracht. Nun sind in diesen Gegenden die Trypanosomen der Schlafkrankheit durchaus noch vorhanden, ebenso die Tsetsefliegen, welche sie übertragen.

Baut man dort jetzt für Touristen wieder Eingeborenendörfer, so ist meines Erachtens mit neuen Ausbrüchen der fürchterlichen Schlafkrankheit zu rechnen, denn schließlich ist dann der alte Zustand wiederhergestellt. Hotels gehören nicht in die Nationalparks, sondern an ihre Grenze, nach außerhalb. Von dort aus fahren die Besucher tagsüber in den Park und kommen abends wie üblich zum Schlafen zurück.

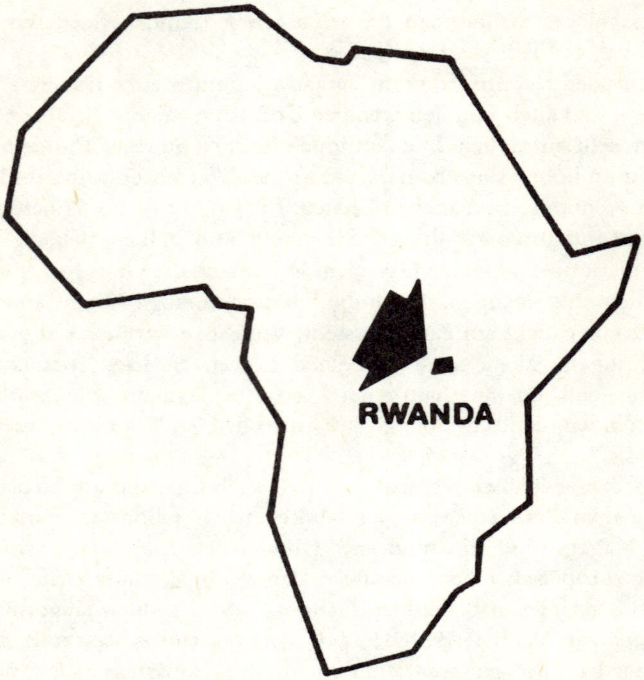

Durch falsche Beratung und dadurch, daß man nicht aus Fehlern an anderen Stellen lernt, kann man sehr leicht ein armes Land wie Rwanda schwer schädigen.

Im zweiten Nationalpark Rwandas, dem »Park der Vulkane«, wird mir ein wahrer Schock versetzt. Eigentlich ist dieser Park ein Zipfel des alten Albert-Nationalparks im Belgischen Kongo, der in das Gebiet Rwanda hineinreichte, und umfaßt nur 230 Quadratkilometer. Es sind die östlichen Abhänge der Vulkane Visoke (3711 m) und des Karisimbi (4507 m), des höchsten der Virunga-Vulkane. Dieses herrliche Urwaldgebiet wurde schon 1925 wegen der dort lebenden gewaltigen Berggorillas unter Schutz gestellt. Nachdem Rwanda aber selbständig wurde, begannen die Batutsi-Viehzüchter, ihre Herden in diese Wälder zu treiben, die Lichtungen zu überweiden und sogar in alpine Bergmoore einzudringen. Der untere Rand der Wälder wurde immer mehr abgeholzt und in Ackerland verwandelt.

Das Schlimmste ist aber erst in den letzten Jahren geschehen, und zwar auf Rat und mit geldlicher Hilfe von einseitig ausgebildeten Fachleuten der Europäischen Wirtschaftsgemeinschaft (EWG), ohne daß man Ökologen, Umweltfachleute, dazu gehört hat. Man hat alle tiefer liegenden, flachen Gebiete dieses Nationalparks planmäßig freigeholzt und riesige Pyrethrum-Pflanzungen angelegt. Aus Pyrethrum-

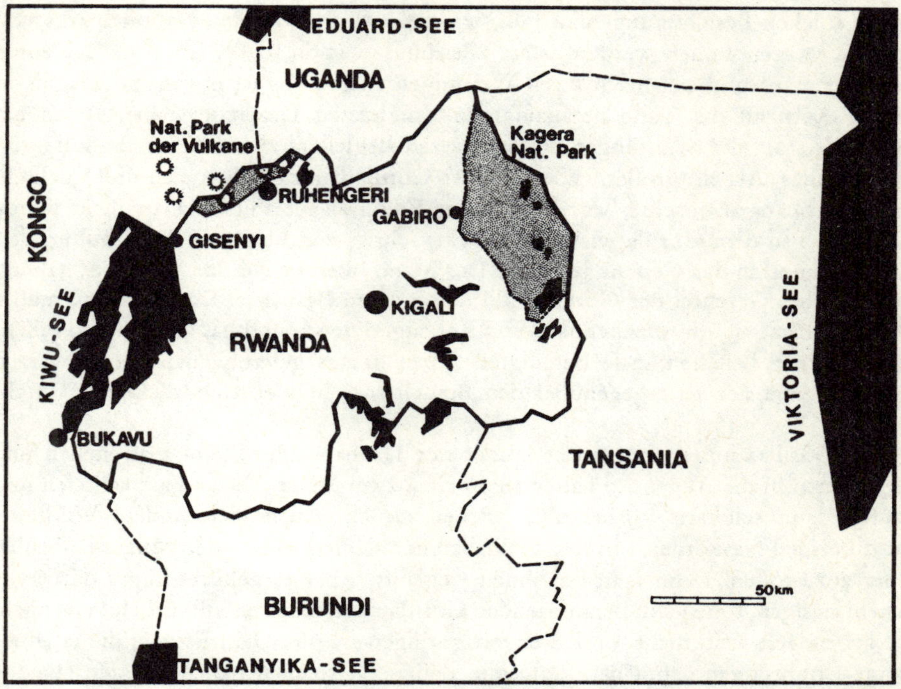

Die Nationalparks von Rwanda (Beschreibung S. 274)

Pflanzen macht man Insektenpulver. Sicher hat man das in bester Absicht getan, um diesem armen, übervölkerten Land zu helfen. Damit aber hat man zugleich eine der wichtigsten Einnahmequellen vernichtet.

Der Kagera-Nationalpark enthält nämlich etwa dieselben Tiere, die man auch in den großen, bekannten Nationalparks Ostafrikas sieht. Er wird wohl nur Bedeutung als eine Station auf dem Weg von Ostafrika nach Zaire bekommen. In dem ehemaligen »Park der Vulkane« aber leben Berggorillas. Sie sind durch die jahrelange Arbeit der dort forschenden englischen Biologin Dian Fossey und ihrer wissenschaftlichen Mitarbeiter recht vertraut mit Menschen geworden. Da gut befahrbare Pisten bis an den Rand des Waldes führen, kann man hier nach ein bis anderthalb Stunden Fußweg unter Anleitung erfahrener Führer mit Sicherheit freilebende, riesige Berggorillas sehen und auch fotografieren, aus nicht zu großem Abstand. Dazu übernachtet man am Fuß des Vulkans in dem Ort Ruhengeri, wo es ein recht brauchbares Hotel mit fließendem warmem und kaltem Wasser und Bädern gibt. Die Anfahrt im Auto von dort aus erfordert nicht mehr als eine halbe Stunde. Frau Dian Fossey versicherte mir, daß sie Gruppen von vernünftigen Touristen gern Zutritt zu ihrem Forschungsgebiet gibt und auch erfahrene Führer stellt, welche dafür Sorge tragen, daß den Reisenden von seiten der Gorillas nichts geschieht.

Bei solchen Besichtigungen zu Fuß, wie sie auch in einzelnen Nationalparks von Sambia vorgenommen werden, ist es allerdings wichtig, daß man von Fachleuten begleitet wird und sich nach ihren Weisungen richtet. Es ist etwas anderes, als in einem Auto an die Tiere heranzufahren. Im letzten Dezember näherte sich ein Besucher trotz der Warnungen des schwarzen Begleiters zu sehr einer Familie von Berggorillas. Als ein großer, silberrückiger Gorillamann mit Schreien und Fuchteln einen Drohangriff machte, wandte sich der Fotograf zur Flucht. Daraufhin wurde er sofort von dem Gorilla wirklich gepackt, schräg von hinten in die Schulter, den Oberarm und in das Gesicht gebissen. Der Mann blieb bewußtlos liegen; es gab ein entsetzliches Geschrei der Gorillas und der anderen Besucher. Der Verletzte mußte drei Wochen lang im Krankenhaus von Ruhengeri liegen und hat für dauernd erhebliche Narben behalten. Alle Beteiligten haben daraus gelernt, auch die schwarzen Begleiter, die sich jetzt gegenüber den Besuchern sehr viel nachdrücklicher durchsetzen.

Die Gorillas unternehmen fast immer nur Drohangriffe. Bleibt man stehen und sieht ihnen in die Augen, so halten sie in etwa zwei Meter Abstand an, schreien und laufen dann seitwärts vorbei oder wieder zurück. Auch viele andere Wildtiere, zum Beispiel Nashörner, tun das. Sie haben erst dann wirklich den Mut, zuzubeißen oder zuzustoßen, wenn man vor ihnen wegläuft. Aber es gehört einiges dazu, vor einem riesigen, tobenden, heranrasenden Gorillamann nicht unwillkürlich Fersengeld zu geben. Ich weiß nicht, ob ich es fertigbringen würde. Dian Fossey, die ja jahrelange Erfahrungen damit hat, sagte mir, daß sie in solchen Fällen mit den Händen einen Baumstamm seitlich faßt und sich auf diese Weise sozusagen moralischen Halt gibt.

Unfälle mit afrikanischen Großtieren kommen in den Nationalparks schon gelegentlich vor, in Ausnahmefällen auch mit Touristen. Im vorigen Jahr ist eine englische Besucherin, wie mir erzählt wurde, im Murchison-Falls-Park am Viktoria-Nil zu nahe an den Rand des Steilufers gegangen. Die Erde brach ab, die Frau stürzte hinab und wurde sofort von Krokodilen zerrissen. Aber man muß hinzufügen, daß die eigentliche Gefahr für Touristen in Afrika Autounfälle sind, vor allem auch mit den kleinen Bussen. In Afrika kommen heute vieltausendmal mehr Menschen durch Autos um als durch wilde Tiere oder Giftschlangen.

Man versichert mir, daß ein Teil der Kühe, die ungesetzlich in den Nationalpark der Vulkane zum Weiden getrieben werden, einflußreichen Politikern in Rwanda gehören soll. Deswegen sei es so schwer, dagegen einzuschreiten. Alle Kühe, die im Tal zwischen dem Visoke- und dem Karisimbi-Vulkan über die Grenze nach

Zaire in den Virunga-Nationalpark geraten, werden allerdings dort von den kongolesischen Wildhütern sofort abgeschossen, neuerdings auch gefangen und versteigert.

Im vorigen Herbst ist eine ganze Berggorilla-Familie hier oben von Wilddieben niedergemetzelt worden, weniger wegen des Fleisches oder der Felle, sondern um die Jungtiere auf ungesetzliche Weise über verantwortungslose Tierhändler an zoologische Gärten zu verkaufen. In ähnlicher Weise wurden ja früher solche Familien ausgerottet, um zwei Berggorilla-Jungtiere für einen deutschen zoologischen Garten einzufangen. Daß der Kölner Oberbürgermeister sie damals nachträglich als Staatsgeschenk annahm, löste in der deutschen Presse und in der ganzen Fachwelt erhebliche Empörung aus. Es ist ein schauriger Anblick, wenn man Gruppen dieser letzten paar Dutzend Berggorillas hingeschlachtet findet. Zum Glück ist neuerdings die Zusammenarbeit zwischen den Wildhütern in Rwanda und in Zaire ausgezeichnet, ebenso zwischen den Wissenschaftern, die in diesen Berggorilla-Gebieten zwischen den Vulkanen tätig sind. So gelingt es besser, die Wilddieberei zu bekämpfen. Während dieser Reise konnte ich von der Frankfurter »Zoologischen Gesellschaft von 1858« aus der Sammlung »Hilfe für die bedrohte Tierwelt« die Geldmittel bereitstellen, um weitere Berghütten für Biologen in völlig unbewohnten Hochgebirgsgebieten des Virunga-Nationalparks zu errichten. Durch die Wissenschafter, welche dort oben die Tierwelt erforschen, wird gleichzeitig die Gegend besser bewacht.

So wäre also hier die Gelegenheit gegeben, für das arme Land Rwanda wirklich ein einzigartiges Touristenziel zu schaffen und Fremdgeld ins Land strömen zu lassen. Aber es besteht die Gefahr, daß diese wirklich ungewöhnliche Möglichkeit schon in kurzer Zeit dahinschwindet. Durch die unvernünftige Beratung der EWG-Sachverständigen hat man das gesamte tiefliegende Gebiet des Nationalparks der Vulkane abgeholzt. Gorillas können jedoch, wie die meisten Hochgebirgstiere, nicht das ganze Jahr und nicht in kalten Wetterperioden auf den höchsten Berghängen leben. Sie brauchen auch Tiefland. Zwischen die Pyrethrum-Plantagen können sie nicht mehr gehen, um ihre Pflanzennahrung zusammenzusuchen, denn Gorillas verlassen niemals die schützende Walddeckung. In dem anschließenden Bufumbiro-Abhang der Vulkane, der zu Uganda gehört, sind die Berggorillas bereits verschwunden. Denn dieses Gebiet, das niemals unter Naturschutz stand, ist inzwischen fast ganz abgeholzt worden. Es besteht die große Gefahr, daß die Berggorillas auf der Rwanda-Seite durch die unüberlegt geschaffenen Pyrethrum-Plantagen über kurz oder lang auch verschwinden oder sich nach Zaire, dem Kongo, zurückziehen werden.

Die Abholzungen der Wälder in Rwanda und Burundi bedrohen auf die Dauer die dort lebenden Menschen besonders stark. Dadurch trocknen die Bäche und Flüße während der Trockenzeiten immer länger völlig aus. Die Frauen und Töchter dieser Bauern, deren Hütten durchweg hoch an den Berghängen liegen, müssen ohnedies alles Trink- und Waschwasser tief unten aus den Tälern herauftragen. Durch das Abholzen der wasserhaltenden Wälder kommt es immer häufiger zu Hungersnöten unter Vieh und Menschen. Politiker im Lande aber versichern einem beruhigend:

wegen Überbevölkerung braucht man sich nicht zu sorgen — denn Rwanda habe immer noch erst die Hälfte der Bevölkerungsdichte von Belgien!

Man bemüht sich sehr, dem Entwicklungsland Rwanda von Europa und Amerika her, besonders auch von Deutschland aus, zu helfen. Aber die brennendste Frage, die Übervölkerung mit Menschen und Kühen, umgeht man recht ängstlich. Es ist auch schwer, in einem Land wie diesem, das nicht eine einzige Tageszeitung besitzt, über solche Dinge Aufklärung zu betreiben. Man hat mit auswärtiger Hilfe so manche landwirtschaftlichen und industriellen Vorhaben angegriffen, aber man hat, soweit ich es übersehen kann, besonders auch von Deutschland her, nicht eine Mark für den Naturschutz, für die Erhaltung der Nationalparks bewilligt. Dabei sind sie es gerade, die nach dem Muster anderer afrikanischer Staaten mit dem geringsten Einsatz auswärtiger Mittel und am schnellsten wirtschaftliche Hilfe bringen können. Rwanda sollte vom Beispiel Zaires, Kenias, Tansanias und anderer schwarzer Staaten lernen.

WIE PRÄSIDENT MOBUTU ÜBER DIE NATUR AFRIKAS DENKT

Aus der Rede des Präsidenten Mobutu Sese Seko von Zaire (Kongo) auf dem ordentlichen Parteitag in N'Sele, März 1973:

Das Unterentwickeltsein hat einige Vorteile. Wir können uns besonders freuen, einige Fehler nicht begangen zu haben, die die bekannten „entwickelten" Nationen bitter bereuen.

Wir haben keine Minderwertigkeitsgefühle, weil wir unseren Besuchern keine alten Kathedralen oder antike Baudenkmäler zeigen können. Unser Erbe, das uns unsere Vorfahren hinterlassen haben, ist die natürliche Schönheit unseres Landes: unsere Ströme, unsere Flüsse, unsere Wälder, unsere Berge, unsere Tiere, unsere Seen, unsere Vulkane und unsere Ebenen. Mit einem Wort: Die Natur ist der untrennbare und eigentliche Bestandteil unseres besonderen Wesens.

Deshalb weigern wir uns, blind dem Weg der „entwickelten" Länder zu folgen, die um jeden Preis produzieren wollen. Der Friede und das Glück hängen nicht von der Zahl der Autos in der Garage ab, den Fernsehantennen auf dem Dach oder von dem Lärm in den Ohren, den spitzfindige Techniker „noch erträglich" nennen. Wir Bürger von Zaire lesen mit Schaudern, daß in einer Stadt wie New York bei einem Städter vom 25. Lebensjahr an das Gehör nachläßt. Einem Bauern in unseren Dörfern widerfährt dies erst gegen das siebzigste Lebensjahr, d. h. in dem Lebensabschnitt, in dem er sich ohnehin mehr und mehr vom Lärm der Welt zurückzieht.

Was nützt es, unzählige Fabriken zu besitzen, wenn ihre Schornsteine Tag und Nacht Gift über uns ausschütten? Wir verzichten auf diese todbringende Industrie, die durch ihre Abfälle die Fische unserer Flüsse tötet und den Menschen der Freude am Fischen beraubt oder des Vergnügens, sauberes Wasser zu trinken.

Wir kennen sehr wohl den Gegeneinwand, daß da, wo die Vergiftung wütet, auch die Industrie zum Bekämpfen der Vergiftung wächst. Aber da Gift Gegengift verlangt, sehen wir Bürger von Zaire nicht ein, warum wir Gift fördern sollten, nur um dann ein Gegenmittel herzustellen. Wir werden Sie also kaum in Erstaunen versetzen, wenn wir unser Bestreben bekräftigen, Zaire, unser schönes Land, zu einem Naturparadies zu machen.

Wir werden die Haut unserer Krokodile nicht zur Herstellung von Handtaschen verkaufen, ohne vorher Verhaltensstudien über diese Tiere getrieben zu haben, denn wir wollen sie in unseren Nationalparks nicht ausgerottet sehen. Wir werden auch keinem Touristen erlauben, unsere Nationalparks ohne Führer zu besuchen und mit den Autos die Fahrwege zu verlassen. Denn wir wollen, daß es in Zaire für Menschen auch dann noch Zuflucht in unberührter Natur gibt, wenn die Wissenschafter die Welt der natürlichen Lebewesen zu einem technischen Kunstprodukt verändert haben. Wir schützen unsere Gewässer und besonders den Fluß Zaire, weil auch das nachträgliche Entgiften eines völlig vergifteten Flusses ihm seine Reinheit und Jungfräulichkeit nicht wiedergibt.

Die industrialisierten Länder sind ständig in Gefahr zu verarmen und sich nach vielen Richtungen zu verirren. Vielleicht wird morgen der Reichtum eines Volkes an seinem Streben für die Erhaltung der Natur, seiner Umwelt gemessen werden. Mit einem Wort daran, ob es ihm gelang, seine eigene Seele zu erhalten.

1960 stand nur 1 Prozent unseres Staates unter völligem Naturschutz als Nationalpark (3 Parks), 1970 waren es 3,5 Prozent geworden (7 Parks). Zwischen 1973 und 1975 werden 15 Prozent des Landes Nationalpark werden, durch die Schaffung von 10-15 neuen Nationalparks, in denen die Natur völlig geschützt ist vor dem Zugriff des Menschen und der Industrie.

DIE NATIONALPARKS VON ZAIRE (KONGO)

Die „Demokratische Republik von Zaire“ umfaßt 2 345 000 qkm (Vergleich: Deutschland, BRD und DDR, 356 000 qkm, USA ohne Alaska und Hawaii 7 827 000). Zaire besitzt zur Zeit außer vierzehn Naturschutzgebieten die folgenden Nationalparks:

1. *Virunga-Nationalpark* (früher Albertpark), im Kivu und der Province Orientale gelegen, 8000 qkm, gegründet 1925. Schneebedeckte Ruwenzoriberge, erloschene und tätige Vulkane, Lava-Ebenen, wildreiche Steppen, größte Flußpferd-Ansammlung auf Erden, Gorillas, Eduardsee. Großes Lodge und Gästehäuser.

2. *Garamba-Nationalpark* in der Province Orientale, an der Grenze zum Sudan gelegen, 5000 qkm, gegründet 1938. Er ist etwa zweimal so groß wie das Land Luxemburg. Einziges Vorkommen von Giraffen und Breitlippen-Nashörnern in Zaire. Große Elefantenvorkommen. An seinem südlichen Zugang liegt die berühmte Elefanten-Zähmungsstation Gangala na Bodio. Hotel.

3. *Upemba-Nationalpark* in der Provinz Katanga, 10 000 qkm (etwa ein Viertel der Größe der Schweiz), gegründet 1939. Geht von Hochflächen (2200 m über dem Meer, dort Gästehaus, entspricht etwa klimatisch dem europäischen Frühling) allmählich hinab bis zu großen Papyrus-Sumpfgebieten und Seen, aus denen der Kongostrom entfließt. Zebraherden, viele Elefanten, Steppentierarten, Lechwe-Antilopen. Im Kibara-Gebirge auch tiefe, zum Teil bewaldete Täler.

4. *Salonga-Nationalpark*, zweitgrößter Nationalpark auf Erden, rd. 30 000 qkm, gegründet 1970, etwa von der Größe Belgiens oder 1 ½ von Hessen. Er umfaßt Teile der Äquator-Provinz, aber auch von Bandundu und den Provinzen Occidentale und Orientale. Er wird vor allem einen riesigen Block jungfräulichen, äquatorialen Urwaldes vor geschäftlicher Ausbeutung oder Abholzung bewahren. Bonobo-Schimpansen (Pan paniscus) und andere Urwaldtiere. Der Salonga-Park hat beinahe

die Größe Baden-Württembergs. Es ist nicht beabsichtigt, ihn in den nächsten fünfzig Jahren für Touristen zugänglich zu machen.

5. *Maiko-Nationalpark*, etwa 10 000 qkm groß, in den Provinzen Orientale und Kivu gelegen, 1970 gegründet. Dieser Urwaldpark beschützt u. a. Gorillas, Okapis, Kongopfauen. Es ist nicht beabsichtigt, ihn in den nächsten Jahrzehnten dem allgemeinen Tourismus zu erschließen.

6. *Kahuzi-Biega-Nationalpark*, 600 qkm, Kivuprovinz, etwa anderthalb Stunden Autofahrt ins Gebirge von der modernen Stadt Bukavu am Kivu-See aus, gegründet 1970. Einer der wenigen Plätze in Afrika, wo der Tourist frei lebende Gorillas sehen kann.

7. *Kundelungus-Nationalpark*, 2200 qkm, Katanga-Provinz, gegründet 1970. Lofoi-Wasserfälle (höchste Afrikas), Steppentiere. Der Park liegt unweit von Lubumbashi, der großen Kupferindustrie-Stadt, ganz im Süden von Zaire.

Die Karte auf den Seiten 26/27 zeigt die Lage der Nationalparks und Naturschutzgebiete von Zaire.

... UND VON RWANDA

Das zentralafrikanische Land Rwanda, das an Zaire angrenzt, ist 26338 qkm groß, also etwas größer als das Bundesland Hessen (21 100 qkm). 4 Millionen Menschen leben darin. Es besitzt zwei Nationalparks (siehe Karte auf S. 267):

1. Kagera-Nationalpark, an der Grenze nach Tansania gelegen, 2510 qkm, gegründet 1934. Eine Folge von großen, flachen, grasbewachsenen Tälern, im Osten Seen und Sümpfe des Kageraflusses. Steppentiere wie in Ostafrika, dazu Situtunga-Antilopen und Schuhschnäbel. Nettes Lodge in Gabiro.

2. Nationalpark der Vulkane, grenzt an den Virunga-Nationalpark von Zaire an. Hochwald, 1925 gegründet. Löwen, Leoparden, Schimpansen, Gorillas, Diadem-Meerkatzen. Einer der zwei Plätze in ganz Afrika, wo der Tourist mit großer Wahrscheinlichkeit freilebende Gorillas aus der Nähe sehen kann. Brauchbares Hotel in Ruhengeri, eine halbe Autostunde entfernt. Durch die Besiedlung dürften von den ursprünglich 230 qkm des Parkes nur noch 180 qkm reines Hochgebirge übriggeblieben sein.

STICHWORTVERZEICHNIS

Abessinien 83
Addo-Np. vgl. Nationalparks
Afrika vgl.
Nordafrika
Ostafrika
Südafrika
Westafrika
Zentralafrika
Afrika
- Bebauung 6, 11, 12, 16, 70, 263 f., 267
- Bevölkerung 6, 13, 20-21, 70, 84, 262, f.
Albert-Np. vgl. Nationalparks
Amboseli vgl. Naturschutzparks
Antilope allgem. 12, 13 f., 15, 39, 40, 54, 55, 56, 59, 107, 114, 142, 147, 180, 189, 190, 203, 216, 252, 253, 255, 264, 265
Antilope
- Blaubock-A. 15
- Bongo-A. 19, 55, 189, 249
- Dikdik-A. 55
- Ducker-A. 55, 76, 189, 190, 199, 213, 249
- Elen-A. 13, 55, 116, 258
- Hirsch-A. 147
- Hunters-A. 55
- Impala-A. 55, 116, 143, 220
- indische A. 203
- Kuh-A. 89
- Lechwe-A. 194, 195
- Leier-A. (Bontebock) 15
- Mendes-A. 237
- Oryx-A. 237
- Pferde-A. 13
- Rappen-A. 13
- Saiga-A. 93
- Situtunga-A. 116, 194, 213, 240 f., 258, 264

Anyoto (Leopardenmensch) 31 ff.
Asandeh-Stamm (vgl. Menschenfresser) 96, 101 ff., 104 ff., 124 f., 129, 134, 135, 153, 155, 247
Auerochse vgl. Ur 8 f., 237

Bahutu-Stamm 262 ff.
Bambuti vgl. Pygmäen
Bantu vgl. Sprachen, afrik.
Batutsi vgl. Tutsi vgl. Watussi
Belgisch-Kongo 5, 37, 70-84, 86, 95, 179, 224, 225, 253, 262
Berberlöwe vgl. Löwe
Berggorilla vgl. Gorilla
Bering, Vitus 9
Beringinsel 9
Betschuanaland 15
Bilharzien (vgl. Bilharziose) 205, 234
Bilharziose (vgl. Bilharzien) 32, 213, 251
Bison 8, 9, 237
Blaubockantilope vgl. Antilope
Bleßbock 16
Bomokakandi (Fluß) 122
Bongoantilope vgl. Antilope
Bonobo (Zwergschimpanse) vgl. Schimpanse
Bontebock vgl. Leierantilope
Bredasdorp vgl. Naturschutzparks
Bronte vgl. Lauftaube
Büffel 8 f, 13, 14, 43, 55, 59, 107, 108 ff., 147, 148, 150, 189, 210, 228, 237, 251, 252, 253, 254, 264
Bure 15, 90, 116

Burchells Zebra vgl. Zebra
Burundi vgl. Rwanda 262 ff., 269
Buschbock 13, 55, 116

Cao, Diego 71 f.
Chamäleon 162 f.
Chapin, James 180, 181, 183 ff.,
Cumming, Gordon 52

Dikdik vgl. Antilope
Ducker vgl. Antilope
Dungu-Fluß 51, 69, 80, 88, 123, 129, 154 ff.

Elefant allgem. afrikan. 13, 14, 16, 23, 28, 34, 37, 38 f., 40 ff., 52 ff., 57 ff., 67 ff., 104, 113, 115, 121 ff., 143 f., 147 f., 151, 154 f., 161, 169, 172, 180, 199 ff., 206 f., 209 f., 213, 215 f., 228, 233, 237, 240, 249, 252 ff.
Elefant
- Arbeitselefant 86, 89, 90, 93, 121 ff., 133 ff., 135, 145, 199, 206, 209, 247, 249
Elefant
- indischer 39, 121 ff., 132, 135
Elefantenfang 25, 28, 39, 40, 69, 121 ff., 248
Elefantenstation vgl. Gangala ná Bodio 123 ff., 232, 247 ff.
Elefantenzähmung 131 ff.
Elenantilope vgl. Antilope
Elfenbein 39 f., 54, 80, 170
Elfenbeinküste 38, 88, 261

Flamingo 16

Flußpferd 52 f., 55, 60, 69, 73 ff., 115, 133, 139, 147, 148 ff., 178 f., 186, 228, 233 f., 251, 255, 264
Flußschwein vgl. Schwein

Gangala ná Bodio vgl. Elefantenstation
Garamba-Np. vgl. Nationalparks
Gazelle 13, 15, 16, 116
- Thomson-Gazelle 55
General Sheridan 8
Ginsterkatze 73
Giraffe 12, 13, 15, 34, 41, 54, 88 f., 107, 116, 119, 154, 174, 180, 190, 237, 248
- Waldgiraffe 127, 180
Gnu 13, 15, 55, 116, 265
Goldschakal vgl. Schakal
Gorilla (größter Menschenaffe) 13, 35, 46, 60 f., 125 f., 181, 189, 200, 237, 259
- Berggorilla 254, 257, 267 ff.
Grevy-Zebra vgl. Zebra
Guinea 88

Halbaffe vgl. Potto 96
Hamiten vgl. Watussi
Hellodotherium vgl. Okapi 174 f., 180
Hemingway, Ernest 53
Hirschantilope vgl. Antilope
Hluhluwe vgl. Naturschutzgebiet
Huhn
- Birkhuhn 9
- Perlhuhn 63, 89
Hunter, J. A. 53 ff.
Huntersantilope vgl. Antilope
Hyäne 53, 107, 116, 255
- Tüpfelhyäne 101
Hyänenhund 13, 55, 116

Ibis 147, 154
Impala-Antilope vgl. Antilope
Indische Antilope vgl. Antilope

Johnson, Martin 168

Kaffernbüffel 15, 40, 43, 114, 116, 147, 233, 238
Kagera (Fluß) 240, 264 f.
Kagera-Np. vgl. Nationalparks
Kahnzi-Biega-Np. vgl. Nationalparks
Kakerlake 32
Kamerun 83, 261
Kaplöwe vgl. Löwe
Kenia 13, 39, 53, 55 f., 59 f., 229, 261, 262, 270
Kibali (Fluß) 69, 80, 136
Kidepo-Np. vgl. Nationalparks
Kilimandscharo 250 f.
Kisuaheli vgl. Sprachen, afrik.
Koch, Robert 116 ff., 121
König Albert 253, 255
König Faruk 16
König Oskar 56, 59, 94
Kongo, allgem. 5, 10, 16 f., 24 f., 39 f., 60, 65, 70 ff., 77, 106, 119, 124, 146, 164, 180 ff., 205, 217 f., 222 ff., 237, 238 f., 240 f., 243 f., 250, 260, 263, 265
Kongo-Bürgerkrieg 237, 247, 248
Kongo (Fluß) 70, 71 ff., 77 ff., 101, 217, 257
Kongogesellschaft, Internationale 79 f.
Kongo-Pfau 160, 174, 180, 184 ff., 259
Kormoran 68, 147, 154, 251
Kornak (afrik. Elefantenfänger) 57, 122 ff., 129 ff., 199, 206, 209 f., 248
Krokodil 13 f., 51, 55 f., 92, 148 f., 163, 210, 233 f., 258, 268, 272
Kudu 13, 55
Kuhantilope vgl. Antilope
Kuhreiher 114, 154, 194
Kundelungus-Np. vgl. Nationalparks
Kusimanse 47

Lang, Herbert 180 f.
Lake, Alexander 54
Lauftaube (Dronte) 9
Lechwe-Antilope vgl. Antilope
Leier-Antilope vgl. Antilope
Leopard 13 f., 32, 54, 60, 101 f., 107, 154, 203, 237, 254 f., 258, 264
Leopoldville (Kinshasa) abgek. Leo 24 f., 38, 79 f., 84, 182, 211, 224, 245 f., 248, 259 f
von Lettow-Vorbeck 83
Liberia 31
Lingwana vgl. Sprachen, afrik.
Livingstone, David 5, 60, 72 f., 77 f.
Löwe 13 ff., 23, 54 f., 56, 59 f., 89, 107, 113, 116, 135, 139, 228, 233, 237, 252 f., 255, 264 f.
- Berberlöwe 15
- Kaplöwe 15

Maiko-Np. vgl. Nationalparks
Mangbetu-Stamm (vgl. Menschenfresser) 103 ff., 168, 219
Maniok 13, 248
Marzbu 115
Massai (Stamm) 262
Matadi 71, 79, 182
Mendes-Antilope vgl. Antilope
Menschenaffe vgl. Gorilla Schimpanse
Menschenfresser (Kannibale) 101 ff., 173, 181, 249 vgl. Asandeh und Mangbetu
Menschenfresserei (Kannibalismus) 96–108, 141, 168
Mobuto, Joseph Désiré 245, 253 f.
Mount-Hoyo-Höhle 249
Moskito 49, 149
Murchison Falls-Np. vgl. Nationalparks
Muschikongo 71
Muwe (Fluß) 134

Nagana (-Seuche) 13, 14, 107 ff., 248
Nairobi 54, 56, 59, 251
Nashorn allgem. 12 ff., 37, 53 ff., 59 f., 70, 90, 93 ff., 107, 114, 154, 238, 252, 259, 268
Nashorn
- indisches 10
- Java- 10
- Sumatra- 10
- weißes Breitlippen – 10, 86 ff., 90 ff., 146, 248 f.
- schwarzes Spitzlippen – 10, 90 ff., 264
Natal 10, 146, 261
Nationalparks
- Addo-Np. 42, 43
- Albert (Virunga)-Np. 45, 59, 74 f., 110 f., 155, 206, 224 ff., 234, 237 ff., 249 ff., 262, 265 f., 269 f.

- Garamba-Np. 86 ff., 90, 123, 135, 146, 224 f., 242, 248 f.
- Kagera-Np. 220, 240, 264, 267
- Kahnzi-Biega-Np. 256
- Kidepo-Np. 243
- Kundelungus-Np. 259
- Maiko-Np. 259
- Murchison Falls-Np. 146, 224, 265, 268
- Queen Elizabeth-Np. 155, 224, 233 f., 238
- Salonga-Np. 259
- Serengeti-Np. 221, 234
- Upemba-Np. 151, 194 f., 201 f., 257 f.

Naturschutzgebiet
- Hluhluwe 86, 94 f.
- Wainwright 9

Naturschutzpark
- Amboseli - 59
- Bredasdorp – 15
- St. Lucia – 155
- Swellendam – 16

Niangwe 72, 77
Niger (Fluß) 70
Nigeria 24, 83
Nil 70 f., 78, 101, 116, 141, 146, 162, 247, 250
Nilpferd 147, 150
Nordafrika vgl. Afrika 14 f.

Okapi allgem. 23 f., 119, 135, 137, 162 f., 174, 176 f., 179-183, 186, 188 ff., 210 ff., 221 f., 223, 247, 249 f., 259
Okapi
vgl. Okapi allgem.
vgl. Hellodotherium
vgl. Okapi johnstoni
vgl. Okapi-Fell
Okapi-Fell 127, 135, 153, 172 ff.
Okapi johnstoni 179
Oranje (Fluß) 70
Oranjestaat 15, 116
Oryx-Antilope vgl. Antilope
Ostafrika vgl. Afrika 5, 38, 52, 55, 59, 119, 240, 243, 261 f., 264 ff.

Pallah 13
Pangolin (Schuppentier) 203 ff.
Panther 13
Pavian 13, 54 f., 166, 255, 264
Pelikan 68, 110 f., 138, 147, 154, 251 f.
Pferdeantilope vgl. Antilope
Pinselschwanz-Bilch (Schläfer) 48
Pinselschwein vgl. Schwein
Plantage 11 f., 14, 16, 38, 66, 140, 182, 251, 256, 269
Potto vgl. Halbaffe
Przewalski-Pferd 8
Pygmäen (Zwergmenschen) vgl. Bambuti 77, 81, 90, 92, 98 f., 104 f., 109, 112, 126 ff., 161-173, 176 f., 179 f., 189 f., 190 f., 197 ff., 203, 210, 223 f., 227, 248 ff., 255 ff.
Pygmoide 256

Quaggas vgl. Zebra
Queen Elizabeth-Np. vgl. Nationalparks

Rappenantilope vgl. Antilope
Rhodesien 13, 38, 83, 159, 261
Riedbock 53, 116
Riesenalk 10
Riesenwaldschwein vgl. Schwein
Rind
- Watussi - 119, 229, 237, 262
- Ankole - 229
Rinderpest 107, 115 ff., 210, 212
Rutschuru (Fluß) 149
Rwanda vgl. Burundi 227, 261, 262 ff., 266 f., 268 ff.
Rwanda-Burundi 13, 83 ff., 229, 237, 240
Rwindi (Fluß) 150

Safari 56, 60
Sahara 7, 12, 25
Saigaantilope vgl. Antilope
Salonga-Np. vgl. Nationalparks
Sambesi (Fluß) 70, 72
Sambesital (Rhodesien) 13
Sambia 13, 261, 268
St. Lucia vgl. Naturschutzpark
Savanne 107, 108, 116, 123, 147

Schakal 55
- Goldschakal 36
Schimpanse (kl. Menschenaffe) 17, 162, 168 f., 170 ff., 189, 200, 204 ff., 218
- Zwergschimpanse (Bonobo) 36, 259
Schlafkrankheit 13 ff., 107, 265 f.
Schleichkatze 73
Schnitzer, Eduard (Emin Pascha) 1, 5, 80
Schreiseeadler 147
Schuhschnabelstorch vgl. Storch
Schwein
- Fluß - 212
- Pinsel - 189, 196, 212 f., 258
- Riesenwald - 180, 189, 193, 212 f., 215, 252, 255
- Warzen - 55, 89 f., 147, 154, 255, 258, 264, 265
- Wild - 116, 164, 199
Schweinfurth, Georg 72, 96, 102 ff., 147, 162, 166
Semliki (Fluß) 147 ff., 227 f., 233 f., 250 ff.
Senegal 13
Serengeti-Np. vgl. Nationalparks
Serval-Katze 97, 101, 258
Situtunga-Antilope vgl. Antilope
Speke 5, 72
Sprachen, afrik.
- Bantu 262
- Kisuaheli 65
- Lingwana 65, 66
Stanley, Henry Morton (James Rowland) 5, 60, 77 ff., 127, 174, 179, 212
Stanley-Pool 78 f.
Stanleyville (Kisangani) abgek. Stan 25, 29, 31, 40, 64, 69, 84, 86, 122, 135, 164 f., 190, 211, 214 ff., 225, 239 ff., 242, 245 f.
Steller, Georg 9 f.
Stellers Seekühe 9
Steppe 8, 12, 40 ff., 54, 56, 57, 89, 116 f., 142, 147 f., 161, 210
Stinktier 69
Storch 10, 16, 23
- Schuhschnabelstorch 240, 258
Strauß 54, 237
Sudan 38, 40, 83, 86, 87, 95, 101, 146, 233, 241, 243, 247, 248
Südafrika vgl. Afrika 10, 14 ff., 25, 43, 72, 86, 94, 118, 155 f.
Swellendam - vgl. Naturschutzpark

Tanganjika 12, 55, 263
Tansania 13, 118, 234, 264 f., 270

Tapir 245
Tarpan vgl. Waldwildpferd
Termiten (-bau, -hügel) 33, 40, 44, 102, 106, 129, 138, 147, 163, 171 f., 204
du Toit 14
Topi-Antilope vgl. Antilope
Tsetsefliege 13 f., 14, 107 f., 265
Tutsi vgl. Batutsi vgl. Watussi

Uele-Fluß 37, 69, 72, 80, 96, 122 f., 135, 154 f., 191
Uganda 10, 13, 87, 89, 142, 146, 155, 179, 185, 187, 224 ff., 228, 238 ff., 246 ff., 253, 263
Umfolosi (Fluß) 86
Upemba-Np. vgl. Nationalparks
Ur vgl. Auerochse 8f., 237
Urwald (bes. Huri- und Kongo-) 11, 12 f., 25, 28, 31, 38, 77, 104, 125, 136, 161, 163, 164 f., 172, 179, 181 f., 191, 197, 200, 203, 217, 223, 227, 246 f., 249 f., 259

Wainwright vgl. Naturschutzgebiet
Waldameise 204
Waldwildpferd vgl. Tarpan 8
Waran, 14, 154, 213
Warzenschwein vgl. Schwein
Wasserbock
- Thomas-Wasserbock 251
- Wardon-Wasserbock 258
Watussi vgl. Tutsi vgl. Batutsi 83 ff., 227 ff., 237, 240, 262 ff., 265
Westafrika vgl. Afrika 5, 88
Wildeselart 14
Wildschwein vgl. Schwein
Wisent 8, 237
Wüste 7, 12

Zaire (Kongo) 11, 16 ff., 36, 146, 156, 232, 239, 245 f., 253, 259, 261, 267, 269 ff., 272 ff.
Zebra 15, 39, 54 ff., 114, 179, 258, 264
- Burchells Zebra 15
- Quaggas 15 f.
- Grevy-Zebra 55
Zentralafrika vgl. Afrika 69, 71, 80, 83, 86
Zululand 14, 86, 155
Zwergelefant 134 f.
Zwergflußpferd 212

INHALT

I	Afrikas Tiere müssen sterben	5
II	Autos sind schlimmer als Löwen	23
III	Die ersten Elefanten	37
IV	Ist Töten wirklich ein so großes Vergnügen?	51
V	Die kurze Geschichte des Kongo-Staates	63
VI	Weiße und schwarze Nashörner	85
VII	Menschenfresserland	96
VIII	Wettlauf mit der Rinderpest	107
IX	Wo Afrikas Elefanten zahm werden	121
X	Unter Flußpferden	139
XI	Die Bambuti	161
XII	Wie Okapis und Kongopfauen entdeckt wurden	174
XIII	Das erste »deutsche« Okapi	186
XIV	Ein Flugzeug voll wilder Tiere	209
XV	Im Kongo drehten wir unseren ersten Film	223
XVI	Im Bürgerkrieg	237
XVII	Wiedersehen mit dem Kongo	245
XVIII	...und mit Rwanda	261
	Wie Präsident Mobutu über die Natur Afrikas denkt	271
	Die Nationalparks von Zaire (Kongo)	273
	...und von Rwanda	274
	Stichwortverzeichnis	275